遥感数字图像处理
基础实验教程

潘竟虎　编著

中国环境出版集团·北京

图书在版编目（CIP）数据

遥感数字图像处理基础实验教程/潘竟虎编著. —北京：
中国环境出版集团，2019.7（2024.7 重印）
ISBN 978-7-5111-4056-2

Ⅰ．①遥… Ⅱ．①潘… Ⅲ．①遥感图象—数字图象
处理—实验—高等学校—教材　Ⅳ．①TP751.1-33

中国版本图书馆 CIP 数据核字（2019）第 150133 号

责任编辑　李兰兰
封面设计　宋　瑞

出版发行　**中国环境出版集团**
　　　　　（100062　北京市东城区广渠门内大街 16 号）
　　　　　网　　　址：http://www.cesp.com.cn
　　　　　电子邮箱：bjgl@cesp.com.cn
　　　　　联系电话：010-67112765（编辑管理部）
　　　　　　　　　　010-67112735（第一分社）
　　　　　发行热线：010-67125803，010-67113405（传真）
印　　刷　北京中科印刷有限公司
经　　销　各地新华书店
版　　次　2019 年 7 月第 1 版
印　　次　2024 年 7 月第 2 次印刷
开　　本　787×1092　1/16
印　　张　24
字　　数　510 千字
定　　价　76.00 元

前　言

　　随着社会和科技的发展，地学的内涵、性质和社会功能也在变化，这在最近 30 年尤为明显：遥感、信息技术和各种实时观测、分析技术的发展，使地球科学进入了覆盖全球、穿越圈层，即地球系统科学的新阶段，从局部现象的描述，推进到行星范围的推理探索，获得了全球性和系统性的信息。遥感是 20 世纪 60 年代后发展起来的新兴学科，是现代地理信息学及监测技术的核心手段之一。目前，国内外遥感技术的发展呈现出广阔的应用前景。遥感技术的发展呈现出以下趋势：光谱信息成像精细化、图像处理工程化、遥感信息提取智能化、遥感应用研究定量化。卫星遥感图像的空间分辨率已达到亚米级，光谱波段数增至数千个，光谱分辨率达到纳米级；遥感信息分析已经由模拟影像信息的判读发展到数字图像信息的定量解析，遥感、卫星定位导航和地理信息系统综合应用已变成现实。遥感技术的发展，必将人类带入一个多层、立体、多角度、全方位和全天候对地观测的新时代。

　　遥感是对使用非接触传感器系统获得的影像及数字图像进行记录、量测和解译，从而获得自然物体和环境的可靠信息的一门艺术、科学和技术（美国摄影测量与遥感协会对遥感的定义）。遥感作为对地观测的重要手段，为人类认识宇宙提供了新的途径和手段。遥感图像是对地观测的主要结果，作为一种重要的信息源，已被广泛应用于地理、地质、生态、气象、资源、环境、灾害、农林、水利、社会经济等领域。遥感数字图像处理的原理和方法广泛融合、借鉴、引进了物理学、地学、信息科学、数学等学科的知识，具有开放性、更新快、综合性强的特点。随着遥感技术的飞速发展，相关学科的教师、学生、科研工作者以及业务应用人员对遥感数字图像处理的需求也日益强烈，因此，急需一系列容易理解、既利于教学又便于自学的相关教材。

　　遥感是我国高等院校地理学各专业的基础课，遥感图像处理实验是学生理解、掌握和巩固课堂理论教学效果，提高遥感图像分析、处理技能以及创新实践能力的重要环节，在遥感教学中具有举足轻重的地位。在教学过程中，以理论引导应用，以实践巩固理论，将软件操作作为课程的重要内容，培养学生分析问题、解决问题的能力。一个学科要发展，最基础的工作应该需要更多的人去做，所以应该让更多的力量来关注遥感教育，特别是其中的实践教学更应该受到重视。自 2005 年以来，本人在西北师范大学先后讲授了本科生课程《遥感概论》《遥感技术基础》《生态遥感》《遥感图像处理软件》《遥感数字图像处理》和研究生课程《资源环境遥感》《遥感图像处理软件》《遥感原理与应用》等，选修学生覆盖了地理信息科学、地理科学、资源环境与城乡规划管理、环境科学、土地资源管理、环境工程等专业。在多年授课期间与学生交流、指导学生利用遥感图像参加各类竞赛和解决实际问题时，发现普遍存在重理论、轻实践的问题。同时，遥感实验实践课程的教材远远滞后于理论课程。但由于遥感技术发展迅速，遥感数据源日新月异，加之目前国内外遥感与地理信息系统软件种类较多，鉴于此，我们根据近年来地理信息科学本科专业课堂教学情况，综合考虑教师与学生的反馈意见，选择 ERDAS IMAGINE 遥感图像处理软件作为教材编写对象。

在众多的遥感图像处理平台软件当中，ERDAS IMAGINE 因其界面友好、功能模块齐全、与 GIS 的有机集成而受到广大用户的青睐。本书共分 12 章，涵盖了遥感数据读取、图像预处理、几何校正、图像增强、图像融合、图像分类、高光谱图像处理、图像地学分析、矢量处理、遥感解译与制图、空间建模、雷达图像处理、立体分析等方面的内容，对 ERDAS 软件的各项功能由浅入深地进行了详尽介绍，并附有理论基础简介和课后思考题。相关的实验已经在地理信息科学专业的本科教学中使用多年。本书适合地理信息科学、自然地理、人文地理、测绘科学、土地资源管理、生态学、环境科学等专业的遥感数字图像处理实验使用，也可作为 ERDAS 软件的练习手册。读者能够对遥感图像处理的基本操作有清晰的了解，并能够掌握遥感图像处理软件的具体操作方法，实现从学习到应用的快速转化。

本书由本人负责总体设计、编写和统稿工作，西北师范大学地理与环境科学学院前后有数届硕士生参加过部分内容的编写工作，尤其是魏石梅、张亮林、王云、赖建波、张永年、徐柏翠、贺蕾、张蓉、齐振宇等在资料的收集与整理、实习步骤的校核、文字的校对等方面做了大量工作。西北师范大学地理与环境科学学院、教务处给予了出版经费支持，中国环境出版集团的李兰兰编辑在编辑出版方面付出了大量精力。对以上单位、人员的辛苦劳动，在此一并表示感谢。本书在编写过程中，参考了 ERDAS 操作手册和前人编写的大量书籍、资料，恕不一一列出。

由于时间紧张，加之遥感数字图像处理技术发展异常迅速，书中的疏漏、不足和滞后在所难免。衷心欢迎教材使用者和读者提出批评与建议。

作　者

2019 年 6 月于兰州

目　录

第 1 章　ERDAS 遥感图像处理软件简介

本章主要内容：

- ERDAS 软件概述
- ERDAS 软件功能模块
- ERDAS IMAGINE 2015 图标面板
- 遥感图像显示与数据输入/输出
- AOI 菜单操作
- 数据格式转换

遥感技术作为对地观测、提取地表有效信息的最有力工具，已经被广泛应用于各行各业，其中，ERDAS IMAGINE 作为一款国际主流的遥感图像处理系统，不仅提供了增强、滤波、融合等基本应用，更提供了强大的工具，如专家分类、数字摄影测量、三维可视化分析等，使用户更加得心应手。通过认识 ERDAS 遥感图像处理软件，可以掌握 ERDAS 的基本操作和视窗操作，为随后对 ERDAS 遥感图像处理软件的其他应用的学习打下坚实的基础。在 ERDAS IMAGINE 2015 中，ERDAS 是以模块化的方式提供给用户的，可使用户根据自己的应用要求合理地选择不同功能模块及其不同组合。

实验目的：

1. 初步认识 ERDAS IMAGINE 2015 遥感图像处理软件。
2. 熟悉 ERDAS IMAGINE 2015 软件功能模块。
3. 掌握 ERDAS IMAGINE 2015 视窗基本操作。

1.1　ERDAS软件概述

ERDAS IMAGINE 是美国ERDAS公司开发的遥感图像处理系统。它以其先进的图像处理技术，友好灵活的用户界面和操作方式，面向广阔应用领域的产品模块，服务于不同层次用户的模型开发工具以及高度的遥感图像处理/地理信息系统（RS/GIS）集成功能，为遥感及相关应用领域的用户提供了内容丰富且功能强大的图像处理工具，代表了遥感图像处理系统未来的发展趋势。ERDAS 公司优秀的 IMAGINE GIS 软件方案一直是业界的先驱，其软件处理技术覆盖了图像数据的输入/输出，图像的增强、纠正，数据的融合与各种变换，信息提取，空间分析与建模，专家分类，矢量数据更新，数字摄影测量与三维信息提取，硬拷贝地图输出，雷达数据处理以及三维立体显示分析等。该软件功能强大，具有以下特点：

（1）功能全面

ERDAS IMAGINE 是容易使用的、以遥感图像处理为主要目标的软件系列工具。不管使用者处理图像的经验或专业背景如何，都能通过它从图像中提取重要的信息。ERDAS IMAGINE 提供了大量的工具，支持对各种遥感数据源，包括航空、航天、全色、多光谱、高光谱、雷达、激光雷达等图像的处理。呈现方式从打印地图到 3D 模型，ERDAS IMAGINE 针对遥感图像及图像处理需求，为使用者提供一个全面的解决方案。它简化了操作，工作流化生产线，在保证精度的前提下，节省了大量的时间、金钱和资源。

（2）"3S"集成

ERDAS IMAGINE 是业界唯一一个"3S"集成的企业级遥感图像处理系统，主要应用方向侧重于遥感图像处理，同时与地理信息系统紧密结合，并且具有与全球定位系统集成的功能，与 ArcGIS 软件系列的直接集成主要表现在数据格式的无缝兼容上，ERDAS IMAGINE 可以直接读取、查询、检索 ArcGIS 的 Coverage、Shapefile、SDE 矢量数据，并可以直接编辑 Coverage、Shapefile 数据；全面支持 ArcGIS 软件的地理数据库（Geodatabase）；ERDAS IMAGINE 可以作为 ArcSDE 客户端，读取关系数据库中的矢量与图像数据；通过 ArcIMS 可发布.img 格式的图像；可以实现矢量、栅格数据间的转换。同时，ERDAS IMAGINE 可以从全球定位系统（GPS）设备中直接获取实时信息。

（3）面向企业化

ERDAS IMAGINE 9 版本以上引入面向企业的图像处理的理念，它提供的 3 个模块都具有面向企业的处理能力。它们分别是 IMAGINE Essentials、IMAGINE Enterprise Loader 和 IMAGINE Enterprise Editor。其中，IMAGINE Essentials 提供对数据库的只读访问，访问数据库中的栅格和矢量数据，全面支持 ESRI 的 ArcSDE 及 Oracle 10G Spatial 管理的海量数据，同时 IMAGINE Essentials 可以作为某些服务器的客户端访问并下载它们提供的数据，如 ERDAS APOLLO IWS、LIM、OGC Web Service 等。另外，它配备了 IMAGINE Enterprise Loader 和 IMAGINE Enterprise Editor 等扩展模块，分别用于 Oracle Spatial 中导入空间数据，编辑和创建 Oracle Spatial 格式的矢量数据。

（4）无缝集成

ERDAS IMAGINE 简化了分类、正射、镶嵌、重投影、分类、图像解译、图形化建模、智能化信息提取和变化检测等图像处理功能，同时与不断更新的多种 GIS 数据格式很好地集成，包括 ESRI Geodatabase 和 Oracle。直观的 ERDAS IMAGINE 界面按流程化的工作模式设计，节省了工作时间，强大的算法和数据处理功能在后台完成工作，使操作者能集中精力进行数据分析。在 ERDAS Geospatial Light Table（GLT）中进行了地理关联的窗口具有快速显示并对多个数据集进行操作的能力，大大节省了需要手工关联多个不同来源数据的时间。除功能、数据的无缝集成外，ERDAS IMAGINE 能很好地与数据库（关系数据库通过 ArcSDE、Oracle Spatial）、图像发布与管理系统（IWS、LIM）及基于 OGC 标准的 Web Service 等系统无缝兼容。

（5）工程一体化

ERDAS IMAGINE 通过将遥感、遥感应用、图像处理、摄影测量、雷达数据处理、地理信息系统和三维可视化等技术结合在一个系统中，实现地学工程一体化结合；不需要做任何格式和系统的转换就可以建立并且实现整个地学相关工程。它呈现完整的工业流程，为用户提供计算速度更快、精度更高、数据处理量更大、面向工程化的新一代遥感图像处理与摄影测量解决方案。

1.2　ERDAS软件功能模块

ERDAS IMAGINE 面向不同需求的用户，对系统的扩展功能采用开放的体系结构，以 IMAGINE Essentials、IMAGINE Advantage、IMAGINE Professional 的形式为用户提供了低、中、高三档产品架构，并有丰富的功能扩展模块供用户选择，使产品模块的组合具有极大的灵活性。

1.2.1　IMAGINE Essentials 级

IMAGINE Essentials 级是一个包含制图和可视化核心功能、花费极少的图像工具软件，借助 IMAGINE Essentials 可以完成二维/三维显示、数据输入、排序与管理、地图配准、专题制图以及简单的分析。可以集成使用多种数据类型，并在保持相同的易于使用和易于剪裁的界面下升级到其他的 ERDAS 公司产品。可扩充的模块包括：矢量（Vector）模块、虚拟地理信息系统（Virtual GIS）模块和 C 语言开发工具包（Developer's Toolkit）模块。

1.2.2　IMAGINE Advantage 级

IMAGINE Advantage 级在 IMAGINE Essentials 基础上增加了栅格图像 GIS 分析和单张航片正射校正功能，简言之，IMAGINE Advantage 是一个完整的图像地理信息系统（Imaging GIS）。可扩充的模块包括：雷达（Radar）模块、Ortho MAX 数字航测模块、OrthoBase 数字摄影测量模块、OrthoRadar 雷达编码校正模块、Stereo SAR DEM、IFSAR DEM、ATCOR 大气校正模块。

1.2.3　IMAGINE Professional 级

IMAGINE Professional 级面向从事复杂分析、经验丰富的专业用户,除 IMAGINE Essentials 和 IMAGINE Advantage 中包含的功能外,还提供轻松易用的空间建模工具、高级的参数/非参数分类器、知识工程师和专家分类器、分类优化和精度评价,以及雷达图像分析工具。可扩充的模块是子像元分类器(Subpixel Classifier)模块。ERDAS IMAGINE 的功能体系如图 1-1 所示。

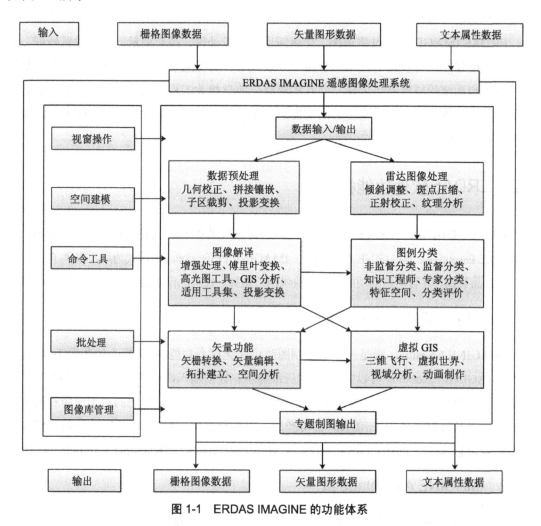

图 1-1　ERDAS IMAGINE 的功能体系

1.3　ERDAS IMAGINE 2015图标面板

ERDAS IMAGINE 2015 中的图标面板与 ERDAS IMAGINE 9.2 的差别比较大,本节主

要介绍的是显示栅格图像、矢量图形、注记文件、AOI 等数据层的主要窗口，启动 ERDAS IMAGINE 2015 后，用户首先看到的就是默认设置的面板界面，如图 1-2 所示。

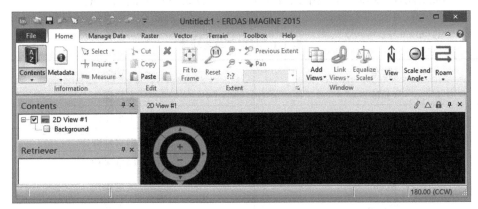

图 1-2　ERDAS IMAGINE 界面

在 ERDAS IMAGINE 面板默认设置下主要包括左侧最上方的快捷访问工具栏，其下方的功能区，显示窗（Window）、内容视窗（Contents）、检索视窗（Retrieve），以及最下方的状态条。状态条中包含投影、海拔、旋转方向等信息。

另外，用户在操作过程中也可以随时打开新的视窗。操作过程如下：在 ERDAS 功能区的 File 标签下选择 New 选项，并在之后出现的三个子选项 [地图视窗（Map View）、2D 视窗（2D View）、3D 视窗（3D View）] 中选择需要的显示窗（如图 1-3）。或者单击 Home 标签下的 Add Views 工具，并选择需要的视窗类型。为了表述方便，在本书中主要使用 2D 视窗。

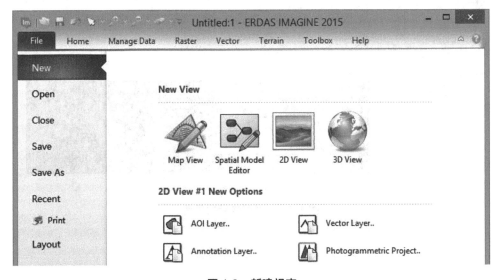

图 1-3　新建视窗

1.3.1 视窗菜单与功能

如图 1-2 所示，视窗菜单栏中共有 8 个菜单，各菜单对应的功能见表 1-1。

表 1-1 视窗菜单与功能

菜单	功能
File	文件操作
Home	主页操作
Manage Data	数据管理操作
Raster	栅格操作
Vector	矢量操作
Terrain	地形操作
Toolbox	工具箱操作
Help	联机帮助

另外，ERDAS IMAGINE 2015 还会根据用户在视窗中打开的文件类型而增加新的功能。如图 1-4 中标注的拓展功能区，就是根据打开的栅格图层而自动生成的，其中包括多光谱功能（Multispectral）、绘图功能（Drawing）、格式功能（Format）、表格功能（Table）。常见拓展功能区的类型及拓展功能见表 1-2。

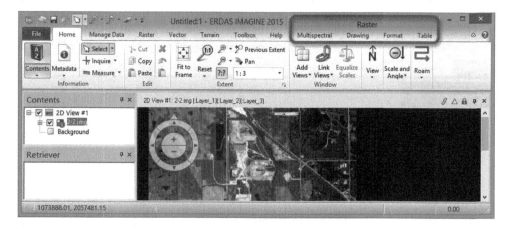

图 1-4 打开图像后的界面

表 1-2　常见拓展功能区的类型及拓展功能

类型	拓展功能
AOI 图层	绘图功能、格式功能
栅格图层	多光谱功能、绘图功能、格式功能、表格功能
矢量图层	绘图功能、格式功能、表格功能
注记图层	绘图功能、格式功能、表格功能

这些拓展功能可以让用户更加方便、快捷地进行操作，大大提升用户的工作效率。另外，鼠标悬停在功能区里任何一个图标上都会显示该图标的用法，以便初学者进行操作。

在实际操作中，栅格工具的使用频率最高。在加载了栅格图像之后，Raster 菜单下便会出现多光谱功能、绘图功能、格式功能、表格功能四个功能区（如图 1-5）。

图 1-5　栅格功能区

其中，绘图功能、格式功能、表格功能与其他格式相差不大，唯有多光谱功能是栅格数据独有的。在此功能区下，又被分成以下 8 个功能模块：

（1）增强工具（Enhancement）：包括基本的对比度设置，如直方图补偿、断点设置，以及离散动态范围调整等其他工具。

（2）亮度与对比度设置（Brightness Contrast）：可以对图像的亮度与对比度进行调整，可以通过按钮一级一级地调整，也可以通过滑轮直接调整至需要的状态。

（3）锐化工具（Sharpness）：同亮度与对比度设置类似，ERDAS IMAGINE 2015 也可以直接对锐度进行设置，并且还可以直接运用预定义的模板对图像进行边缘检测或边缘增强处理，十分方便。

（4）波段设置（Bands）：可以针对传感器与色彩合成方式进行选择，也可以自行选择各个通道的波段。

（5）视窗设置（View）：包含两个工具，一是重采样选项，可选择的方法有最邻近像元、双线性内插、三次卷积和样条函数；二是可以选择像素的透明与否，以便在叠加显示时方便观察。

（6）常用工具（Utilities）：此模块具有四大功能，包括剪切和掩膜工具、光谱剖面工具、矢量计算工具、金字塔计算与统计工具。

（7）转换与校正工具（Transform & Orthocorrect）：可以利用此工具对图像进行转换或者对视窗中的图像进行校正并检查精确度。

（8）编辑工具（Edit）：包含填充、偏移、插值等常用工具。

1.3.2 快捷菜单功能

在显示窗口右键单击，弹出快捷菜单，共有 29 项命令，各命令对应的功能见表 1-3。

表 1-3　快捷菜单命令

菜单命令	功能
Open Raster Layer	打开栅格图层
Open Vector Layer	打开矢量图层
Open AOI Layer	打开 AOI 图层
Open Annotation Layer	打开注记图层
Open Photogrammetric Project	打开摄影测量工程
Open Point Cloud Layer	打开点云图层
Open TerraModel Layer	打开地形模型数据
Three Layer Arrangement	打开一个 3 波段图像
Multi Layer Arrangement	打开多波段图像
New AOI Layer	新建 AOI 图层
New Annotation Layer	新建注记图层
New Vector Layer	新建矢量图层
New Photogrammetric Project	新建摄影测量工程
Create 3D view form content	以当前的 2D 视图中的所有内容创建 3D 视图
Start imagine drape with content	基于当前内容的以 DEM 为基础的三维图像显示
Blend	混合显示工具
Swipe	卷帘显示工具
Flicker	闪烁显示工具
Clear view	清除视窗中的内容
Close Top Layer	关闭顶层图层
Fit to Frame	按照视窗大小显示图像
Fit View to Data Extent	按照数据范围设置视窗大小
Zoom	缩放显示工具
Drive other 2D Views	将其他 2D 视图重心平移到当前视图的右键处
Inquire	开启屏幕光标查询功能
Inquire Box	开启方框区域查询功能
Background Color	设置背景颜色
Resampling Method	设置重采样方式
Scroll Bars	设置视窗滑动条显示与否

1.4　遥感图像显示与数据输入/输出

ERDAS IMAGINE 的数据输入/输出功能在 Import/Export 功能中完成，目前，ERDAS IMAGINE 2015 可以输入的数据格式达 170 余种，可以输出的数据格式也有 60 余种，几乎包括所有常用或常见的栅格数据和矢量数据格式。数据输入/输出的一般操作过程为：启动 ERDAS IMAGINE 2015 后，单击 Manage Data 标签下的 Import Data/Export Data 图标（如图 1-6），弹出数据输入/输出对话框（如图 1-7），在此对话框中，用户通常只需要设定以下参数：

（1）在 Format 下拉列表框中选择数据的格式。

（2）确定输入数据的文件（Input File：*.*）。

（3）确定输出数据的文件（Output File：*.*）。

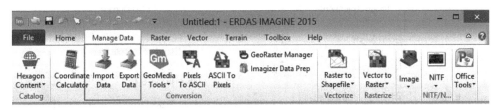

图 1-6　Import Data/Export Data 图标

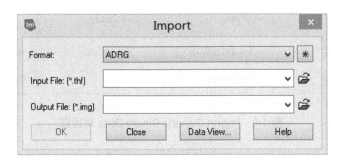

图 1-7　数据输入对话框

1.4.1　二进制图像数据输入

用户从遥感卫星地面站购置的图像数据，往往是经过转换以后的单波段普通二进制（Generic Binary）数据文件，外加一个说明头文件（header），对于这种数据，必须按照二进制格式来输入。在 ERDAS IMAGINE 2015 中执行二进制图像数据输入的操作步骤如下：

（1）在如图 1-7 所示的数据输入对话框的 Format 一栏中选择普通二进制（Generic Binary）。

（2）确定输入文件路径和文件名（Input File）：band-1.dat。

（3）确定输出文件路径和文件名（Output File）：band1.img。

（4）单击 OK，关闭输入对话框，此时，ERDAS IMAGINE 2015 会自动弹出 Import Generic Binary Data 对话框（如图 1-8）。

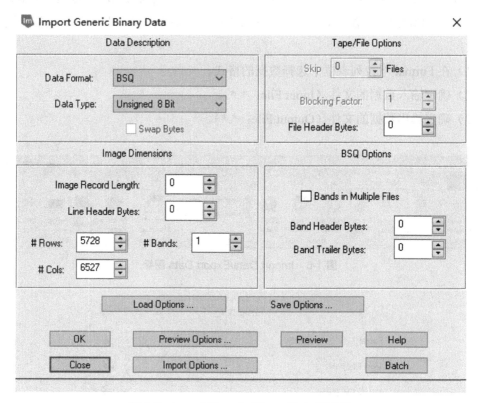

图 1-8　Import Generic Binary Data 对话框

（5）在 Import Generic Binary Data 对话框中定义以下参数（可由头文件 header.dat 中查出）：

①确定数据格式（Data Format）为 BSQ。

②确定数据类型（Data Type）为无符号 8 位（Unsigned 8 Bit）。

③确定图像记录长度（Image Record Length）为 0。

④确定头文件字节数（Line Header Bytes）为 0。

⑤确定数据文件行数（Rows）为 5728。

⑥确定数据文件列数（Cols）为 6527。

⑦确定文件波段数量（Bands）为 1。

⑧保存参数设置（Save Options）。

⑨打开 Save Options File 对话框。

⑩定义参数文件名（Filename）为 13333.gen，单击 OK，关闭 Save Options File 对话框。

（6）预览图像效果（Preview），此时 ERDAS 会打开一个窗口显示输入图像。

（7）如果预览图像正确，说明参数设置正确，可以执行输入操作。

（8）单击 OK，关闭 Import Generic Binary Data 对话框。此时，会出现数据转换进度条。

（9）单击 OK，关闭状态条，完成数据输入。

重复上述部分过程，依次将多个波段数据全部输入，转化为.img 文件。

1.4.2　组合多波段数据

在实际工作中，对遥感图像的处理和分析都是针对多波段图像进行的，所以需要将若干单波段图像文件组合成一个多波段图像文件。在 ERDAS 图标面板中单击 Raster 标签下的 Spectral→Layer Stack 选项（如图 1-9），打开 Layer Selection and Stacking 对话框（如图 1-10）。然后在对话框中依次选择并加载（Add）单波段图像。

（1）输入单波段文件（Input File：*.img）：选择 band1.img，单击 Add。

（2）输入单波段文件（Input File：*.img）：选择 band2.img，单击 Add。

（3）输入单波段文件（Input File：*.img）：选择 band3.img，单击 Add。

（4）重复上述步骤，直到导入所有波段文件。

（5）定义输出的多波段文件（Output File：*.img）：13333.img。

（6）选择输出类型（Output Data Type）：Unsigned 8 bit。

（7）波段组合选择（Output Option）：Union。

（8）输出统计忽略零值：Ignore Zero in Stats。

（9）单击 OK，关闭 Layer Selection and Stacking 对话框，执行波段组合。

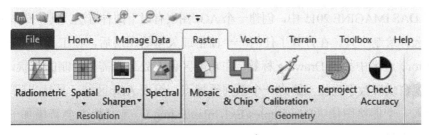

图 1-9　Spectral 选项

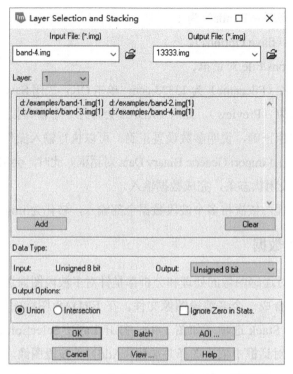

图 1-10 Layer Selection and Stacking 对话框

1.5 AOI菜单操作

AOI 是用户感兴趣区域"Area of Interest"的缩写，AOI 区域可以保存为一个文件，便于在以后的多种场合调用，经常用于图像分类模板文件 Signature 的定义。一个视窗中只能打开或显示一个 AOI 数据层，而一个 AOI 数据层可以包含若干个 AOI 区域。

1.5.1 创建 AOI 图层

在 ERDAS IMAGINE 2015 中，创建一个 AOI 图层有以下两种方法，具体操作步骤如下：

（1）选择绘制工具。在打开了任何一个栅格或矢量的图层后，在工具栏新增的 Raster（或者 Vector）区域中找到 Drawing 标签。在功能区偏左处选择需要绘制的形状，再使用鼠标在屏幕视窗或者数字化仪上给定一个系列数据点，组成 AOI 区域，具体步骤如下：

①输入一个栅格图像（D/examples/Ex1/Inlandc.img），工具栏中会新增加一个 Raster 区域（如图 1-11）。

②在新增加的 Raster 区域中选择 Drawing 中的绘制工具（如图 1-12）。

③在打开的图像中自定义绘制 AOI 区域（如图 1-13）。

图 1-11　新增 Raster 区域

图 1-12　Drawing 绘制工具

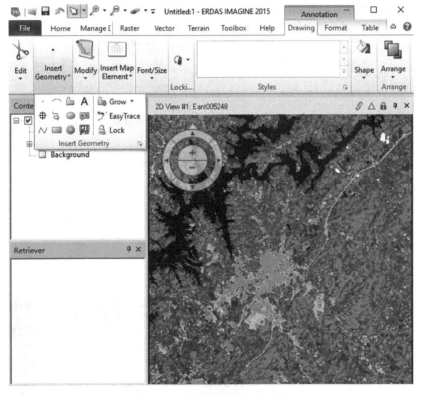

图 1-13　自定义绘制 AOI 区域

（2）以给定的种子点位为中心，按照所定义的 AOI 种子特征进行区域增长，自动产生任意边形的 AOI 区域。其操作方法仍是在 Drawing 标签下选择 Grow 工具，再在视窗中单击选取种子点，ERDAS IMAGINE 2015 便会自动生成 AOI 区域，具体步骤如下：

①在新增的 Drawing 标签中选择 Grow 工具（如图 1-14）。

②选择 Grow 工具下的 Growing Properties 进行属性设置（如图 1-15）。

③选择 Grow 工具下的 Grow 进行种子点选取，自动绘制 AOI 区域（如图 1-16）。

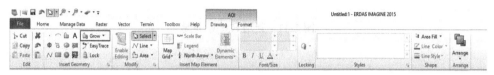

图 1-14　选择 Grow 工具

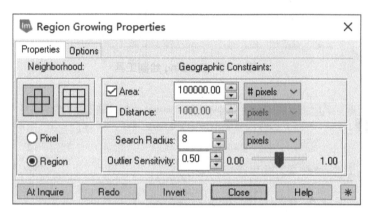

图 1-15　Growing Properties 属性设置

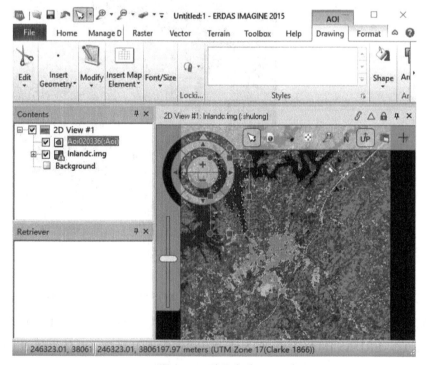

图 1-16　种子点选取

1.5.2　使用 AOI 工具面板

在创建了 AOI 图层后，选定该图层，会发现功能区出现了 AOI 拓展功能。该功能区内有 Drawing 和 Format 两个标签。两个标签下的工具都大同小异，主要是对 AOI 的绘制方面的工具，包括绘制新的 AOI 区域、AOI 区域的填充颜色（Area Fill）、文字的字体和大小（Font/Size）等。另外，这两个标签下还提供了用于加快绘制 AOI 区域的速度与提高准确度的工具。例如，之前提到的 Grow 工具就可以依靠种子点自动生成 AOI 区域。Easy Trace 工具的作用是打开捕捉功能，在捕捉功能下，光标会自动捕捉边界线、中心线等特殊位置。这个工具可以使 AOI 范围确定得更加准确。还有 Lock 工具，单击此工具之后，光标会被锁定在当前功能，即可以连续执行同种类型的操作，熟练运用这个工具可以提高效率。

（1）AOI 区域填充：选择 Format 面板下的 Area Fill 工具（如图 1-17）；双击打开 Color Chooser 对话框，进行颜色设置（如图 1-18）；单击 OK，查看 AOI 区域颜色设置（如图 1-19）。

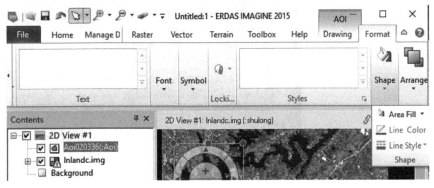

图 1-17　选择 Area Fill 工具

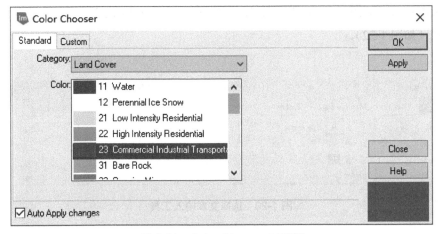

图 1-18　Color Chooser 对话框

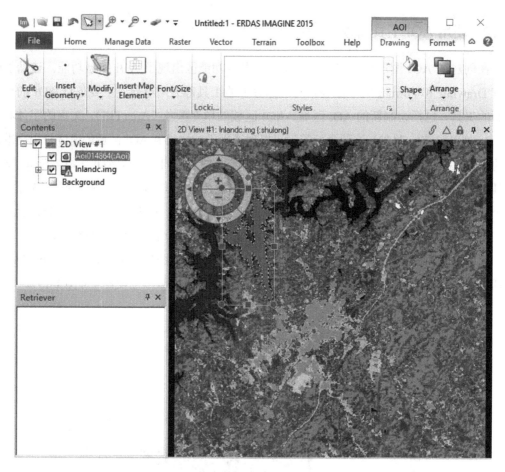

图 1-19　设置结果

（2）文本字体设置：选择 Drawing 面板中的 A 进行文本输入（如图 1-20），在图像区域进行文本输入（如图 1-21），选择输入文本，在 Drawing 区域选择字体大小和颜色进行属性设置（如图 1-22）。

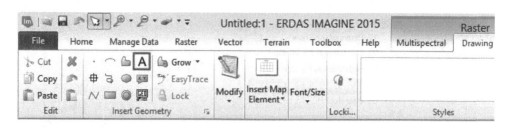

图 1-20　选择文本输入工具

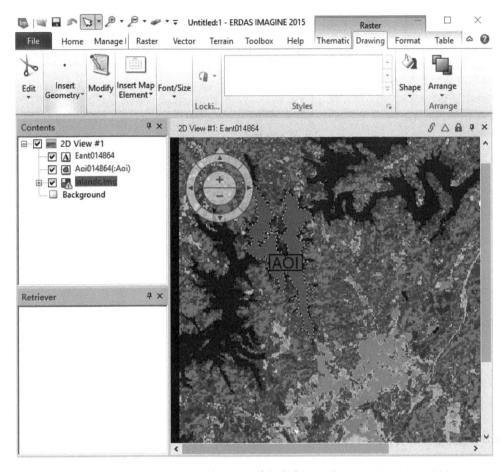

图 1-21　输入文本

图 1-22　文本属性设置

（3）Easy Trace 工具：选择 Format 面板下的 Easy Trace 工具（如图 1-22），打开 Easytrace
对话框进行属性设置（如图 1-23），辅助绘制 AOI 区域。

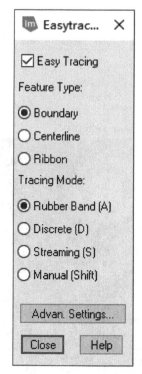

图 1-23　Easytrace 对话框

1.5.3　定义 AOI 种子特性

在 ERDAS 根据种子点自动创建 AOI 区域时，预先定义 AOI 种子特征是十分必要的。

具体操作如下：单击 Drawing 标签下的 Grow 工具的下拉选项，并选择 Growing Properties 选项，此时会弹出 Region Growing Properties 对话框（如图 1-15），其中各项参数的具体含义见表 1-4。实际操作中，根据需要设置好相关参数后，关闭（Close）对话框，之前的设置便会应用到之后的 AOI 创建中。

表 1-4　Region Growing Properties 对话框中各参数含义

参数	含义
Neighborhood	种子增长模式
4 Neighborhood Mode	4 个相邻像元增长模式
8 Neighborhood Mode	8 个相邻像元增长模式
Geographic Constraints	种子增长的地理约束
Area（pixels/hectares/acres/sq.miles）	面积约束（像元个数、公顷、英亩、平方英里）
Distance（pixels/meters/feet）	距离约束（像元个数、米、英尺）
Pixel	以选定种子点自动增长

参数	含义
Spectral Euclidean Distance	光谱欧式距离
Region	在选定范围内增长
Search Radius（pixels/meters/feet）	AOI 搜索范围（像元个数、米、英尺）
Outlier Sensitivity	离群值敏感性
At Inquire	以查询光标作为种子增长
Options	选择项定义
Include Island Polygons	允许岛状多边形存在
Update Region Mean	重新计算 AOI 区域均值
Buffer Region Boundary	对 AOI 区域进行缓冲区分析

1.5.4　保存 AOI 文件

无论应用哪种方式在视窗中建立了多少个 AOI 区域，这些 AOI 区域都位于同一个 AOI 图层中。我们可以将所有的 AOI 区域保存在一个 AOI 文件中，以便随后调用。

在 File 标签下的 Save as 选项后面选择 AOI Layer as 命令或者在目录菜单右键选择 AOI 图层，打开 Save AOI as 对话框（如图 1-24），并进行如下设置：

（1）确定文件路径：D/Practice。

（2）确定文件名称：example.aoi。

（3）单击 OK（保存 AOI 文件，关闭 Save AOI as：对话框）。

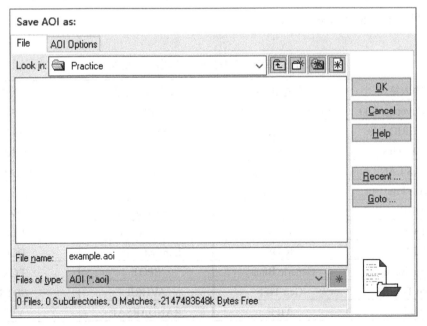

图 1-24　Save AOI as 对话框

1.6 数据格式转换

ERDAS IMAGINE 2015 的数据转换功能允许用户输入多种格式的数据供 ERDAS IMAGINE 使用，同时可以将 IMAGINE 的文件转换成多种数据格式。目前，ERDAS IMAGINE 支持 Geo TIFF、JPEG、MrSID、JPEG2000、NITF、BigTIFF、IMAGINE.img、Shapefile、Arc Coverage 等多种数据格式的输入。

ERDAS IMAGINE 系统已经包含了 ArcInfo Coverage 矢量数据模型，可以不经转换地读取、查询、检索 Coverage、GRID、Shapefile、SDE 矢量数据，并可以直接编辑 Coverage、Shapefile 数据。若 ERDAS IMAGINE 再加上扩展功能，则还可实现 GIS 的建立拓扑关系、图形拼接、专题分类图与矢量二者相互转换，节省了工作流程中费时费力的数据转换工作，解决了信息丢失问题，可大大提高工作效率，使遥感定量化分析更加完善。

以遥感数据为例，遥感数据文件的格式有多种，大体上可分为以下几类。

（1）工业标准格式：如 EOSAT、LGSOWG CCRS、LGSOWG SPIM、CEOS、HDF、HDF-EOS 等。

（2）商业遥感软件的遥感图像格式：如 ERDAS 的*.img、PCI 的*.pix、ER Mapper 的*.ers 等。

（3）通用图像文件格式：如 Geo TIFF、TIFF、JPEG 等。

ERDAS IMAGINE 软件的输入和输出版块，允许输入和输出多种格式的数据（见表1-5），由此模块可完成数据格式的转换。

表 1-5　ERDAS 常用输入/输出数据格式

数据输入格式	数据输出格式	数据输入格式	数据输出格式
ArcInfo Coverage E00	ArcInfo Coverage E00	JPG	JPG
ArcInfo GRID E00	ArcInfo GRID E00	USGS DEM	USGS DEM
ERDAS GIS	ERDAS GIS	GRID	GRID
ERDAS LAN	ERDAS LAN	GRASS	GRASS
Shape File	Shape File	TIGER	TIGER
DXF	DXF	MSS Landsat	DFAD
DGN	DGN	TM Landsat	DLG
IGDS	IGDS	Landsat-7HDF	DOQ
Generic Binary	Generic Binary	SPOT	PCX
Geo TIFF	Geo TIFF	AVHRR	SDTS
TIFF	TIFF	RANDARSAT	VPF

在 ERDAS IMAGINE 菜单栏中选择 Manage Data→Import Data 工具栏，允许用户输入并转换多种文件类型到 ERDAS IMAGINE 平台中使用（如图 1-25），同时 Export Data 工具栏允许用户将 ERDAS IMAGINE 的标准文件格式（.img）输出为其他所需格式。

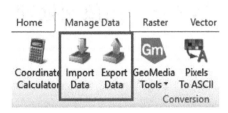

图 1-25　ERDAS 转换格式工具栏

导入图像时，如将 TIFF 格式图像转换为.img 图像，具体的操作步骤如下：

（1）选择 Manage Data→Import Data，弹出导入对话框。

（2）在格式栏中选择 TIFF 文件格式，单击 Input File 栏右侧的文件图标选择路径，选择文件 lanier.tif。

（3）在 Output File 栏中选择输出路径，编辑文件名，默认格式为.img。

导出.img 图像为其他格式图像时，具体操作步骤如下：

（1）选择 Manage Data→Export Data 工具栏，弹出数据导出对话框。

（2）在 Format 栏中选择文件类型，单击 Input File 栏右侧的文件图标选择路径，选择输入文件。在 Output File 栏中选择输出路径，编辑文件名，默认格式为.lan，此时可以对导出格式进行设定。

在如此多种遥感数据格式存在的情况下，ERDAS IMAGINE 自带的数据格式转换功能可对不同格式的遥感图像更方便地进行操作和处理。同时，也更有利于与其他遥感软件的操作进行衔接和拓展。

思考题：

1. 什么是遥感？

2. 什么是图像？并说明遥感图像和遥感数字图像的区别。

3. 遥感图像是如何获取的？

4. 什么是遥感数字图像处理？它包括哪些内容？

5. 常见的遥感图像处理软件有哪些？各有什么特点？

6. ERDAS IMAGINE 2015 软件有哪些特点？

7. 在 ERDAS IMAGINE 2015 软件中，哪项功能是栅格数据独有的？

8. 结合身边实例，说说遥感数学图像的应用领域。

第 2 章　图像预处理

本章主要内容：

- 遥感图像的投影变换
- 遥感图像几何校正
- 图像的镶嵌
- 图像的裁剪

遥感数据具有多平台、多传感器、多实相、分幅等特点，因此在数字图像处理中，原始观测数据往往并不能满足研究要求，如影像存在畸变、影像跨越不同图幅。为了更充分地利用好原始观测数据，获取更多有益的信息，需要对图像进行预处理。本章主要介绍ERDAS IMAGINE 2015 图像校正、投影变换、裁剪、镶嵌等预处理操作，经过这些预处理工作，针对遥感影像的变换、增强、分类等工作将会变得更加得心应手。一个地物在不同的图像上，位置一致，才可以进行融合处理、图像镶嵌、动态变化检测。对于同一地区的不同时间的遥感图像，不能把它们归纳到同一个坐标系中去，图像中还存在变形，对这样的图像是不能进行融合、镶嵌和比较的，因此，几何校正前必须先进行遥感图像的投影变换操作。图像镶嵌是将具有地理参考的若干相邻图像拼接成一幅图像或一组图像，需要拼接的输入图像必须含有地图投影信息，或者说输入图像必须经过几何校正处理或进行过校正标定。实际工作中，我们经常会得到一幅覆盖较大范围的图像，而我们需要的数据只覆盖其中的一小部分。为节约磁盘储存空间，减少数据处理时间，常常需要对图像进行分幅裁剪。

实验目的：

1. 掌握遥感图像的投影变换方法。
2. 熟练掌握遥感数字图像几何纠正的一般过程。
3. 掌握遥感图像的镶嵌和裁剪方法。

2.1　遥感图像的投影变换

投影变换的目的就是把图像转换到所需要的投影方式下，如有一幅图像是兰伯特投影，但工作中需要将其转换为高斯克吕格投影，这时就需要用到投影变换功能。在具有多幅图像的情况下，当每幅图像的投影都不一样时，无法对图像做叠加、镶嵌等相关处理，这时，需要以其中一幅图像的投影作为标准，将其他图像转换到这一相同的投影系下。

2.1.1　重新定义投影信息

定义投影信息是指在某些情况下，我们获取的数据投影不正确或被损坏甚至无投影信息时，需要我们重新定义投影。本节所采用的数据是 D/examples/lanier.img，在 ERDAS IMAGINE 2015 中执行重新定义投影信息的操作步骤如下：

（1）删除投影信息。

①单击 File→Open→Raster Layer，或在 Viewer 中单击右键→Open Raster Layer，打开 lanier.img 影像。

②在菜单栏中选择 Home→Metadata→View/Edit Image Metadata 标签，打开 Image Metadata 窗口，可以看到图像的投影信息如图 2-1 所示。

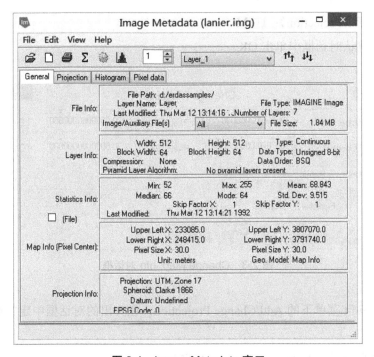

图 2-1　Image Metadata 窗口

③单击 Edit 菜单下的 Delete Map Model，在弹出的确认对话框中单击 Yes，即可删除投影信息（如图 2-2）。

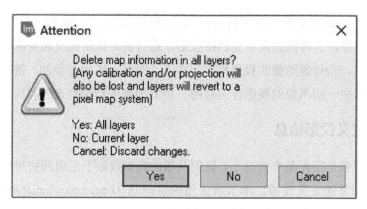

图 2-2　投影信息删除确认对话框

（2）单击 Edit 菜单下的 Change Map Model，在弹出的对话框中需要定义如下参数（如图 2-3）：

①设置左上角 X 坐标(Upper Left X)：233085.0; 左上角 Y 坐标(Upper Left Y)：3807070.0。

②设置像元大小（Pixel Size）：X：30，Y：30。

③选择单位（Units）：Meters。

④选择投影（Projection）：UTM。

在弹出的确认对话框中单击 OK。

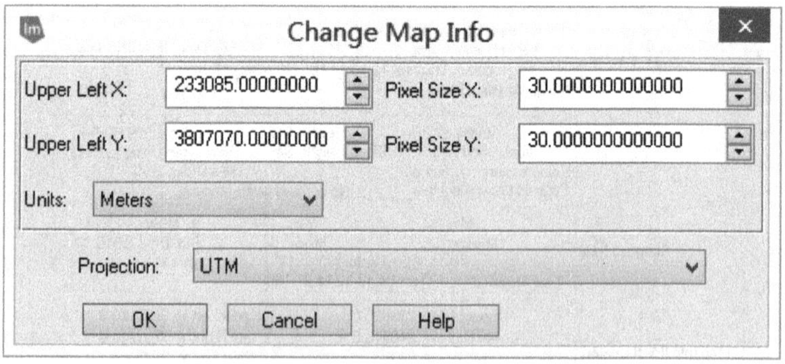

图 2-3　Change Map Info 对话框

（3）单击 Edit 菜单下的 Add/Change Projection，在弹出的对话框中定义如下参数（如图 2-4）：

①选择投影类型（Projection Type）：UTM。

②选择椭球体（Spheroid Name）：Clarke 1866。

③选择基准面（Datum Name）：Clarke 1866。

④选择投影带（UTM Zone）：17。

⑤选择北半球或南半球（NORTH or SOUTH）：North。

单击 OK，在弹出的对话框中单击 Yes，完成投影信息定义。重新打开该数据，查看其 Image Info，可以看到修改好的投影信息。

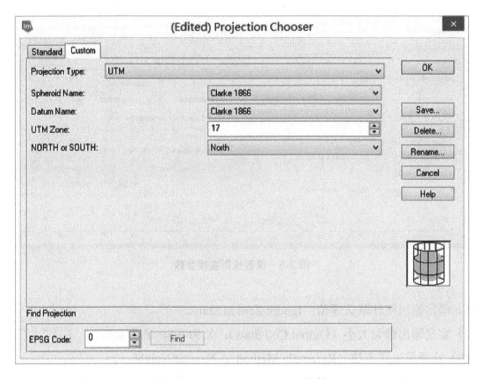

图 2-4　Projection Chooser 对话框

2.1.2　遥感图像的投影变换

应用遥感时，为了统一投影方式，往往需要对图像进行投影变换，从某一种投影模型变换到另一种投影模型，本节所采用的数据是 D/examples/seattle.img，在 ERDAS IMAGINE 2015 中执行转换投影的操作步骤如下：

（1）在 ERDAS IMAGINE 2015 中选择 Raster→Reproject→Reproject Images，打开 Reproject Images 对话框（如图 2-5）。

（2）定义输入文件（Input File）：seattle.img。

（3）定义输出文件（Output File）：reproject.img。

（4）定义输出图像投影类型（Output Projection）：包括投影类型和投影参数。

（5）定义投影类型（Categories）：UTM Clarke 1866 North。

（6）定义投影参数（Projection）：UTM Zone 50（Range 114E-120E）。

（7）定义输出图像单位（Units）：Meters。

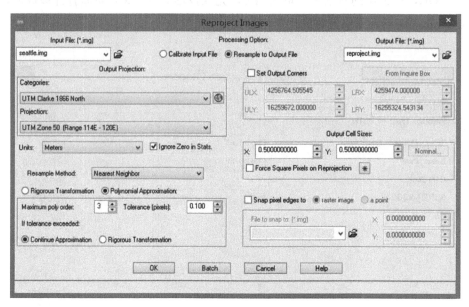

图 2-5　设置投影变换参数

（8）确定输出统计默认零值：Ignore Zero in Stats。

（9）定义输出像元大小（Output Cell Stats）：X 为 0.5，Y 为 0.5。

（10）选择重采样方法（Resample Method）：Nearest Neighbor。

（11）定义转换方法：Polynomial Approximation（应用多项式近似拟合变换）。

（12）多项式最大次方（Maximum poly order）：3。

（13）定义像元误差（Tolerance pixels）：0.1。

（14）单击 OK，执行投影变换。

2.2　遥感图像几何校正

几何校正就是将图像数据投影到平面上，使其符合地图投影系统的过程；而将地图投影系统赋予图像的过程称为地理参考（Geo-reference）。由于所有地图投影系统都遵从于一定的地图坐标系统，所以几何校正过程包含了地理参考过程。ERDAS IMAGINE 2015 提供的几何校正计算模型有 10 种，分别是：图像仿射变换（Affine）、多项式变换（Polynomial

Transforms）、投影变换（Projection Transformation）、地球观测卫星系统（SPOT）、快鸟（Quick Bird）、陆地卫星（Landsat）、航片等正射校正模块等，其中，多项式变换应用最为普遍，即通过控制点建立转换前后两组坐标的转换矩阵。在调用多项式模型时需要确定多项式的次方数，次方数 t 与所需要的最少控制点数目 n 的关系为 $n = \dfrac{(t+1)(t+2)}{2}$。

2.2.1　陆地资源卫星数据 Landsat 的校正

本节所采用的数据是 D/examples/tmAtlanta.img，在 ERDAS IMAGINE 2015 中执行陆地资源卫星数据几何校正的操作步骤如下：

（1）显示图像文件：在 ERDAS IMAGINE 2015 视窗打开需要进行校正的图像 tmAtlanta.img。

（2）启动几何校正模块。

①选择 Multispectral→Transform & Orthocorrect→Control Points→Set Geometric Model，打开 Set Geometric Model 对话框（如图 2-6）。

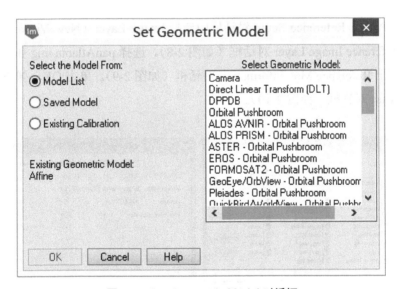

图 2-6　Set Geometric Model 对话框

②在右侧的选项卡里选择多项式几何校正模型 Polynomial，单击 OK。弹出 Multipoint Geometric Correction 对话框和 GCP Tool Reference Setup 对话框（如图 2-7）。

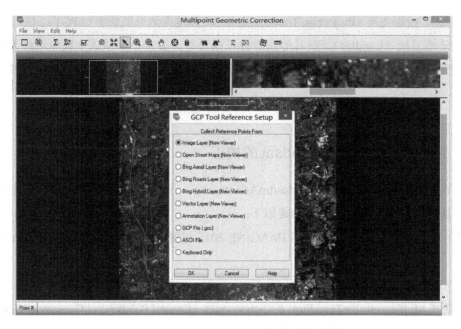

图 2-7　Multipoint Geometric Correction 对话框和 GCP Tool Reference Setup 对话框

　　③在 GCP Tool Reference Setup 对话框中选择 Image Layer（New Viewer），然后单击 OK，弹出 Reference Image Layer 对话框（如图 2-8）。选择 panAtlanta.img 作为参考图像，单击 OK，弹出 Reference Map Information 对话框（如图 2-9）。单击 OK，弹出 Polynomial Model Properties 对话框（如图 2-10）。

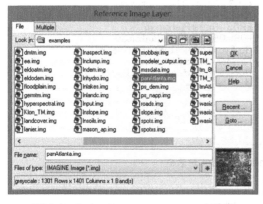

图 2-8　Reference Image Layer 对话框

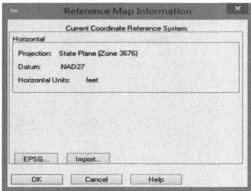

图 2-9　Reference Map Information 对话框

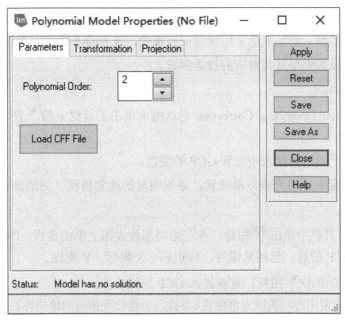

图 2-10　Polynomial Model Properties 对话框

④在 Polynomial Order 后面的文本框中输入 2，单击 Apply，然后单击 Close，弹出 Multipoint Geometric Correction 对话框（如图 2-11）。

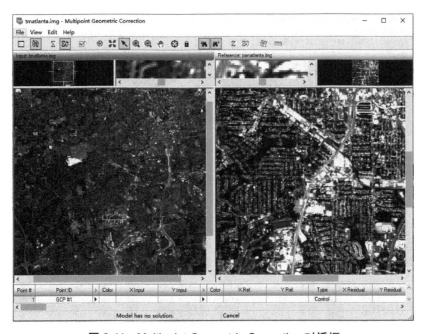

图 2-11　Multipoint Geometric Correction 对话框

注意：该实例采用视窗采点模式，作为地理参考的 SPOT 图像已经含有投影信息，这里无须定义投影参数。如果不是采用视窗采点模式，或者参考图像没有包含投影信息，则必须在这里定义投影类型及其对应的投影参数。

（3）采集控制点。

①在 Multipoint Geometric Correction 对话框中单击工具栏中的 ![icon] 图标，进入 GCP 选择状态。

②在对话框下面的属性表中设置 GCP 的颜色。

③在左边视窗中移动关联方框位置，寻找明显的地物特征（如道路交叉点等），作为输入 GCP。

④在 GCP 工具栏中单击 ![icon] 图标，在左边局部放大图上单击定点，GCP 属性表中间生成一个输入的 GCP 信息，包括其编号、标识码、X 坐标、Y 坐标。

⑤在工具栏中单击 ![icon] 图标，重新进入 GCP 选择状态。

⑥在右边的视窗中移动关联方框位置，寻找与所选位置相同的地物特征点作为参考 GCP。

⑦在 GCP 工具栏中单击 ![icon] 图标，在右边局部放大图中单击定点。

⑧在工具栏中单击 ![icon] 图标，重新进入 GCP 选择状态，准备采集下一个输入控制点。

重复上述步骤，采集至少 6 个 GCP，要求在地图中均匀分布，满足所选的几何校正模型（如图 2-12）。也可以通过在 X Input 和 Y Input 栏中直接输入控制点坐标的方法来采集控制点。

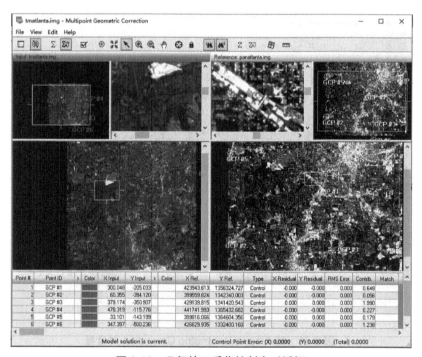

图 2-12　几何校正采集控制点对话框

可直接点击 Point ID 栏改变控制点的名称，要删除选中的 GCP 时，只需在 GCP CellArray 中右键点击 Point #栏，选择 Delete Selection 即可。所有的输入 GCP 和参考 GCP 都可以直接保存在图像文件或参考图像文件中（Save Input/Save Reference），也可以保存在控制点文件中（Save Input As/Save Reference As），便于以后调用。如果是保存在图像文件中，只要打开 GCP 工具，GCP 点即会出现在视窗中；如果是保存在 GCP 文件中，可以通过加载调用（Load Input/Load Reference）。

（4）采集地面检查点。

地面控制点 GCP 用于控制计算，建立转换模型多项式方程，而地面检查点 Check point 用于检验所建立的转换方程的精度和实用性。

①在 GCP CellArray 中右键点击 Point #栏，选择 Select None，排除所有 GCP 点，在 CellArray 的最后一行将颜色设置为绿色，则下面输入的 Check 均设置为绿色。

②在 GCP Tool 菜单条中的 Edit，选择 Set Point Type。

③点击 Check。

④在 GCP Tool 菜单条点击 Edit。

⑤点击 Point Matching，打开 GCP Matching 对话框（如图 2-13）。

⑥在 Point Matching 对话框中定义下列参数：

a. 确定匹配参数（Matching Parameters）：最大搜索半径（Max.Search Radius）：3。

b. 搜索窗口大小（Search Window Size）：X：5，Y：5。

c. 确定约束参数（Threshold Parameters）：相关阈值（Correlation Threshold）：0.8。

d. 删除不匹配的点：选择 Discard Unmatched Point 复选框。

⑦点击 Close，关闭 GCP Matching 对话框。

⑧确定地面检查点：在 GCP Tool 工具条中选择 ⊕ 图标，并点击 🔒 图标，锁住 Create GCP 功能，如同创建控制点那样，分别定义 5 个检查点，定义完毕后点击 unlock 图标，解除 Create GCP 功能。

⑨计算检查点误差：在 GCP Tool 工具条中点击 ☑ 图标，检查点的误差就会显示在 GCP Tool 的上方，只有所有检查点的总误差小于一个像元（Pixel），才能继续进行合理的重采样。一般而言，如果控制点定位选择比较准确的话，检查点匹配会较好。

注：ERDAS 采用均方根误差（RMS Error）来描述 GCP 点的单点误差和总误差（如图 2-14）。

单点误差：
$$R_i = \sqrt{XR_i^2 + YR_i^2}$$

总误差：
$$T = \sqrt{\frac{1}{n}\sum_{i=1}^{n}\left(XR_i^2 + YR_i^2\right)}$$

式中，R_i 为单点误差；XR_i 为第 i 个 GCP 点在 X 方向上的 RMS Error；YR_i 为第 i 个 GCP 点在 Y 方向上的 RMS Error；T 为总误差；i 为第 i 个 GCP 点；n 为 GCP 点的数量。

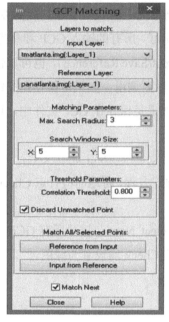

图 2-13　Point Matching 对话框

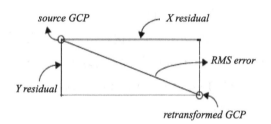

图 2-14　RMS 误差示意

（5）计算转换模型。

①在 Geo Correction Tools 对话框中点击图标 ▣ ，则会弹出 Polynomial Model Properties 对话框。

②其中 Parameters 选项用于改变多项式次数，Transformation 选项提供转换矩阵的系数，并记录转换模型，Projection 选项用于查看和更改投影参数。

（6）图像重采样。

像元属性值的重采样是依据未校正图像的灰度值，采用某种方法估算校正后图像像元灰度值的过程。ERDAS IMAGINE 2015 提供了 3 种最常用的重采样算法：最近邻插值、双线性插值和三次卷积插值。

①最近邻插值：将最邻近像元值直接赋予输出像元（如图 2-15）。

②双线性插值：用双线性方程和 2×2 窗口计算输出像元值（如图 2-16）。

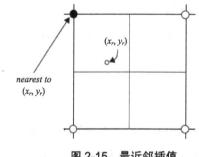

图 2-15　最近邻插值

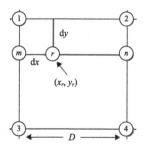

图 2-16　双线性插值

$$V_r = \sum_{i=1}^{4} \frac{(D - \mathrm{d}x_i)(D - \mathrm{d}y_i)}{D^2} \times V_i$$

式中，$\mathrm{d}x_i$ 为在 X 方向上变化后坐标（x_r，y_r）和像元 i 的数据坐标之间的变化量；$\mathrm{d}y_i$ 为在 Y 方向上变化后坐标（x_r，y_r）和像元 i 的数据坐标之间的变化量；V_i 为像元 i 的数据值；D 为在源坐标系中像元之间的距离（在 X 或者 Y 方向上）。

③立方卷积插值：用三次方程和 4×4 窗口计算输出像元值。

$$V_r = \sum_{n=1}^{4} \{ V(i-1,j+n-2) \times f[d(i-1,j+n-2)+1] + V(i,j+n-2) \times f[d(i,j+n-2)] + V(i+1,j+n-2) \times f[d(i+1,j+n-2)-1] + V(i+2,j+n-2) \times f[d(i+2,j+n-2)-2] \}$$

$$f(x) = \begin{cases} (a+2)|x|^3 - (a+3)|x|^2 + 1 & |x| < 1 \\ a|x|^3 - 5a|x|^2 + 8a|x| - 4a & 1 < |x| < 2 \\ 0 & \text{其他情况} \end{cases}$$

式中，i 为 x_r 取整后的数值；j 为 y_r 取整后的数值；d（i，j）为坐标（i，j）和（x_r，y_r）所在像元之间的距离；$V(i, j)$ 为坐标（i，j）所在像元的数据值；V_r 为输出数据值；n 为被插值像元邻近像元点的个数；a 为常数，值为−1。

在 Multipoint Geometric Correction 对话框中的工具栏中单击 Resample 图标 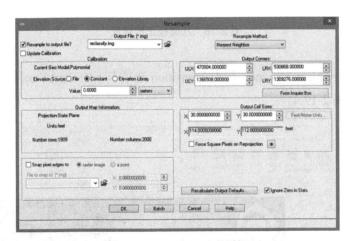 打开 Resample 对话框，定义重采样参数如图 2-17 所示。

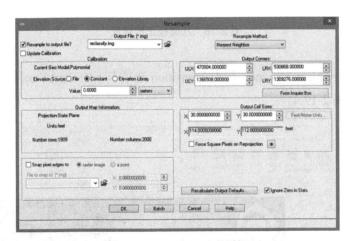

图 2-17　Resample 对话框

①设置输出图像文件名（Output File）：reclassify.img。

②设置重采样方法（Resample Method）：Nearest Neighbor。

③设置输出像元大小（Output Cell Sizes）：X：30，Y：30。

④设置输出统计中忽略零值：Ignore Zero in Stats。

⑤单击 OK，启动重采样进程，并关闭 Resample 对话框。

（7）检验校正结果。

在一个视窗中打开两幅图像：一幅是校正后的图像，另一幅是当时的参考图像。进行定性检验的具体过程如下：

①在 ERDAS IMAGINE 2015 中选择 File→Open→Raster Options 选项，选择参考图像文件 panAtlanta.img，再次选择 File→Open→Raster Options 选项，选择校正后的图像 reclassify.img（如图 2-18）。

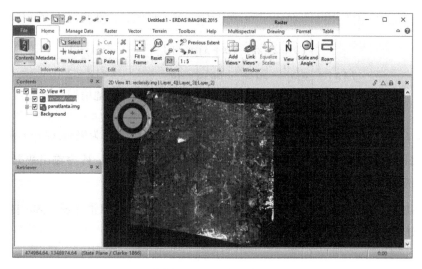

图 2-18　几何校正的结果

②选择 Home→New→Swipe，选中 Transition 选项卡下的 Start/Stop 控件，进行自动滑块定性检验（如图 2-19）。

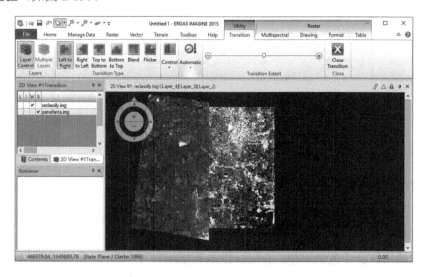

图 2-19　自动滑块定性检验结果

2.2.2　图像的仿射变换

　　图像的仿射变换就是对图像进行旋转、平移、翻转、拉伸等一次线性变换，以便图像的北方向真正朝上。本节所采用的数据是 D/examples/tmAtlanta.img，在 ERDAS IMAGINE 2015 中执行仿射变换的操作步骤如下：

　　（1）在 ERDAS IMAGINE 2015 中打开图像 tmAtlanta.img。

　　（2）选择 Multispectral→Transform & Orthocorrect →Affine Calibration，打开 Affine Model Properties 对话框（如图 2-20）。

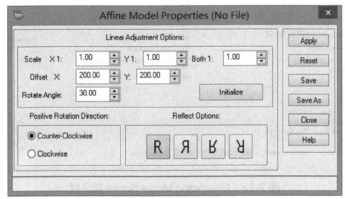

图 2-20　Affine Model Properties 对话框

　　（3）在 Affine Model Properties 对话框中定义下列参数：

　　①比例因子（Scale）：X1：1；Y1：1；Both1：1。

　　②偏移因子（Offset）：X：200；Y：200。

　　③旋转角度（Rotate Angle）：30。

　　④正向/逆向旋转（Positive Rotation Direction）：Counter-Clockwise（逆时针方向为正）。

　　⑤翻转方向（Reflect Options）：任选。

　　（4）点击 Apply，在弹出的 Verify Save on Close 对话框中点击"是"（如图 2-21）。

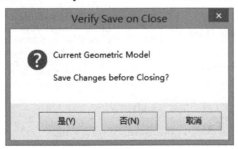

图 2-21　Verify Save on Close 对话框

（5）在弹出的 Geometric Model Name 对话框中给模型命名为 Affine，并选择路径保存（如图 2-22）。

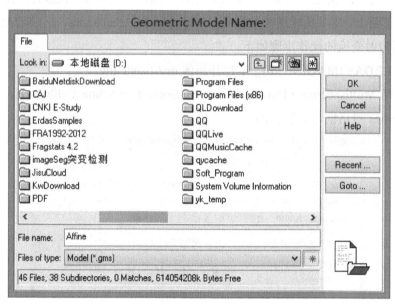

图 2-22 Geometric Model Name 对话框

（6）选择 Multispectral→Control Points→Set Geometric Model，打开 Set Geometric Model 对话框（如图 2-23），选择 Existing Calibration，点击 OK。

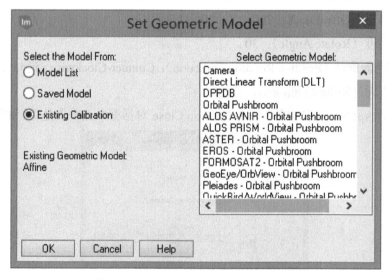

图 2-23 Set Geometric Model 对话框

（7）在弹出的 Resample 对话框中定义重采样参数（如图 2-24）。

①输出图像文件名（Output File）：tmatlanta_rotate.img。

②选择重采样方法（Resample Method）：Bilinear Interpolation。

③定义输出像元大小（Output Cell Size）：X：10，Y：10。

④设置输出统计中忽略零值：Ignore Zero in Stats。

（8）点击 OK，关闭 Resample 对话框，执行重采样操作。

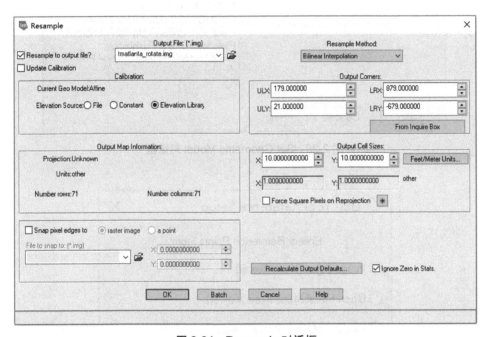

图 2-24　Resample 对话框

2.2.3　航空影像的正射校正

对于空间分辨率很高的影像，如航片，进行几何校正时还需要考虑地形等高程的影响，这个过程称为正射校正（Orthorectification），需要与影像同区域的数字高程模型（DEM）。本节所采用的数据是 D:/examples/ps_napp.img，在 ERDAS IMAGINE 2015 中执行航空影像的正射校正的操作步骤如下：

（1）显示航空影像：在 ERDAS IMAGINE 2015 中打开图像 ps_napp.img。

（2）启动正射校正模块：选择 Panchromatic→Control Points→Set Geometric Model，打开 Set Geometric Model 对话框（如图 2-25），在 Model List 下选择 Camera（相机模型），单击 OK，同时弹出 GCP Tool Reference Setup 对话框（如图 2-26）和 Multipoint Geometric Correction 窗口（如图 2-27）。

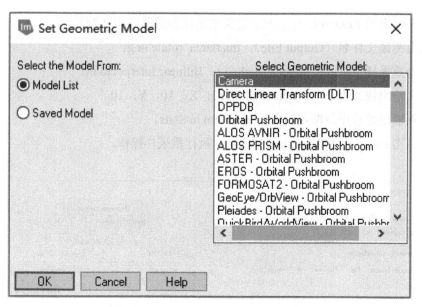

图 2-25 Set Geometric Model 对话框

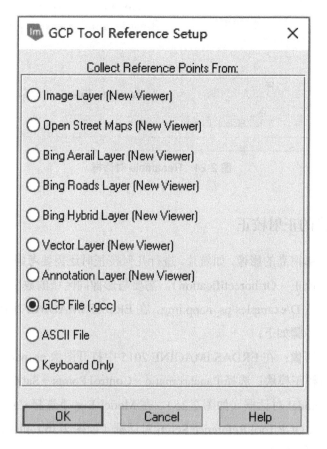

图 2-26 GCP Tool Reference Setup 对话框

图 2-27　Multipoint Geometric Correction 窗口

（3）在弹出的 GCP Tool Reference Setup 对话框中选择 GCP File（.gcc），点击 OK 并在弹出的 Reference GCC File 对话框（如图 2-28）中选择 D/exmples/ps_camera.gcc，点击 OK。

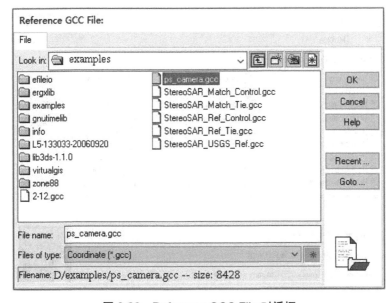

图 2-28　Reference GCC File 对话框

（4）输入摄影模式参数：在弹出的 Camera Model Properties 对话框中选择 General 选项卡并定义参数（镜头参数在购买航片时供货商会提供）（如图 2-29）。

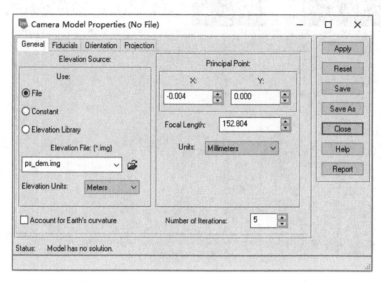

图 2-29 Camera Model Properties 对话框

①高程模型文件（Elevation File）：ps_dem.img。

注：在选择此文件时要将 Elevation File 对话框（如图 2-30）中的 Files of type 由.esl 改成.img，随之弹出的两个 Warning on DEM file 对话框（如图 2-31）均点击 Yes 即可。

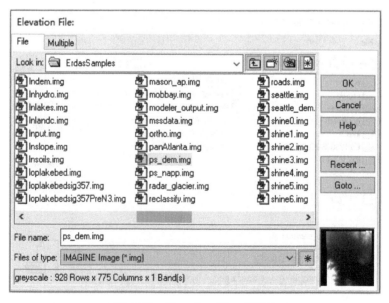

图 2-30 Elevation File 对话框

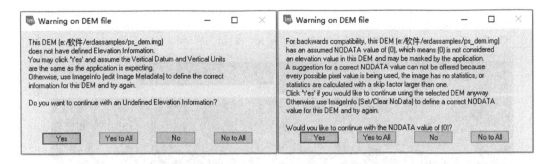

图 2-31　Warning on DEM file 对话框

②输入像主点坐标（Principal Point）：X：−0.004；Y：0.000。

③输入镜头焦距（Focal Length）：152.804。

④确定镜头焦距单位（Units）：Millimeters。

⑤不考虑地球曲率（Account for Earth's curvature）。

注：地球曲率只有在小比例尺影像时才考虑。

⑥定义迭代次数（Number of Iterations）：5。

⑦点击 Apply。

（5）确定内定向参数。

①在 Camera Model Properties 对话框中选择 Fiducials 选项卡，打开内定向对话框，在 Fiducial Type 中选择第一种框标类型。

②在定义框标位置（Viewer Fiducial Locator）中点击图标，激活框标输入状态。

③在 Multipoint Geometric Correction 窗口中拖放链接框到左上角的框标点位置，并进行适当调整，使左上角的框标点完全落到链接框的中心（如图 2-32）。

④在内定向对话框（Camera Model Properties）中点击图标，在放大窗口中采集第一个框标点，该点的图像坐标 Image X 和 Image Y 同时显示在框标数据表 Fiducials CellArray 中。

⑤在框标数据表中按图 2-33 输入该点的已知胶片坐标 Film X 和 Film Y。

⑥重复上述过程依次在航片中数字化其他 3 个框标点，并输入对应的胶片坐标。

⑦当 4 个框标点全部数字化并输入坐标后，注意 Camera Model Properties 对话框右上方的状态提示：Status：Solved，表示内定向工作已接近完成，如果误差（Error）<1，说明是可以接受的（如图 2-34）；反之，说明定点不精确或有错误，需要重做。

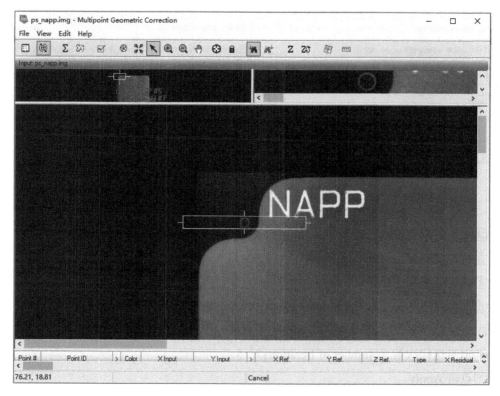

图 2-32   航空校正窗口

Point #	Film X	Film Y
1	-106.000	106.000
2	105.999	105.994
3	105.998	-105.999
4	-106.008	-105.999

图 2-33   胶片坐标

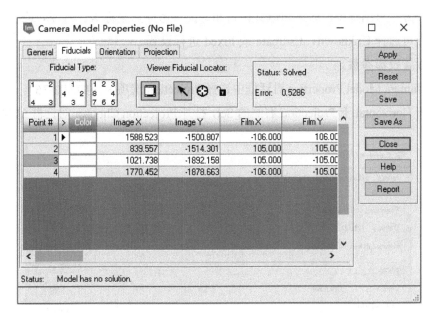

图 2-34　Camera Model Properties 对话框

（6）设置外方位元素：如果在前述步骤中选择考虑地球曲率，航片的外方位元素将不能进行设置。

①在 Camera Model Properties 对话框中选择 Orientation 选项卡，打开外方位对话框（如图 2-35）。

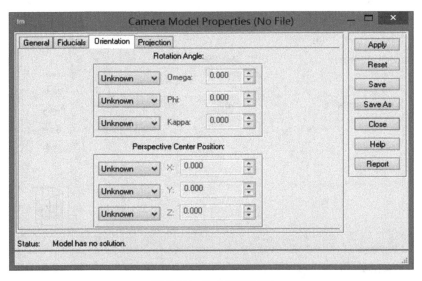

图 2-35　外方位对话框

②在外方位对话框中，如果知道旋转角和地面参考原点坐标 X、Y、Z，或者知道估计值，则相应可选择 Unknown、Estimate 或 Fixed 进行设置。

（7）设置投影参数。

①在 Camera Model Properties 对话框中选择 Projection 选项卡（如图 2-36）。

②点击 Horizontal 下 Projection 右侧的 Set，打开 Projection Chooser 对话框（如图 2-37）。

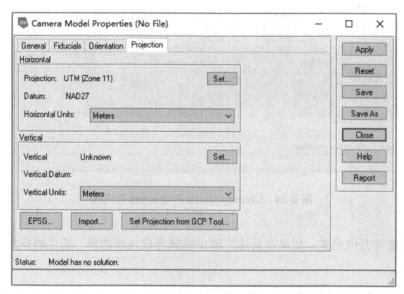

图 2-36　Camera Model Properties 对话框

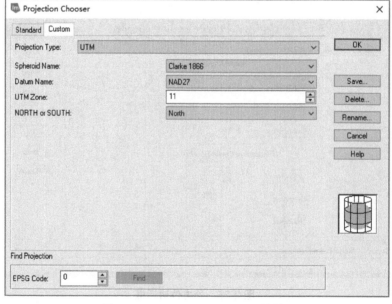

图 2-37　Projection Chooser 对话框

③点击 Custom 标签，定义下列投影参数：

a. 投影类型（Projection Type）：UTM。

b. 参考椭球体（Spheroid Name）：Clarke 1866。

c. 基准面名称（Datum Name）：NAD27。

d. UTM 投影分带（UTM Zone）：11。

e. 北半球或南半球（NORTH or SOUTH）：North。

④点击 OK，上述投影参数将显示在 Camera Model Properties 对话框中。

⑤定义地图坐标单位：Meters。

⑥点击 Apply→Save As，打开 Geometric Model Name 对话框，确定路径及文件名：GeoModel.img。

⑦点击 OK 进行保存。

（8）读取地面控制点。

①在 Multipoint Geometric Correction 窗口中，点击 Σ 图标，系统自动求解模型，计算误差（RMS）和残差（residuals），在窗口下方会显示控制点 X 坐标值、Y 坐标值误差。

②在 Camera Model Properties 对话框中点击 Save。

（9）图像校正标定。

图像校正标定只是在原航空影像文件中将校正的数学模型以辅助信息层的方式保存，而不进行重采样、不生成新文件。图像校正标定的主要步骤是：

①在 Multipoint Geometric Correction 窗口中，点击 图标，打开 Calibrate Image 对话框（如图 2-38）。

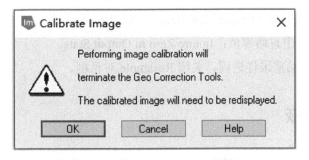

图 2-38　Calibrate Image 对话框

②点击 OK，执行图像标定操作，并关闭原始图像，在重新打开图像时选择 Raster Options 选项卡，以 Orient Image to Map System 选择项不勾选状态打开图像（如图 2-39）。如果要对标定图像进行校正显示，需要将视窗中图像显示的 Orient Image to Map System 选择项选中。

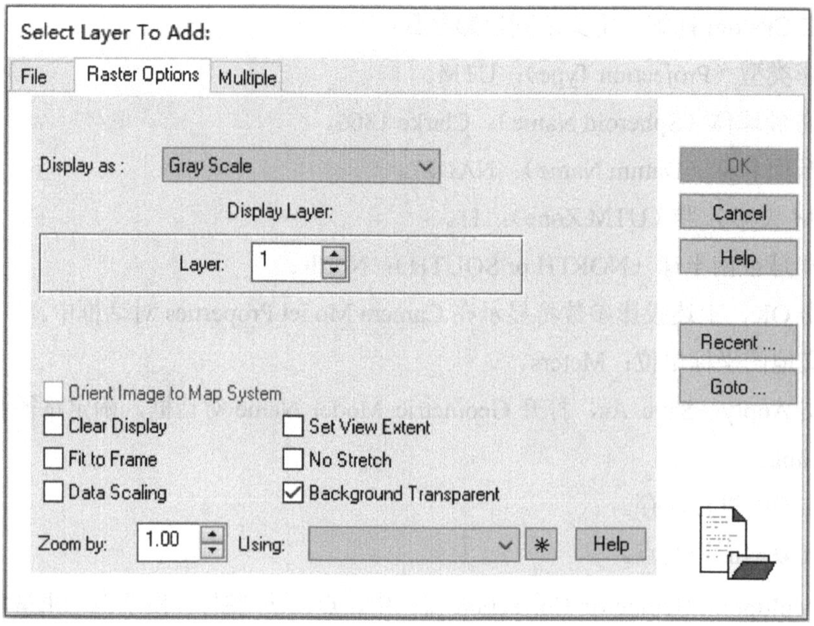

图 2-39　Raster Options 选项卡

（10）航空影像重采样。

选择 Panchromatic→Control Points→Set Geometric Model，打开 Set Geometric Model 对话框，选择 Existing Calibration，点击 OK，打开 Resample 对话框，在 Resample 对话框中设定重采样参数：

①设置输出图像文件名（Output File）：GeoModel.img。

②设置重采样方法（Resample Method）：Nearest Neighbor。

③设置输出像元大小（Output Cell Sizes）：X：10，Y：10。

④设置输出统计中忽略零值：Ignore Zero in Output Stats。

⑤单击 OK，启动重采样进程，关闭 Resample 对话框。

2.3　图像的镶嵌

图像镶嵌是将具有地理参考的若干相邻图像拼接成一幅图像或一组图像，需要拼接的输入图像必须含有地图投影信息，或者说输入图像必须经过几何校正处理或进行过校正标定。所以输入的图像可以具有不同的投影类型、不同的像元大小，但必须具有相同的波段数。

启动图像拼接工具，选择 Raster→Mosaic→MosaicPro 选项，打开如图 2-40 所示的 MosaicPro（高级图像镶嵌）视窗。

图 2-40　MosaicPro 视窗

MosaicPro 视窗由菜单栏（Menu Bar）、工具栏（Tool Bar）、图形窗口（Graphic View）、状态栏（Status Bar）及图像文件列表窗口（Image Lists）等几部分组成，其中菜单栏中的菜单命令及其功能、工具栏中的图标及其功能分别见表 2-1、表 2-2。

表 2-1　MosaicPro 视窗菜单命令及其功能

命令	功能
File：	文件操作：
New	打开新的 MosaicPro 视窗
Open	打开图像镶嵌工程文件（*.mop、*.mos）
Save	保存图像镶嵌工程文件（*.mop）
Save As	重新保存图像镶嵌工程文件
Load Seam Polygons	导入镶嵌线多边形文件（.shp 式）
Save Seam Polygons	存储镶嵌线多边形文件（.shp 式）
Save Seam Polygons with Hole	存储镶嵌线多边形孔文件
Load Reference Seam Polygons	导入具有地理参考的镶嵌线多边形文件
Annotation	将镶嵌图像轮廓保存为注记文件
Save to Script	将拼接工程各参数存为脚本文件
Close	关闭当前图像镶嵌工具
Edit：	编辑操作：
Add Image	向图像镶嵌视窗加载影像
Delete Image	删除图像镶嵌工程中的图像
Sort Image	图像文件根据地理相似性或相互重叠度进行分类的开关
Individual Image Radiometry	Individual 图像辐射线测定
Image Resample Options	图像重新取样
Color Corrections	设置镶嵌图像的色彩校正参数
Set Overlap Function	设置镶嵌图像重叠区域数据处理方式
Seams Polygons	镶嵌线多边形文件
Undo Seams Polygon	撤销镶嵌多边形文件
Create Hole	创建孔
Delete Selected Hole（s）	删除选中的孔
Edit Hole	编辑孔
Output Options	设置输出图像参数
Show Image Lists	是否显示图像文件列表开关

命令	功能
View:	窗口视图:
Show Active Areas	显示激活区域
Show Seam Polygons	显示镶嵌线
Show Hole	显示孔
Show Rasters	显示栅格图像
Show Outputs	显示输出区域边界线
Show Reference Seam Polygons	显示具有地理参考的镶嵌线
Show Labels	显示标签
Set Selected to Visible	显示所选择的图像
Set Polygons Filled	设置多边形填充
Set Reference Seam Polygon Color	设置镶嵌线的颜色
Inquire Box	查询框
Set Maximum Number of Rasters to Display	设置显示图像的最大数目
Process:	处理操作:
Run Mosaic	执行图像镶嵌处理
Preview Mosaic for Window	图像镶嵌效果预览
Delete the Preview Mosaic Window	删除图像镶嵌效果预览
Help:	联机帮助:
Help for Mosaic Tool	关于图像镶嵌的联机帮助

表 2-2　MosaicPro 视窗工具栏图标及其功能

图标	命令	功能
	Open New Mosaic Window	打开一个新的镶嵌窗口
	Open	打开图像镶嵌工程文件
	Save	存储当前图像镶嵌工程文件
	Add Image	向图像镶嵌视窗加载图像
	Display Active Area Boundaries	显示激活区域边界线
	Display the Seam Polygons	显示镶嵌线
	Display Raster Image	显示栅格图像
	Display Outputs Area Boundaries	显示输出区域边界线
	Show/Hide Image Visible	显示/隐藏图像文件列表
	Make Only Selected Image Visible	只显示选择的图像
	Automatically Generate Seamlines for Intersections	自动产生镶嵌线

图标	命令	功能
	Edit Seams Polygon	编辑镶嵌线
	Delete Seamlines for Intersections	删除镶嵌线
	Used to Select Inputimages	选择一个输入图像
	Used to Select a Box for Mosaic Preview	从镶嵌预览图中选择一个区域
	Reset Canvas to Fit Display	改变画面尺寸以适合展示
	Scale Viewer to Fit Selected Objects	改变画面比例以适应选择对象
	Zoom Image IN by 2	2 倍放大图像窗口
	Zoom Image OUT by 2	2 倍缩小图像窗口
	Roam the Canvas	画布漫游
	Display Image Resample Options Dialog	展示图像重采样选项对话框
	Display Color Correction Options Dialog	展示图像色彩校正选项对话框
	Set Overlap Function	设置镶嵌图像重叠区域
	Set Output Options Dialog	设置输出图像选项对话框
	Run the Mosaic Process to Disk	运行图像镶嵌过程至桌面
	Send Selected Image (s) to Top	将选中的图像放置顶端
	Send Selected Image (s) Up One	将选中的图像向上移
	Send Selected Image (s) to Bottom	将选中的图像放置底端
	Send Selected Image (s) Down One	将选中的图像向下移
	Reverse Order of Selected Image (s)	翻转选中的图像的顺序
	Draw Hole	绘制孔
	Delete Selected Holes	删除选中的孔
	Edit Hole	编辑孔
	Display Holes	陈列孔

本节所采用的数据是 D/examples/Ex2/wasia1_mss.img 和 wasia2_mss.img，在 ERDAS IMAGINE 2015 中 MosaicPro 视窗下执行图像镶嵌的操作步骤如下：

（1）加载需要镶嵌的图像

①在 MosaicPro 视窗菜单栏中，选择 Edit→Add Images 打开 Add Images 对话框（如图 2-41），或者选择快捷工具 也能取得相同的效果。

②切换到 Image Area Options 选项卡（如图 2-42）。

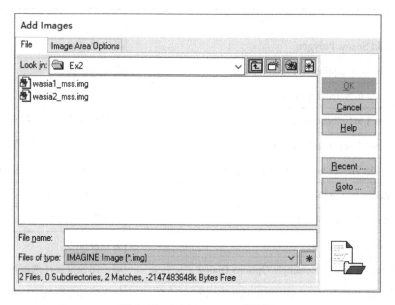

图 2-41　Add Images 对话框

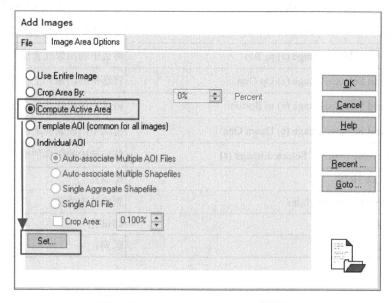

图 2-42　Image Area Options 选项卡

　　③选择 Compute Active Area（计算有效图像范围），然后单击 Set，打开 Active Area Options 对话框（如图 2-43），设置参数。

　　④单击 OK，计算有效图像范围，再单击 Add Images 对话框中的 OK 完成图像的加载。

　　⑤用同样的步骤加载 wasia2_mss.img 图像，加载后的视窗如图 2-44 所示。

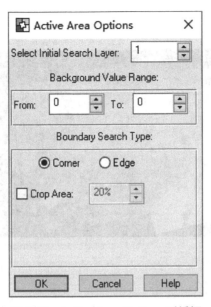

图 2-43　Active Area Options 对话框

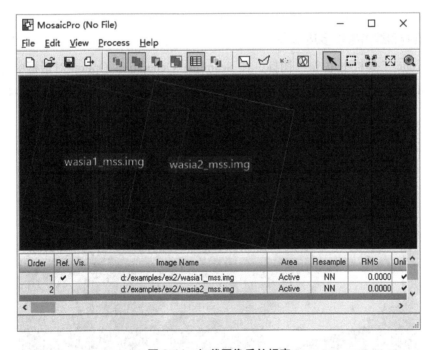

图 2-44　加载图像后的视窗

⑥单击 View→Show Raster 或单击工具栏中的 图标，然后在 MosaicPro 视窗底部的属性栏中将 Vis.属性勾选即可使图像显示在窗口中（如图 2-45）。

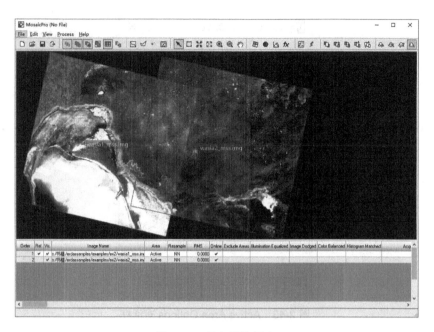

图 2-45　显示图像视窗

（2）绘制和编辑镶嵌多边形

在 Mosaic 工具栏中单击 图标，在 Seamline Generation Option 对话框中选择 Most Nadir Seamline，单击 OK。可以单击 图标，绘制和编辑镶嵌多边形（如图 2-46）。

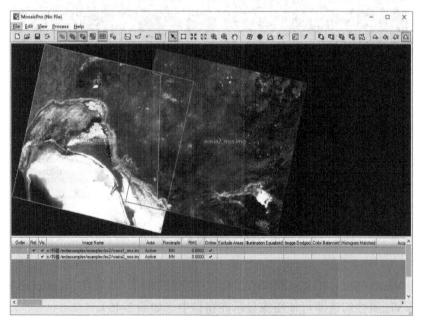

图 2-46　编辑后的展示图

（3）调整图像色彩

①在 MosaicPro 菜单栏中选择 Edit→Color Corrections 或者在工具栏中选择 ⬚ 图标，可打开 Color Corrections 对话框。选择 Use Color Balancing，单击选项右侧的 Set，打开 Set Color Balancing Method 对话框（如图 2-47）。

②选择 Manual Color Manipulation 并单击选项右侧的 Set，打开 Mosaic Color Balancing 窗口（如图 2-48）。

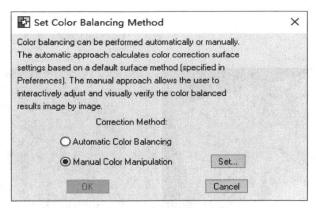

图 2-47　Set Color Balancing Method 对话框

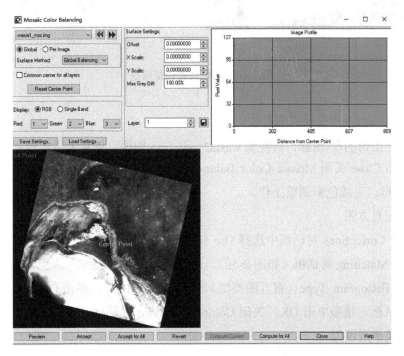

图 2-48　Mosaic Color Balancing 窗口

③单击左上角的 Reset Center Point，选择 Per Image，在 Surface Method 选项中选择 Linear 方法，然后单击底部的 Compute Current，单击 Preview 进行预览（如图 2-49）。

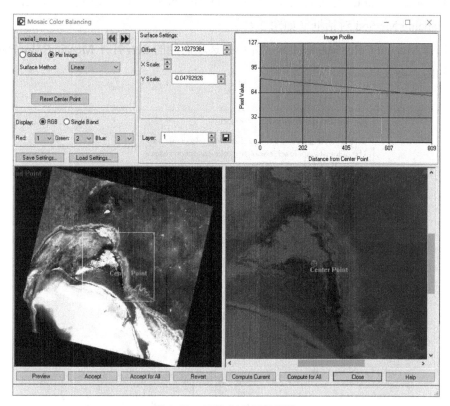

图 2-49　图像色彩调整预览

④单击 Accept，接受设置的参数。

⑤单击左上角的 ▶▶ 图标，切换到 wasia2_mss.img 图像，重复上述步骤进行色彩调整。调整之后单击 Close 关闭 Mosaic Color Balancing 窗口，单击 OK 关闭 Set Color Balancing Method 对话框，完成色彩调整工作。

（4）匹配直方图

在 Color Corrections 对话框中选择 Use Histogram Matching，单击选项右侧的 Set，打开 Histogram Matching 对话框（如图 2-50）。选择 Matching Method（匹配方法）为 Overlap Areas；选择 Histogram Type（直方图类型）为 Band by Band；单击 OK，关闭 Histogram Matching 对话框，接着单击 OK，关闭 Color Corrections 对话框。

（5）预览镶嵌图像

在 MosaicPro 工具栏中单击 ⊡ 图标，选择需要预览的区域，选择菜单栏中的 Process→ Preview Mosaic for Window。当任务达到 100% 时，即可看到预览图像（如图 2-51）。预览结束后，选择 Process→Delete the Preview Mosaic Window 删除预览区域。

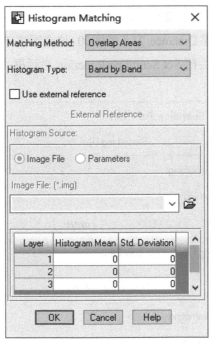

图 2-50 Histogram Matching 对话框

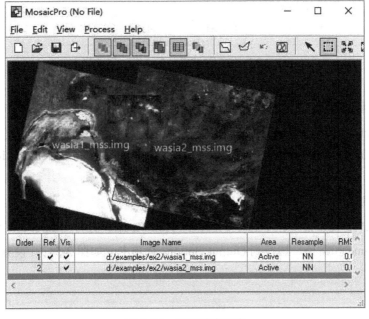

图 2-51 预览镶嵌图像

（6）设置镶嵌线功能

在 MosaicPro 工具栏中单击 fx 图标，打开 Set Seamline Function 对话框（生成缝线情况下才能打开该对话框，如图 2-52）。选择 No Smoothing（不进行平滑处理）选项，选中 Feathering（羽化）选项并设置 Distance 为 5.000000，这个距离单位是地图单位（Map Units）。单击 OK，完成设置工作并关闭 Set Seamline Function 对话框。

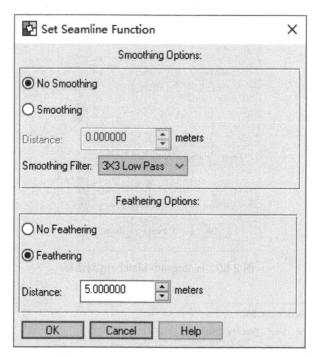

图 2-52　Set Seamline Function 对话框

（7）定义输出图像

在 MosaicPro 工具栏中单击 图标，打开 Output Image Options 对话框（如图 2-53），选择 Define Output Map Area (s)（定义地图区域输出）的方法为 Union of All Inputs，单击 OK 完成定义。

（8）运行镶嵌功能

在 MosaicPro 视窗菜单栏中选择 Process→Run Mosaic，打开 Output File Name 对话框，设置好 File Name 和路径，切换到 Output Options 选项卡（如图 2-54），设置参数。

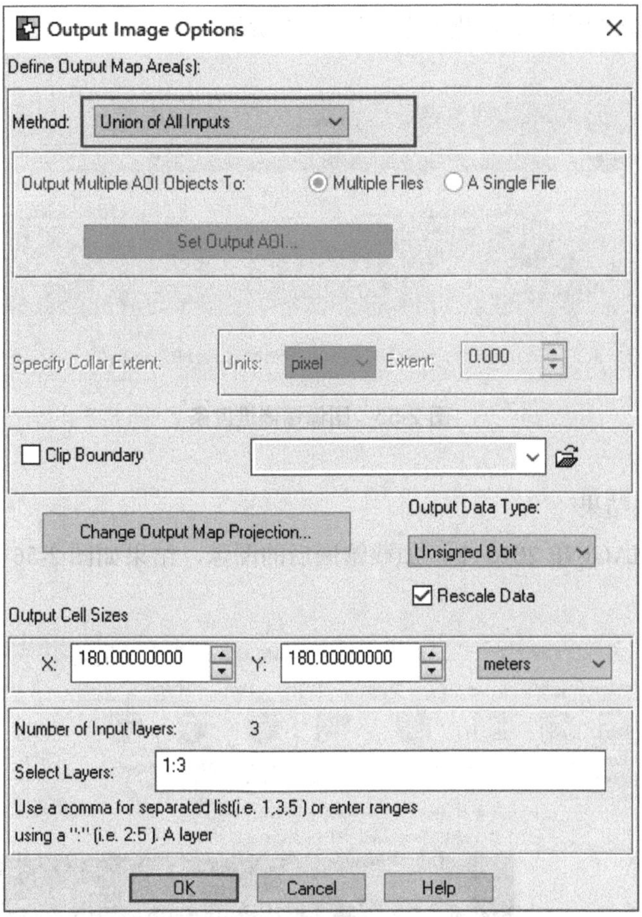

图 2-53　Output Image Options 对话框

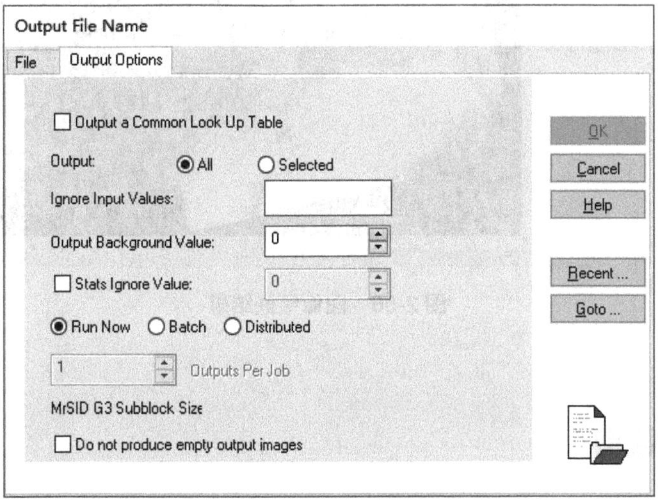

图 2-54　Output Options 选项卡

单击 OK，完成图像镶嵌，进度条如图 2-55 所示。

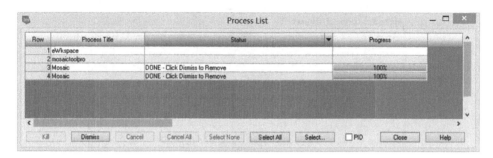

图 2-55　图像镶嵌进度条

（9）显示镶嵌结果

在 ERDAS IMAGINE 2015 中，加载镶嵌后的图像，结果如图 2-56 所示。

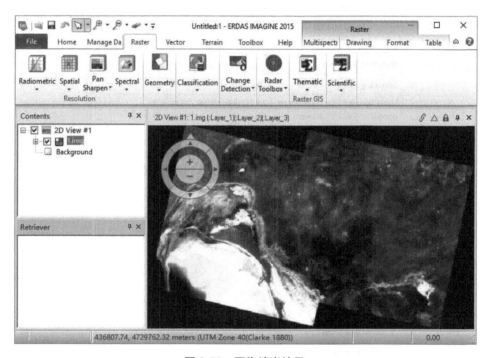

图 2-56　图像镶嵌结果

2.4　图像的裁剪

在实际工作中，经常需要根据研究工作范围对图像进行子集裁剪，按照 ERDAS 实现图像子集裁剪的过程，将图像子集裁剪分为两种类型：规则分幅裁剪和不规则分幅裁剪。

2.4.1　规则分幅裁剪

规则分幅裁剪（Rectangle Subset）是指裁剪图像的边界范围是一个矩形，下面以从美国加利福尼亚州圣迭戈的一景 Landsat TM 影像中裁剪感兴趣的城市区域为例介绍其操作方法。本节所采用的数据是 D/examples/dmtm.img，在 ERDAS IMAGINE 2015 中执行规则分幅裁剪的操作步骤如下：

（1）在 ERDAS IMAGINE 软件中，打开 D/examples/dmtm.img 图像。

（2）在图像上单击鼠标右键，在弹出的选项框中选择 Inquire Box，并选择需要裁剪的区域范围（如图 2-57）。

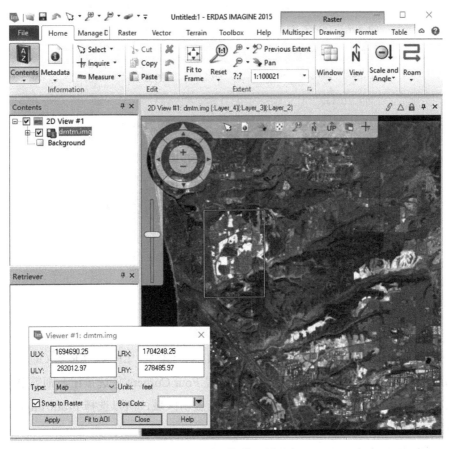

图 2-57　选取裁剪区域示意

（3）选择 Raster→Subset&Chip→Create Subset Image，打开 Subset 对话框（如图 2-58），设置参数。

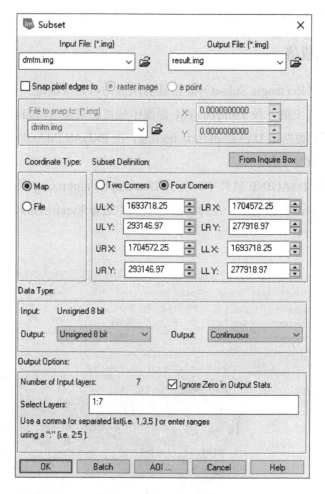

图 2-58　Subset 对话框

（4）输入文件名称（Input File）：dmtm.img。

（5）输出文件名称（Output File）：result.img。

（6）坐标类型（Coordinate Type）：Map。

（7）裁剪范围（Subset Definition）：输入 UL X、UL Y、LR X、LR Y（即输入左上角和右下角的 X 坐标值、Y 坐标值，如果选择的是 Four Corners 单选按钮，则需要输入 4 个定点坐标）。因为前面已经选择了用 Inquire Box 裁剪区域，所以选择 From Inquire Box 可以直接确定裁剪范围。

（8）输出数据类型：Unsigned 8 bit。

（9）输出文件类型：Continuous。

（10）输出统计忽略零值：Ignore Zero in Output Stats。

（11）输出像元波段（Select Layers）：1：7（表示选择 1～7 这 7 个波段）。

（12）单击 OK，关闭 Subset 对话框，执行图像裁剪。

原图与裁剪之后的对比图如图 2-59 所示。

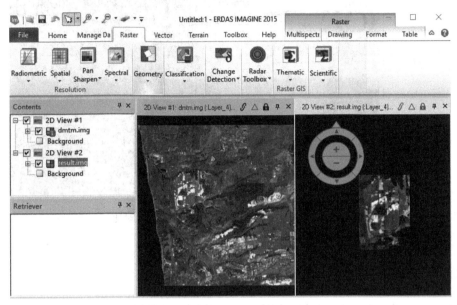

图 2-59　裁剪前（左）后（右）对比

2.4.2　不规则分幅裁剪

不规则分幅裁剪（Polygon Subset）是指裁剪图像的边界范围是任意多边形，无法通过顶点坐标确定裁剪位置，而必须事先生成一个完整的闭合多边形区域。这个区域可以是一个感兴趣区域（Area of Interesting，AOI），也可以是 ArcGIS 的一个矢量数据文件（Polygon Coverage），根据不同的区域选择不同的裁剪方法。

2.4.2.1　用 AOI 区域裁剪

用 AOI 区域裁剪，也可以使用与规则裁剪类似的方法。首先在加载了原图像之后选择 Drawing→文件，绘制想要的 AOI 区域，绘制完成后双击鼠标右键结束。然后选择 Raster→Subset&Chip→Create Subset Image，基本设置与之前类似，但在设置完参数之后单击 AOI 控件打开 Choose AOI 对话框中的 Viewer 单选按钮，然后单击 OK 完成设置，进行裁剪。需要注意的是，为了在 Choose AOI 对话框中选择 Viewer 不出错，必须在前面绘制 AOI 文件时保留 AOI 文件在视窗之内。如果不想让该文件显示在视窗之中，可以先保存 AOI 文件，在 Choose AOI 对话框中选择 AOI File 并输入保存的路径，也可达到同样的效果。AOI 裁剪结果对比图如图 2-60 所示。

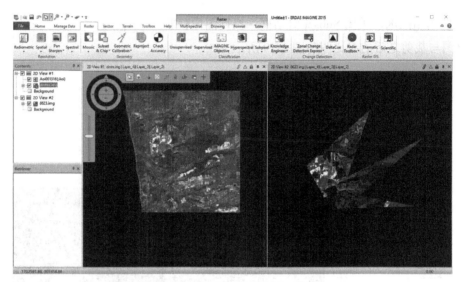

图 2-60　AOI 裁剪结果前（左）后（右）对比

2.4.2.2　用 ArcGIS 的多边形裁剪

如果按照行政区划边界或自然区划边界进行图像的分幅裁剪，往往是首先利用 ArcGIS 或 ERDAS 的矢量（Vector）模块绘制精准的边界多边形，然后以 ArcInfo 的多边形（Polygon）为边界条件进行图像裁剪。对于这种情况，需要调用 ERDAS 其他模块的功能，分以下两步完成。

（1）需要将其转换成栅格图像。选择 Vector→Vector to Raster，设置好参数后单击 OK 完成转换。

（2）通过掩膜算法实现图像不规则裁剪。图像掩膜是按照一幅图像所确定的区域及区域编码，采用掩膜的方法从相应的另一幅图像中进行选择，产生一幅或若干幅输出图像。具体方法：在 ERDAS IMAGINE 菜单栏中选择 Raster→Subset&Chip→Mask 选项，打开 Mask 对话框并设置参数。

①输入需裁剪的图像文件名称。

②输入掩膜文件名称。

③单击 Setup Recode 设置裁剪区内 New Value 为 1，区域外取 0 值。

④确定掩膜区域做交集运算为 Intersection。

⑤确定输出图像文件名称。

⑥确定输出数据类型为 Unsigned 8 bit。

⑦输出统计忽略零值，即选中 Ignore Zero in Output Stats。

⑧单击 OK，关闭 Mask 对话框，执行掩膜运算。

思考题:

1. 为什么要进行投影变换?

2. 简述遥感图像几何误差的主要来源。

3. 简述遥感数字图像几何校正的一般过程。

4. 简述多项式纠正法纠正资源卫星图像的原理和步骤。

5. 什么是图像的重采样? 常用的重采样方法有哪些? 各有什么特点?

6. 在遥感图像多项式校正中,控制点采集的基本原则是什么?

7. 怎样从图像中有效地选择地面控制点?

8. 投影转换需要定义的参数有哪些?

9. 仿射变换和正射变换的区别是什么?

10. 什么是图像镶嵌? 图像镶嵌时有哪些注意事项?

第 3 章　图像增强

本章主要内容：

- 辐射增强处理
- 空间域增强处理
- 频率域增强处理
- 彩色增强处理
- 光谱增强处理
- 代数运算

遥感图像在获取的过程中由于受到大气的散射、反射、折射或者天气等的影响，获得的图像难免会带有噪声或目视效果不好，如对比度不够、图像模糊等；有时总体效果较好，但是所需要的信息不够突出，如线状地物或地物的边缘部分；或者，有些图像的波段较多，数据量较大，如 TM 影像，但各波段的信息量存在一定的相关性，给进一步处理造成困难。针对上述问题，需要对图像进行增强处理。图像增强可改善图像质量，提高图像目视效果，突出所需要的信息、压缩图像的数据量，为进一步的图像判读做好准备。

图像增强的方法主要包括空间域图像增强、频率域图像增强、彩色增强、多图像代数运算等。空间域图像增强是通过改变单个像元及相邻像元的灰度值来增强图像，主要包括点运算的空间增强和邻域运算的空间增强。频率域图像增强是对图像进行傅里叶变换，然后对变换后的频率域图像的频谱进行修改，达到增强的目的。彩色增强主要是通过将灰度图像变为彩色图像，或对多光谱图像进行彩色合成，或进行彩色变换以达到突出所需信息的目的。多图像代数运算是通过对经空间配准的两幅或多幅单波段遥感图像进行一系列的代数运算，达到突出所需信息的目的。

实验目的：

1. 掌握图像增强的基本原理。
2. 熟悉 ERDAS 图像增强模块。
3. 掌握 ERDAS 图像处理增强工具的使用。

3.1　辐射增强处理

辐射增强是通过直接改变图像中像元的灰度值来改变图像的对比度，从而改善图像质量的图像增强方法。

3.1.1　查找表拉伸

查找表拉伸是遥感图像对比度拉伸的总合，通过修改图像查找表（Look up Table）使输出图像值发生变化。根据用户对查找表的定义，可以实现线性拉伸、分段线性拉伸、非线性拉伸等处理。菜单中的查找表拉伸功能是由空间模块 LUT_Stretch.gmd 支持运行的，用户可根据自己的需要，在 LUT Stretch 对话框中点击 View 进入模型生成器视窗，双击查找表进入编辑状态修改查找表。本节所用数据为 D/examples/mobbay.img，在 ERDAS IMAGINE 2015 中查找表拉伸的具体操作如下：

（1）选择 Raster→Radiometric→LUT Stretch，打开 LUT Stretch 对话框，设置参数如图 3-1 所示。

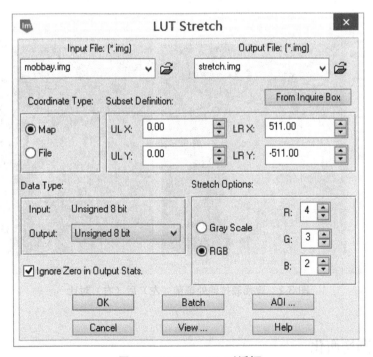

图 3-1　LUT Stretch 对话框

（2）确定输入文件（Input File）：mobbay.img。

（3）定义输出文件（Output File）：stretch.img。

（4）文件坐标类型（Coordinate Type）：Map。

（5）处理范围确定（Subset Definition）：在 UL X/Y、LR X/Y 微调框中输入需要的数值（默认状态为整个图像范围，可以应用 Inquire Box 定义子区）。

（6）输出数据类型（Output Data Type）：Unsigned 8 bit。

（7）确定拉伸选择为 RGB 多波段图像或灰级图。

（8）点击 View 打开模型生成器视窗，浏览 Stretch 功能的空间模型。

（9）双击 Custom Table 进入查找表编辑状态，可根据需要修改查找表。

（10）点击 OK，关闭查找表定义对话框，退出查找表编辑状态。

（11）单击 File，再点击 Close All，退出模型生成器视窗。

（12）点击 OK，关闭 LUT Stretch 对话框，执行查找表拉伸处理，处理结果如图 3-2 所示。

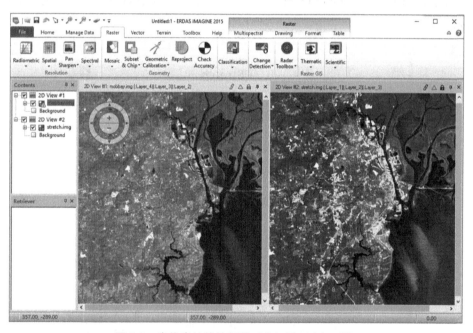

图 3-2　查找表拉伸处理前（左）后（右）对比

3.1.2　直方图均衡化

直方图均衡化实质上是对图像进行非线性拉伸，重新分配图像像元值，使一定灰度范围内像元的数目大致相等，原来直方图中间的峰顶部分对比度得到增强，而两侧的谷底部分对比度降低，输出图像的直方图是一较平的分段直方图，如果输出数据分段值较小的话，会产生粗略分类的视觉效果。本节所用数据为 D/examples/lanier.img，在 ERDAS IMAGINE 2015 中执行直方图均衡化的具体操作如下：

（1）选择 Raster→Radiometric→Histogram Equalization，打开 Histogram Equalization 对话框，设置参数如图 3-3 所示。

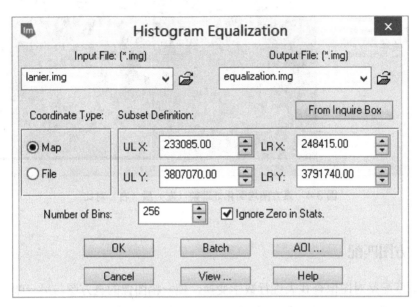

图 3-3　Histogram Equalization 对话框

（2）确定输入文件（Input File）：lanier.img。

（3）定义输出文件（Output File）：equalization.img。

（4）文件坐标类型（Coordinate Type）：Map。

（5）处理范围确定（Subset Definition）：在 UL X/Y、LR X/Y 微调框中输入需要的数值（默认状态为整个图像范围，可以应用 Inquire Box 定义子区）。

（6）确定输出数据分段（Number of Bins）：256（可以小一些）。

（7）输出数据统计时忽略零值，选中 Ignore Zero in Stats 复选框。

（8）点击 View 打开模型生成器视窗，浏览 Equalization 功能的空间模型。

（9）单击 File，再点击 Close All，退出模型生成器视窗。

（10）点击 OK，关闭 Histogram Equalization 对话框，执行直方图均衡化处理，结果如图 3-4 所示。

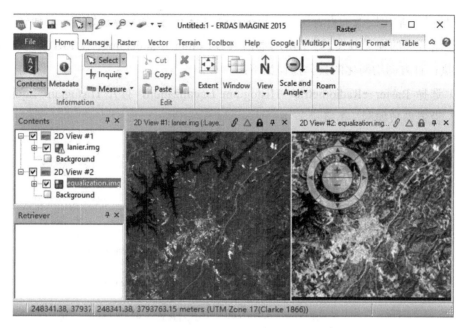

图 3-4 直方图均衡化处理前（左）后（右）对比

3.1.3 直方图匹配

直方图匹配是对图像查找表进行数学变换，使一幅图像的直方图与另一幅图像类似。直方图匹配经常作为相邻图像拼接或应用多时相遥感图像进行动态变化研究的预处理工具，通过直方图匹配可以部分消除由于太阳高度角或大气影响造成的相邻图像的效果差异。本节所用数据为 D/examples/wasia1_mss.img，在 ERDAS IMAGINE 2015 中执行直方图匹配的具体操作如下：

（1）选择 Raster→Radiometric→Histogram Match，打开 Histogram Matching 对话框，设置参数如图 3-5 所示。

（2）确定输入匹配文件（Input File）：wasia1_mss.img。

（3）输入匹配参考文件（Input File to Match）：wasia2_mss.img。

（4）定义匹配输出文件（Output File）：wasia1_match.img。

（5）选择匹配波段（Band to be Matched）：1。

（6）匹配参考波段（Band to Match to）：1。也可以对图像的所有波段进行匹配（Use All Bands For Matching）。

（7）文件坐标类型（Coordinate Type）：Map。

（8）处理范围确定（Subset Definition）：在 UL X/Y、LR X/Y 微调框中输入需要的数值（默认状态为整个图像范围，可以应用 Inquire Box 定义子区）。

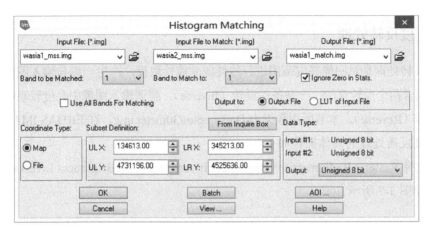

图 3-5 Histogram Matching 对话框

（9）输出数据统计时忽略零值，选中 Ignore Zero in Stats 复选框。

（10）输出数据类型（Output Data Type）：Unsigned 8 bit。

（11）点击 View 打开模型生成器视窗，浏览 Matching 功能的空间模型。

（12）单击 File，再点击 Close All，退出模型生成器视窗。

（13）点击 OK，关闭 Histogram Matching 对话框，执行直方图匹配处理，结果如图 3-6
所示。

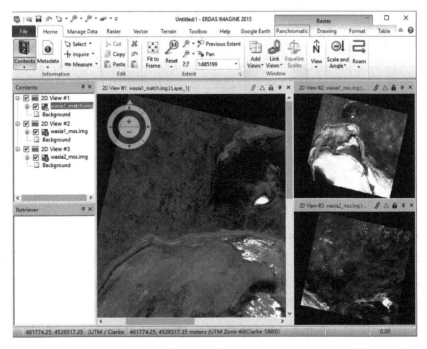

图 3-6 直方图匹配处理结果

3.1.4 亮度反转处理

亮度反转处理是对图像亮度范围进行线性或非线性取反，产生一幅与输入图像亮度相反的图像。包含两个反转算法：一是条件反转（Inverse），强调输入图像中亮度较暗的部分；二是简单反转（Reverse）。本节所用数据为 D/examples/30meter.img，在 ERDAS IMAGINE 2015 中执行亮度反转处理的具体操作如下：

（1）选择 Raster→Radiometric→Brightness Inversion，打开 Brightness Inversion 对话框，设置参数如图 3-7 所示。

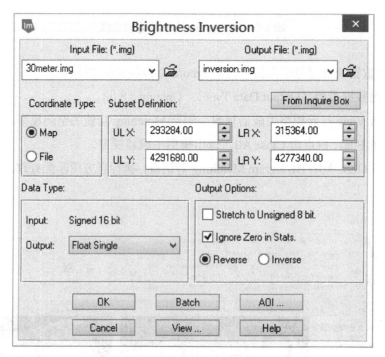

图 3-7 Brightness Inversion 对话框

（2）确定输入文件（Input File）：30meter.img。

（3）定义输出文件（Output File）：inversion.img。

（4）文件坐标类型（Coordinate Type）：Map。

（5）处理范围确定（Subset Definition）：在 UL X/Y、LR X/Y 微调框中输入需要的数值（默认状态为整个图像范围，可以应用 Inquire Box 定义子区）。

（6）输出数据统计时忽略零值，选中 Ignore Zero in Stats 复选框。

（7）输出数据类型（Output Data Type）：Float Single。

（8）输出变换选择（Output Options）：Inverse 或 Reverse。

（9）点击 View 打开模型生成器视窗，浏览 Inverse/Reverse 功能的空间模型。

（10）单击 File，再点击 Close All，退出模型生成器视窗。

（11）点击 OK，关闭 Brightness Inversion 对话框，执行直方图匹配处理，结果如图 3-8 所示。

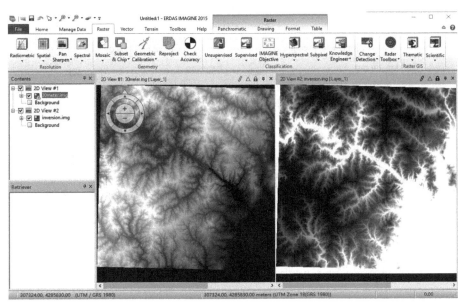

图 3-8　亮度反转处理结果前（左）后（右）对比

3.1.5　雾霾去除

雾霾去除是为了降低多波段图像（Landsat TM）或全色图像的模糊度。对于 Landsat TM 图像，该方法实质上是基于缨帽变换法，首先对图像作主成分变换，找出与模糊度相关的成分并剔除，然后再进行主成分逆变换回到 RGB 彩色空间。对于全色图像，该方法采用点扩展卷积反转（Inverse Point Spread Convolution）进行处理，并根据情况选择 3×3 或 5×5 的卷积分别用于高频模糊度或低频模糊度的去除。本节所用数据为 D/examples/klon_tm.img，在 ERDAS IMAGINE 2015 中执行雾霾去除的具体操作如下：

（1）选择 Raster→Radiometric→Haze Reduction，打开 Haze Reduction 对话框，设置参数如图 3-9 所示。

（2）确定输入文件（Input File）：klon_tm.img。

（3）定义输出文件（Output File）：haze.img。

（4）文件坐标类型（Coordinate Type）：Map。

（5）处理范围确定（Subset Definition）：在 UL X/Y、LR X/Y 微调框中输入需要的数

值（默认状态为整个图像范围，可以应用 Inquire Box 定义子区）。

（6）输出数据统计时忽略零值，选中 Ignore Zero in Stats 复选框。

（7）处理方法选择（Method）：Landsat5 TM 图像（或 Landsat4 TM）。

（8）点击 OK，关闭 Haze Reduction 对话框，执行雾霾去除处理，结果如图 3-10 所示。

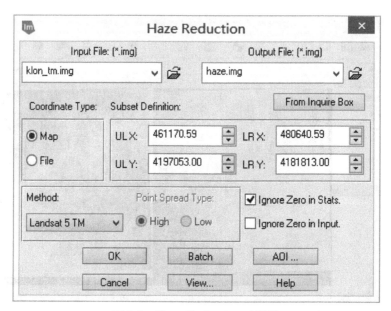

图 3-9　Haze Reduction 对话框

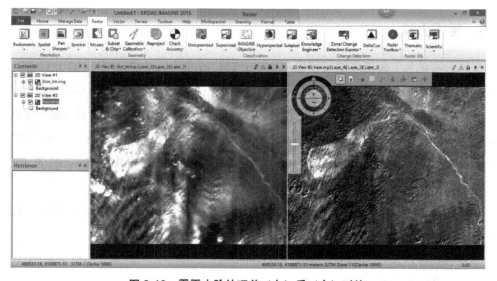

图 3-10　雾霾去除处理前（左）后（右）对比

3.1.6　去条带处理

去条带处理是针对 Landsat TM 图像的扫描特点对其原始数据进行三次卷积处理，以达到去除扫描条带的目的。操作中边缘处理方法需要选定：反射（Reflection）是应用图像边缘灰度值的镜面反射值作为图像边缘以外的像元值，这样可以避免出现晕轮（Halo），而填充（Fill）则是统一将图像边缘以外的像元以 0 值填充，呈黑色背景。本节所用数据为 D/examples/ tm_striped.img，在 ERDAS IMAGINE 2015 中执行去条带处理的具体操作如下：

（1）选择 Raster→Radiometric→Destripe TM Data，打开 Destripe TM 对话框，设置参数如图 3-11 所示。

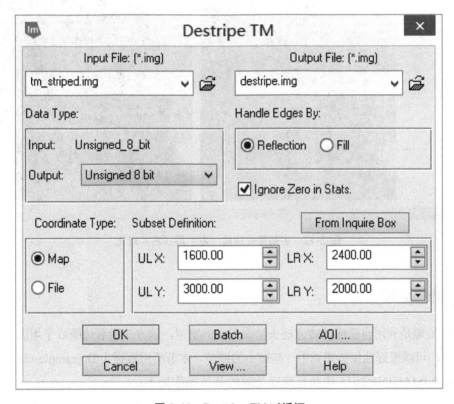

图 3-11　Destripe TM 对话框

（2）确定输入文件（Input File）：tm_striped.img。

（3）定义输出文件（Output File）：destripe.img。

（4）输出数据类型（Output Data Type）：Unsigned 8 bit。

（5）输出数据统计时忽略零值，选中 Ignore Zero in Stats 复选框。

（6）边缘处理方法（Handle Edges By）：Reflection。

（7）文件坐标类型（Coordinate Type）：Map。

（8）处理范围确定（Subset Definition）：在 UL X/Y、LR X/Y 微调框中输入需要的数值（默认状态为整个图像范围，可以应用 Inquire Box 定义子区）。

（9）单击 OK，关闭 Destripe TM 对话框，执行去条带处理，结果如图 3-12 所示。

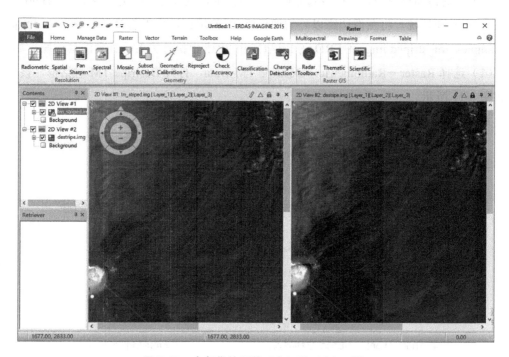

图 3-12　去条带处理前（左）后（右）对比

3.1.7　降噪处理

降噪处理是利用自适应滤波方法去除图像中的噪声，该方法沿着边缘或平坦区域去除噪声的同时，可以很好地保持图像中一些微小的细节。本节所用数据为 D/examples/dmtm.img，在 ERDAS IMAGINE 2015 中执行降噪处理的具体操作如下：

（1）选择 Raster→Radiometric→Noise Reduction，打开 Noise Reduction 对话框，设置参数如图 3-13 所示。

（2）确定输入文件（Input File）：dmtm.img。

（3）确定输出文件（Output File）：noise.img。

（4）文件坐标类型（Coordinate Type）：Map。

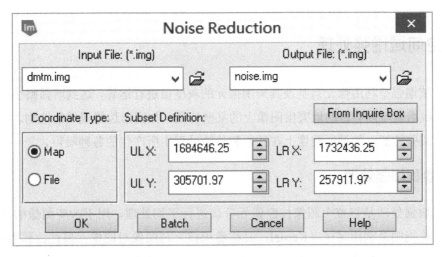

图 3-13 Noise Reduction 对话框

（5）处理范围确定（Subset Definition）：在 UL X/Y、LR X/Y 微调框中输入需要的数值（默认状态为整个图像范围，可以应用 Inquire Box 定义子区）。

（6）单击 OK，关闭 Noise Reduction 对话框，执行降噪处理，结果如图 3-14 所示。

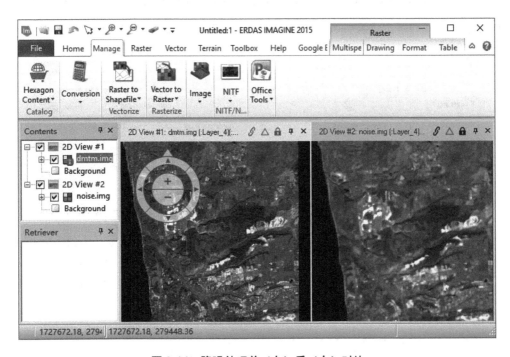

图 3-14 降噪处理前（左）后（右）对比

3.2   空间域增强处理

空间域增强是利用像元自身及其周围像元的灰度值进行运算，达到增强整个图像的目的。空间域增强可以有目的地突出图像上的某些特征，如突出边缘或线性地物，也可有目的地去除某些特征，如抑制图像上在获取和传输过程中所产生的各种噪声。

3.2.1   卷积增强处理

卷积增强处理是将整个图像按照像元分块进行平均处理，用于改变图像的空间频率特征。运算规则是利用算子（Kernel，又称卷积核）与图像对应像元属性值作卷积运算，计算结果取代被操作像元的灰度值。ERDAS 将常用的卷积算子放在名为 default 的文件中，分为 3×3、5×5、7×7 三组共 30 种，每组又包括边缘检测（Edge Detect）、边缘增强（Edge Enhance）、低通滤波（Low Pass）、高通滤波（High Pass）、水平检测（Horizontal）和垂直检测（Vertical）/综合检测（Summary）等多种不同的处理方式。本节所用数据为 D/examples/lanier.img，在 ERDAS IMAGINE 2015 中执行卷积增强处理的具体操作如下：

（1）选择 Raster→Spatial→Convolution，打开 Convolution 对话框，设置参数如图 3-15 所示。

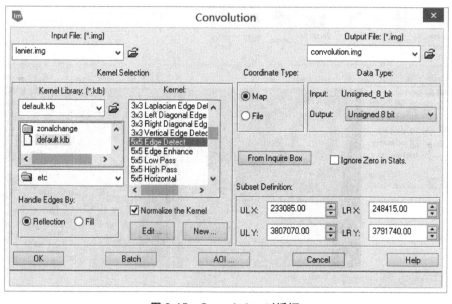

图 3-15   Convolution 对话框

（2）确定输入文件（Input File）：lanier.img。

（3）定义输出文件（Output File）：convolution.img。

（4）卷积算子文件（Kernel Library）：default.klb。

（5）卷积算子类型（Kernel）：5×5 Edge Detect。点击 Kernel Selection 中的 Edit 打开 5×5 Edge Detect 对话框，用户可以自行定义该算子的各元素。

（6）边缘处理方法（Handle Edges By）：Reflection。

（7）卷积归一化处理，选中 Normalize the Kernel 复选框。

（8）输出数据类型（Output Data Type）：Unsigned 8 bit。

（9）文件坐标类型（Coordinate Type）：Map。

（10）单击 OK，关闭 Convolution 对话框，执行卷积增强处理，结果如图 3-16 所示。

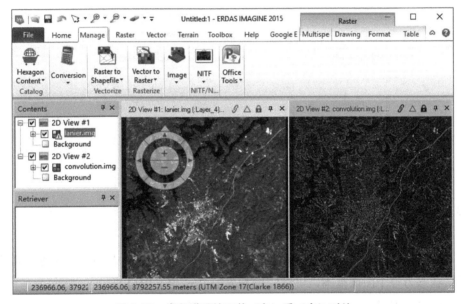

图 3-16　卷积增强处理前（左）后（右）对比

3.2.2　聚焦分析（平滑处理）

聚焦分析用类似卷积滤波的方法对像元属性值进行多种分析，基本算法是在所选择的窗口范围内，根据所定义的函数，应用窗口范围内的像元值计算窗口中心像元的值，从而达到增强图像的目的。本节所用数据为 D:/examples/lanier.img，在 ERDAS IMAGINE 2015 中执行聚焦分析的具体操作如下：

（1）选择 Raster→Spatial→Focal Analysis，打开 Focal Analysis 对话框，设置参数如图 3-17 所示。

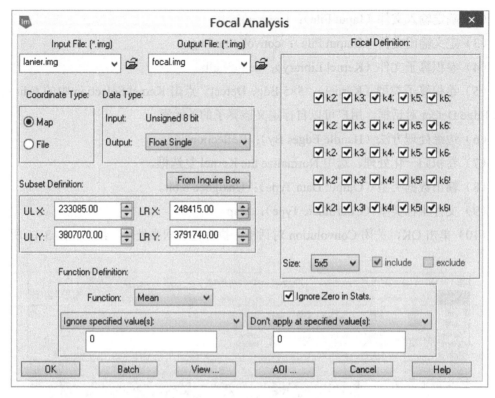

图 3-17   Focal Analysis 对话框

（2）确定输入文件（Input File）：lanier.img。

（3）定义输出文件（Output File）：focal.img。

（4）文件坐标类型（Coordinate Type）：Map。

（5）处理范围确定（Subset Definition）：在 UL X/Y、LR X/Y 微调框中输入需要的数值（默认状态为整个图像范围，可以应用 Inquire Box 定义窗口）。

（6）输出数据类型（Output Data Type）：Float Single。

（7）在 Focal Definition 栏下进行勾选，设置活动窗口的大小和形状。

（8）窗口大小（Size）：5×5（或 3×3，或 7×7）。

（9）窗口默认形状为矩形，可以调整为各种形状。

（10）聚焦函数定义（Function Definition），包括算法和应用范围。

（11）算法（Function）：Mean（或 Sum/SD/Median/Max/Min）。

（12）应用范围包括输入图像中参与聚焦运算的数值范围（3 种）和输入图像中应用聚焦运算函数的数值范围（3 种）。

（13）输出数据统计时忽略零值，选中 Ignore Zero in Stats 复选框。

（14）点击 OK，关闭 Focal Analysis 对话框，执行聚焦分析处理，结果如图 3-18 所示。

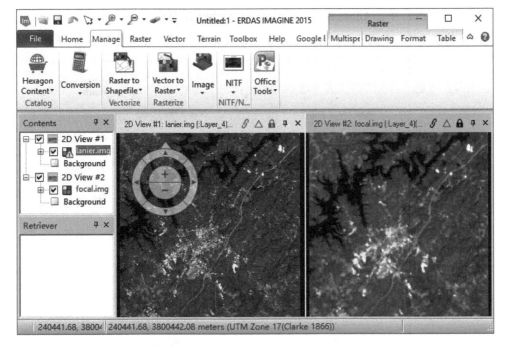

图 3-18　聚焦分析前（左）后（右）对比

3.2.3　锐化增强

锐化增强是通过对图像进行卷积滤波处理，使整景图像的亮度得到增强而不使其专题内容发生变化。有两种方法：一是根据用户定义的矩阵直接对图像进行卷积处理（空间模型为 Crisp-greyscale.gmd）；二是首先对图像进行主成分变换，并对第一主成分进行卷积滤波，然后再进行主成分逆变换（空间模型为 Crisp-Minmax.gmd）。以美国佐治亚州亚特兰大市区的影像为例，本节所用数据为 D/examples/panatlanta.img，在 ERDAS IMAGINE 2015 中执行锐化增强的具体操作如下：

（1）选择 Raster→Spatial→Crisp，打开 Crisp 对话框，设置参数如图 3-19 所示。

（2）确定输入文件（Input File）：panatlanta.img。

（3）定义输出文件（Output File）：crisp.img。

（4）文件坐标类型（Coordinate Type）：Map。

（5）处理范围确定（Subset Definition）：在 UL X/Y、LR X/Y 微调框中输入需要的数值（默认状态为整个图像范围，可以应用 Inquire Box 定义窗口）。

（6）输出数据类型（Output Data Type）：Float Single。

（7）输出数据统计时忽略零值，选中 Ignore Zero in Stats 复选框。

（8）单击 View 打开 Model Maker 视窗，浏览 Crisp 功能的空间模型。

（9）单击 File，单击 Close All，关闭 Model Maker 视窗。

（10）单击 OK，关闭 Crisp 对话框，执行锐化增强处理，结果如图 3-20 所示。

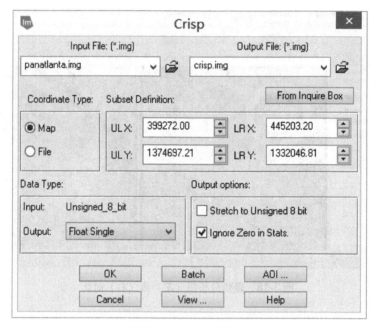

图 3-19　Crisp 对话框

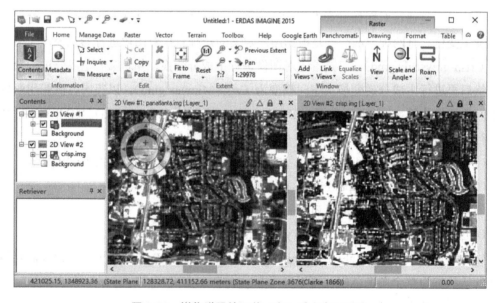

图 3-20　锐化增强处理前（左）后（右）对比

3.2.4　非定向边缘增强

非定向边缘增强是指应用 Sobel 滤波器或 Prewitt 滤波器，通过两个正交算子（水平算子和垂直算子）分别对遥感图像进行边缘检测，然后将两个结果进行平均化处理。本节所用数据为 D/examples/lanier.img，在 ERDAS IMAGINE 2015 中执行边缘检测处理的具体操作如下：

（1）选择 Raster→Spatial→Non-directional Edge，打开 Non-directional Edge 对话框，设置参数如图 3-21 所示。

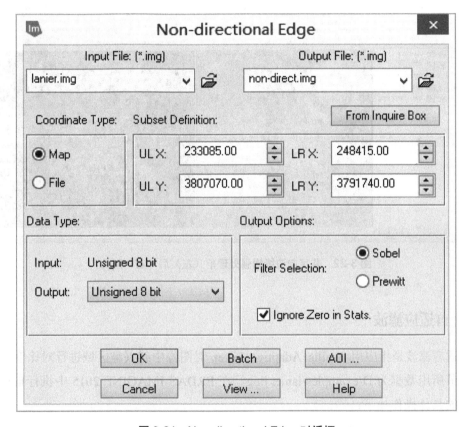

图 3-21　Non-directional Edge 对话框

（2）确定输入文件（Input File）：lanier.img。

（3）定义输出文件（Output File）：non-direct.img。

（4）文件坐标类型（Coordinate Type）：Map。

（5）处理范围确定（Subset Definition）：在 UL X/Y、LR X/Y 微调框中输入需要的数值（默认状态为整个图像范围，可以应用 Inquire Box 定义窗口）。

（6）输出数据类型（Output Data Type）：Unsigned 8 bit。

（7）选择滤波器（Filter Selection）：Sobel。

（8）输出数据统计时忽略零值，选中 Ignore Zero in Stats 复选框。

（9）单击 OK，关闭 Non-directional Edge 对话框，执行非定向边缘增强处理，结果如图 3-22 所示。

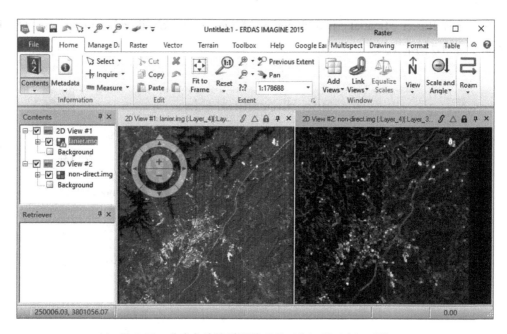

图 3-22　非定向边缘增强处理前（左）后（右）对比

3.2.5　自适应滤波

自适应滤波是指应用 Wallis Adaptive Filter 对图像中感兴趣区域进行对比度拉伸处理。本节所用数据为 D/examples/lanier.img，在 ERDAS IMAGINE 2015 中执行自适应滤波处理的具体操作如下：

（1）选择 Raster→Spatial→Adaptive Filter，打开 Wallis Adaptive Filter 对话框，设置参数如图 3-23 所示。

（2）确定输入文件（Input File）：lanier.img。

（3）定义输出文件（Output File）：adaptive.img。

（4）文件坐标类型（Coordinate Type）：Map。

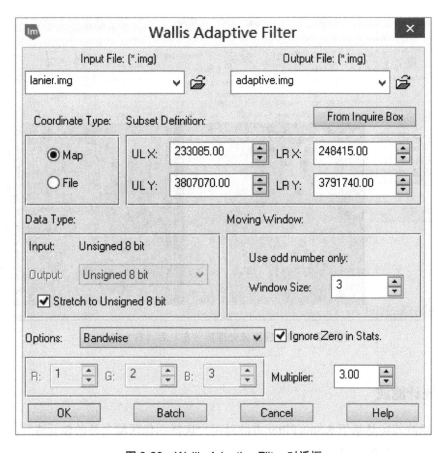

图 3-23 Wallis Adaptive Filter 对话框

（5）处理范围确定（Subset Definition）：在 UL X/Y、LR X/Y 微调框中输入需要的数值（默认状态为整个图像范围，可以应用 Inquire Box 定义窗口）。

（6）输出数据类型（Output Data Type）：Stretch to Unsigned 8 bit。

（7）窗口大小（Window Size）：3。

（8）输出文件选择（Options）：逐个波段进行滤波，选择 Bandwise（选择 PC，仅对主成分变换后的第一主成分滤波）。

（9）乘积倍数定义（Multiplier）：3.00（用于调整对比度）。

（10）输出数据统计时忽略零值，选中 Ignore Zero in Stats 复选框。

（11）单击 OK，关闭 Wallis Adaptive Filter 对话框，执行自适应滤波处理，结果如图 3-24 所示。

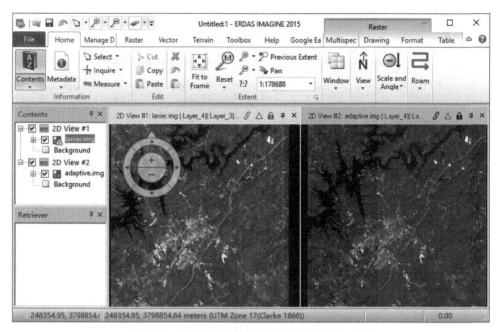

图 3-24　自适应滤波处理前（左）后（右）对比

3.2.6　统计滤波

统计滤波其实是基于 Sigma Filter 方法对用户选择图像区域之外的像元进行改进处理，从而达到图像增强的效果。在统计滤波的过程中，中心像元的值被移动滤波窗口内部分像素的平均值所代替，只包括那些不偏离当前中心像素超过给定的范围的像素。在执行统计滤波过程中，滤波窗口的大小被设置为 5×5 时，既具有一定的统计意义，又可以减少模糊度。本节所用数据为 D/examples/lanier.img，在 ERDAS IMAGINE 2015 中执行统计滤波处理的具体操作如下：

（1）选择 Raster→Spatial→Statistical Filter，打开 Statistical Filter 对话框，设置参数如图 3-25 所示。

（2）确定输入文件（Input File）：lanier.img。

（3）定义输出文件（Output File）：statistical.img。

（4）文件坐标类型（Coordinate Type）：Map。

（5）处理范围确定（Subset Definition）：在 UL X/Y、LR X/Y 微调框中输入需要的数值（默认状态为整个图像范围，可以应用 Inquire Box 定义窗口）。

（6）输出数据类型（Output Data Type）：Unsigned 8 bit。

（7）乘积倍数定义（Multiplier）：4.0。

（8）输出数据统计时忽略零值，选中 Ignore Zero in Stats 复选框。

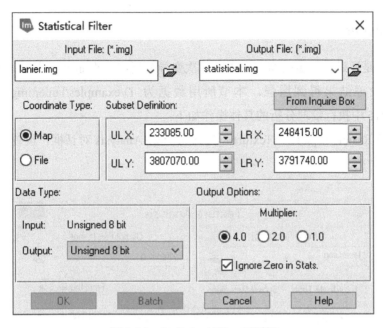

图 3-25　Statistical Filter 对话框

（9）单击 OK，关闭 Statistical Filter 对话框，执行统计滤波处理，结果如图 3-26 所示。

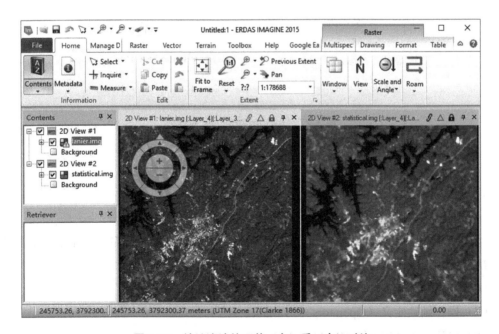

图 3-26　统计滤波处理前（左）后（右）对比

3.2.7 纹理分析

纹理分析是通过在一定的窗口内进行二次变异分析或三次非对称分析,使雷达图像或其他图像的纹理结果得到增强。本节所用数据为 D/examples/lanier.img,在 ERDAS IMAGINE 2015 中执行纹理分析的具体操作如下:

(1)选择 Raster→Spatial→Texture,打开 Texture Analysis 对话框,设置参数如图 3-27 所示。

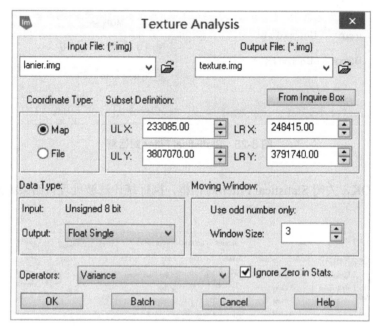

图 3-27 Texture Analysis 对话框

(2)确定输入文件(Input File):lanier.img。

(3)定义输出文件(Output File):texture.img。

(4)文件坐标类型(Coordinate Type):Map。

(5)处理范围确定(Subset Definition):在 UL X/Y、LR X/Y 微调框中输入需要的数值(默认状态为整个图像范围,可以应用 Inquire Box 定义窗口)。

(6)输出数据类型(Output Data Type):Float Single。

(7)操作函数定义(Operators):Variance(方差)。

(8)窗口大小(Window Size):3。

(9)输出数据统计时忽略零值,选中 Ignore Zero in Stats 复选框。

(10)单击 OK,关闭 Texture Analysis 对话框,执行纹理分析,结果如图 3-28 所示。

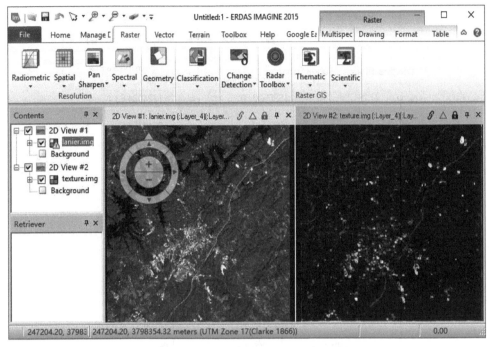

图 3-28　纹理分析前（左）后（右）对比

3.2.8　重采样处理

重采样就是根据一类像元的信息内插出另一类像元信息的过程。在遥感中，重采样是从高分辨率遥感影像中提取出低分辨率影像的过程。本节所用数据为 D/examples/spots.img，在 ERDAS IMAGINE 2015 中重采样处理的具体操作如下：

（1）选择 Raster→Spatial→Resample pixel，打开 Resample 对话框，设置参数如图 3-29 所示。

（2）确定输入文件（Input File）：spots.img。

（3）定义输出文件（Output File）：resample.img。

（4）处理范围确定（Subset Definition）：在 UL X/Y、LR X/Y 微调框中输入需要的数值。

（5）选择重采样方法（Resample Method）：Nearest Neighbor（最近邻）、Bilinear Interpolation（双线性）、Cubic Convolution（三次卷积）。

（6）输出单元大小（Output Cell Size）：依据需求设置相应属性和参数。

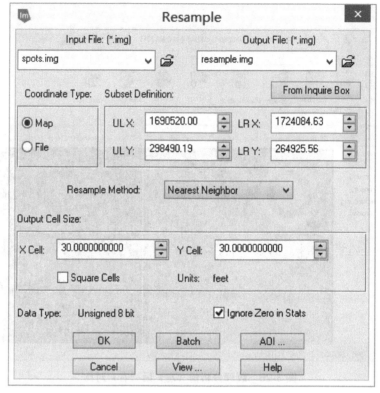

图 3-29　Resample 对话框

（7）单击 OK，关闭 Resample 对话框，执行重采样处理，结果如图 3-30 所示。

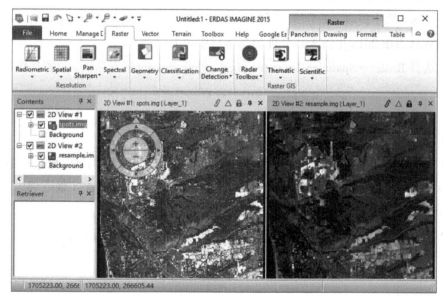

图 3-30　重采样处理前（左）后（右）对比

3.3　频率域增强处理

将遥感图像从空间域变换到频率域，把 RGB 彩色图像转换成一系列不同频率的二维正弦波傅里叶图像，然后在频率域内对傅里叶图像进行滤波、掩膜等各种编辑，减少或消除部分高频成分或低频成分，最后再把傅里叶图像变换到 RGB 彩色空间域，得到经过处理的彩色图像。傅里叶变换主要用于消除周期性噪声，此外，还可消除由于传感器异常引起的规则性错误。

3.3.1　傅里叶变换

3.3.1.1　快速傅里叶变换

快速傅里叶变换功能的第一步就是把输入空间域彩色图像转换成频率域傅里叶图像。本节所用数据为 D/examples/tm_1.img，在 ERDAS IMAGINE 2015 中执行快速傅里叶变换的具体操作如下：

（1）选择 Raster→Scientific→Fourier Analysis→Fourier Transform，打开 Fourier Transform 对话框，设置参数如图 3-31 所示。

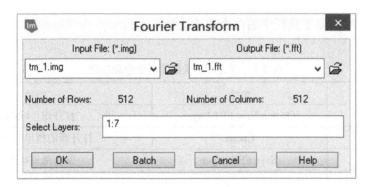

图 3-31　Fourier Transform 对话框

（2）确定输入文件（Input File）：tm_1.img。

（3）定义输出文件（Output File）：tm_1.fft。

（4）波段变换选择（Select Layers）：1∶7（从第 1 波段到第 7 波段）。

（5）点击 OK，关闭 Fourier Transform 对话框，执行快速傅里叶变换。

3.3.1.2 傅里叶变换编辑器

傅里叶变换编辑器集成了傅里叶图像编辑的全部命令与工具，傅里叶图像的编辑是一个交互的过程，没有一个现成的最好的处理规则，只能根据图像特征通过不同编辑工具的不断实验，寻找到最适合的编辑方法和途径。用户可以用鼠标在傅里叶图像上点击或拖拉，查询其坐标位置（u，v），辅助用户决定处理过程中的参数设置。本节若无特别说明，每进行一种处理操作，都需要重新打开傅里叶变换图像。在 ERDAS IMAGINE 2015 中启动傅里叶变换编辑器的具体操作如下：选择 Raster→Scientific→Fourier Analysis→Fourier Analysis Editor，打开 Fourier Editor 视窗（如图 3-32）。

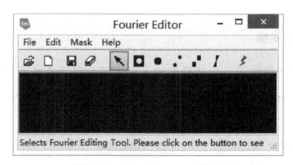

图 3-32　Fourier Editor 视窗

傅里叶变换编辑器工具栏中的命令和功能见表 3-1。

表 3-1　傅里叶变换编辑器命令和功能

图标	命令	功能
	Open a New FFT Layer	打开傅里叶图像
	Create	打开新的傅里叶编辑器
	Save FFT Layer	保存傅里叶图像
	Clear	清除傅里叶图像
	Select	选择傅里叶工具、查询图像坐标
	Low-Pass Filter	低通滤波
	High-Pass Filter	高通滤波
	Circular Mask	圆形掩膜
	Rectangular Mask	矩形掩膜
	Wedge Mask	楔形掩膜
	Inverse Transform	傅里叶逆变换

3.3.2 傅里叶逆变换

傅里叶逆变换的作用就是将频率域上的傅里叶图像转换到空间域上，以便对比傅里叶图像处理的效果。本节所用数据为 D/examples/tm_1_lowpass.fft。在 ERDAS IMAGINE 2015 中执行傅里叶逆变换的具体操作如下：

（1）选择 Raster→Scientific→Fourier Analysis→Inverse Fourier Analysis，打开 Inverse Fourier Transform 对话框，设置参数如图 3-33 所示。

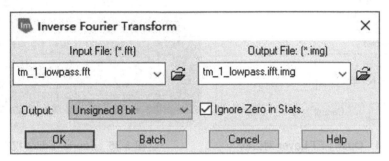

图 3-33 Inverse Fourier Transform 对话框

（2）确定输入文件（Input File）：tm_1_lowpass.fft。

（3）定义输出文件（Output File）：tm_1_lowpass.ifft.img。

（4）输出数据类型（Output）：Unsigned 8 bit。

（5）输出数据统计时忽略零值，选中 Ignore Zero in Stats 复选框。

（6）点击 OK，关闭 Inverse Fourier Transform 对话框，执行傅里叶逆变换。

3.3.3 低通滤波与高通滤波

傅里叶图像编辑是借助傅里叶图像编辑器所集成的众多功能完成的。如果没有特别说明，每进行一种处理操作，都需重新打开傅里叶变换图像。本节所用数据为 D/examples/tm_1.fft，打开傅里叶变换图像的操作步骤如下：

（1）在 Fourier Editor（傅里叶变换编辑器）视窗工具栏中选择 File→Open，打开 Open FFT Layer 对话框。

（2）在 Open FFT Layer 对话框中选定傅里叶变换文件 tm_1.fft（如图 3-34）。

（3）点击 OK，打开 Fourier Editor 视窗（如图 3-35）。

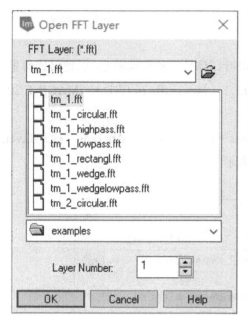

图 3-34 Open FFT Layer 对话框

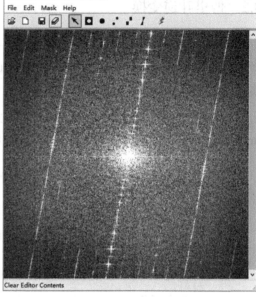

图 3-35 Fourier Editor 视窗

3.3.3.1 低通滤波

低通滤波的作用是削弱图像的高频成分，而让低频成分通过，使图像更加平滑、柔和。对 tm_1.fft 进行操作，具体操作过程如下：

（1）在 Fourier Editor 视窗菜单条中点击 Mask→Filters，打开 Low/High Pass Filter 对话框，设置参数如图 3-36 所示。

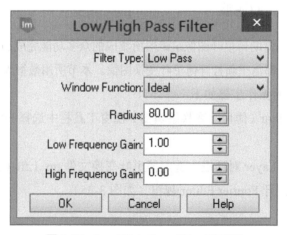

图 3-36 Low/High Pass Filter 对话框

（2）选择滤波类型（Filter Type）：Low Pass（低通滤波）。

（3）选择窗口功能（Window Function）：Ideal（理想滤波器）。

（4）圆形滤波半径（Radius）：80.00（圆形区域以外的高频成分将被滤掉）。

（5）定义低频增益（Low Frequency Gain）：1.00。

（6）点击 OK，关闭 Low/High Pass Filter 对话框，执行低通滤波处理。

（7）Fourier Editor 视窗显示低通滤波处理后的图像（如图 3-37）。为了后续进行傅里叶逆变换需保存低通滤波处理后的图像，确定输出路径，保存文件名为 tm_1_lowpass.fft（如图 3-38）。

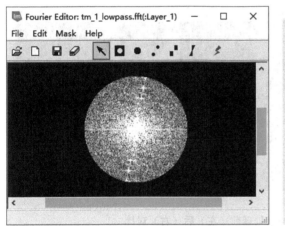

图 3-37　低通滤波处理后的图像

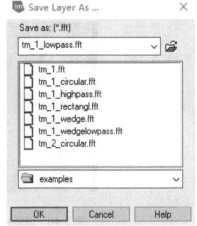

图 3-38　保存低通滤波处理后的图像

为了比较处理效果，对低通滤波处理后的图像进行傅里叶逆变换：

（1）在 Fourier Editor 视窗菜单条中点击 File→Inverse Transform，打开 Inverse Fourier Transform 对话框。

（2）在 Inverse Fourier Transform 对话框中，确定输出傅里叶逆变换文件：inverse_tm1.img（如图 3-39）。

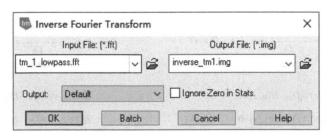

图 3-39　Inverse Fourier Transform 对话框

（3）点击 OK。

（4）在同一视窗打开处理前图像 tm_1.img 与处理后图像 inverse_tm1.img（如图 3-40）。观测处理前后图像的不同与变化，会发现处理后的图像比处理前更差，这说明所选择的方法和参数不够恰当或处理不充分。

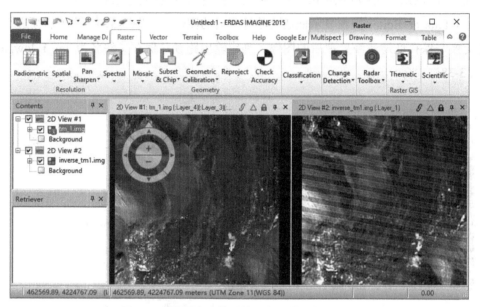

图 3-40　低通滤波处理前（左）后（右）对比

ERDAS 提供 5 种常用的滤波器：

①理想滤波器 Ideal（如图 3-41）：其截止频率是绝对的，没有任何过渡，主要缺点是会产生环形条纹，特别是半径较小时。

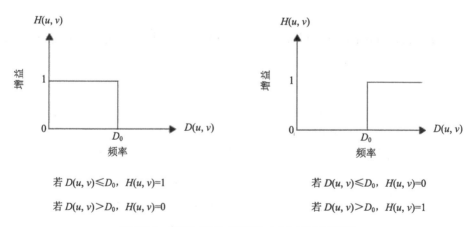

若 $D(u, v) \leqslant D_0$，$H(u, v)=1$　　　　　　若 $D(u, v) \leqslant D_0$，$H(u, v)=0$

若 $D(u, v) > D_0$，$H(u, v)=0$　　　　　　若 $D(u, v) > D_0$，$H(u, v)=1$

图 3-41　低通（左）和高通（右）理想滤波器

②三角滤波器 Bartlett（如图 3-42）：采用三角形函数，有一定的过渡。

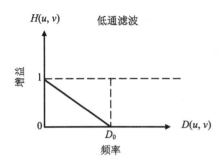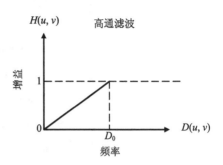

图 3-42 Bartlett 滤波器

③巴特渥斯滤波器 Butterworth（如图 3-43）：采用平滑的曲线方程 $H(u,v) = \dfrac{1}{1+\left[D(u,v)/D_0\right]^{2n}}$，过渡性比较好，最大限度地减少了环形条纹的影响。

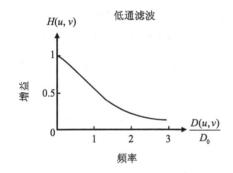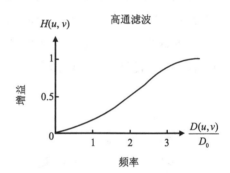

图 3-43 Butterworth 滤波器

④高斯滤波器 Gaussian：采用自然底数幂函数 $H(u,v) = \mathrm{e}^{-\left(\frac{x}{D_0}\right)^2}$，过渡性好。

⑤余弦滤波器 Hanning：采用条件余弦函数 $H(u,v) = \dfrac{1}{2}\left\{1+\cos\left(\dfrac{\pi x}{2D_0}\right)\right\}$，过渡性好。

3.3.3.2 高通滤波

高通滤波的作用是削弱图像的低频成分，而让高频成分通过，使图像锐化和边缘增强。继续对 tm_1.fft 进行操作，操作过程如下：

（1）在 Fourier Editor 视窗菜单条中点击 Mask→Filters，打开 Low/High Pass Filter 对话框，设置参数如图 3-44 所示。

（2）选择滤波类型（Filter Type）：High Pass（高通滤波）。

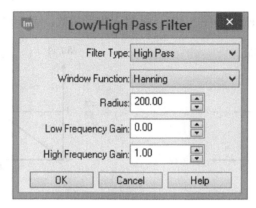

图 3-44　Low/High Pass Filter 对话框

（3）选择窗口功能（Window Function）：Hanning（余弦滤波器）。

（4）圆形滤波半径（Radius）：200（圆形区域以内的低频成分将被滤掉）。

（5）定义高频增益（High Frequency Gain）：1.00。

（6）点击 OK，关闭 Low/High Pass Filter 对话框，执行高通滤波处理。

（7）Fourier Editor 视窗显示高通滤波处理后的图像（如图 3-45）为了后续进行傅里叶逆变换需保存高通滤波处理后的图像，确定输出路径，保存文件名为 tm_1_highpass.fft。

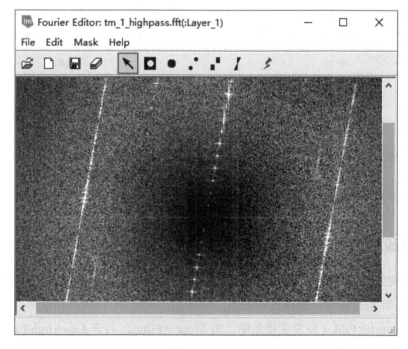

图 3-45　高通滤波处理后的图像

为了比较处理效果，对高通滤波处理后的图像 tm_1_highpass.fft 进行傅里叶逆变换，输出结果为 inverse_tm2.img。处理前后图像的变化如图 3-46 所示。更换滤波窗口或滤波半径，比较处理效果的差异。

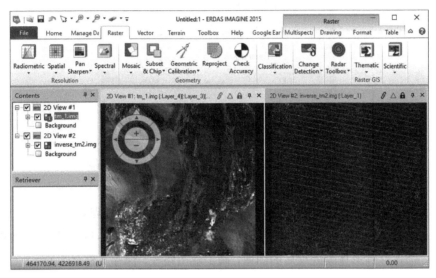

图 3-46　高通滤波处理前（左）后（右）对比

3.3.4　掩膜处理

掩膜处理包括圆形掩膜、矩形掩膜和楔形掩膜等，在做掩膜前应先打开 Fourier Editor 视窗，本节所用数据为 D:/examples/tm_1.fft，打开傅里叶变换图像的操作步骤如下：

（1）在 Fourier Editor 视窗工具栏中点击 Open 图标，打开 Open FFT Layer 对话框。

（2）在 Open FFT Layer 对话框中选定傅里叶变换文件 tm_1.fft（如图 3-34）。

（3）点击 OK，打开 Fourier Editor 视窗（如图 3-35）。

3.3.4.1　圆形掩膜

在 Fourier Editor 视窗中可看到 tm_1.fft 中有几个分散分布的亮点（如左上角），应用圆形掩膜处理可以将其去除。在 Fourier Editor 视窗中用鼠标点击其中一个亮点中心，其坐标会显示在状态条上，然后启动圆形掩膜，操作步骤如下：

（1）在 Fourier Editor 视窗菜单条中点击 Mask→Circular Mask，打开 Circular Mask 对话框，参数设置如图 3-47 所示。

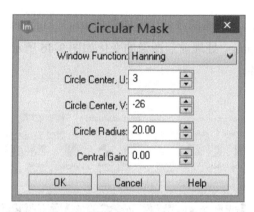

图 3-47   Circular Mask 对话框

（2）选择窗口功能（Window Function）：Hanning（余弦滤波器）。

（3）圆形滤波半径（Circle Radius）：20.00。

（4）点击 OK，关闭 Circular Mask 对话框，执行圆形掩膜处理。

（5）Fourier Editor 视窗显示圆形掩膜处理后的图像（如图 3-48）。为了后续进行傅里叶逆变换，需保存圆形掩膜处理后的图像，确定输出路径，保存文件名为 tm_1_circular.fft。

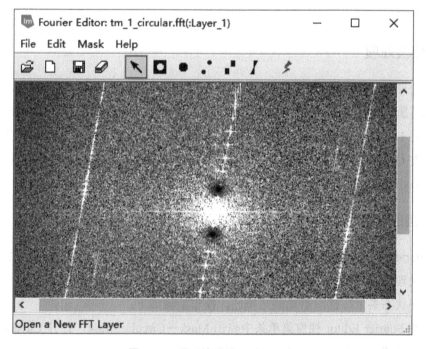

图 3-48   圆形掩膜处理后的图像

（6）用同样的方法输入另一组 U：44、V：57，圆形滤波半径：20；中心增益 Gain：10，保存文件名为 tm_2_circular.fft。

（7）傅里叶逆变换后，对比圆形掩膜处理前后图像的差异。

3.3.4.2 矩形掩膜

矩形掩膜功能可以产生矩形区域的傅里叶图像，编辑过程类似于圆形掩膜，应用于非中心区的傅里叶图像。在 Fourier Editor 视窗中首先打开傅里叶图像（tm_1.fft），然后启动矩形掩膜功能，设置相应的参数进行处理，操作过程如下：

（1）在 Fourier Editor 视窗菜单条中点击 Mask→Rectangular Mask，打开 Rectangular Mask 对话框，参数设置如图 3-49、图 3-50 所示。

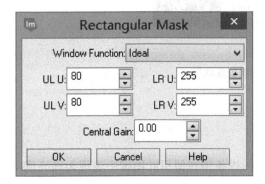

图 3-49　Rectangular Mask 对话框
Ideal 窗口功能参数设置

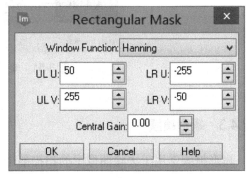

图 3-50　Rectangular Mask 对话框
Hanning 窗口功能参数设置

（2）选择窗口功能（Window Function）：Ideal（理想滤波器）。

（3）矩形滤波窗口坐标：UL U：80、UL V：80、LR U：255、LR V：255。

（4）定义中心增益（Central Gain）：0.00。

（5）点击 OK，关闭 Circular Mask 对话框，执行矩形掩膜处理。

（6）选择窗口功能（Window Function）：Hanning（余弦滤波器）。

（7）矩形滤波窗口坐标：UL U：50、UL V：255、LR U：−255、LR V：−50。

（8）定义中心增益（Central Gain）：0.00。

（9）点击 OK，关闭 Circular Mask 对话框，执行矩形掩膜处理。

（10）Fourier Editor 视窗显示矩形掩膜处理后的图像（如图 3-51）。为了后续进行傅里叶逆变换，需保存矩形掩膜处理后的图像，确定输出路径，保存文件名为 tm_1_rectangl.fft。

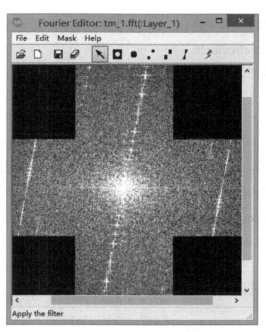

图 3-51　矩形掩膜处理结果

3.3.4.3　楔形掩膜

　　楔形掩膜常用于去除图像中的扫描条带，扫描条带在傅里叶图像中表现为高亮度的、近似垂直的、穿过图像中心的辐射线。应用鼠标查询沿着辐射线分布的任意亮点坐标：在 Fourier Editor 图像窗口用鼠标左键点击辐射线上亮点的中心，其坐标就会显示在状态条上，如（36，−185），该点坐标将用来计算辐射线的角度[−atan（−185/36）=78.99]（如图 3-52）。在 Fourier Editor 视窗中首先打开傅里叶图像（tm_1.fft），然后启动楔形掩膜功能，设置相应的参数进行处理。操作过程如下：

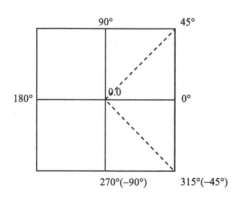

图 3-52　辐射线与中心的夹角计算

（1）在 Fourier Editor 视窗菜单条中点击 Mask→Wedge Mask，打开 Wedge Mask 对话框，参数设置如图 3-53 所示。

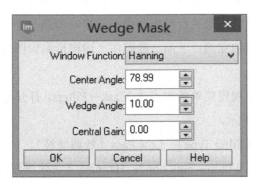

图 3-53　Wedge Mask 对话框

（2）选择窗口功能（Window Function）：Hanning（余弦滤波器）。

（3）辐射线与中心的夹角（Center Angle）：78.99。

（4）定义楔形夹角（Wedge Angle）：10.00。

（5）定义中心增益（Center Gain）：0.00。

（6）点击 OK，关闭 Wedge Mask 对话框，执行楔形掩膜处理。

（7）Fourier Editor 视窗显示矩形掩膜处理后的图像（如图 3-54）。为了后续进行傅里叶逆变换，需保存矩形掩膜处理后的图像，确定输出路径，保存文件名为 tm_1_wedge.fft。

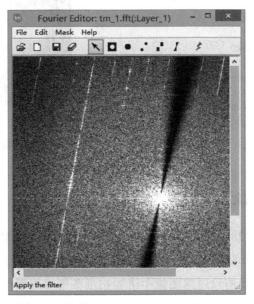

图 3-54　楔形掩膜处理结果

3.3.5 组合编辑

以上介绍的都是单个傅里叶图像编辑命令，也可任意组合系统所提供的所有傅里叶图像编辑命令对同一幅傅里叶图像进行编辑。由于傅里叶变换与逆变换都是线性操作，所以每一次编辑变换都是相对独立的。下面，我们在上述楔形编辑图像的基础上进一步作低通滤波处理。

（1）在 Fourier Editor 视窗菜单条中点击 Mask→Filters，打开 Low/High Pass Filter 对话框，设置参数如图 3-55 所示。

（2）选择滤波类型（Filter Type）：Low Pass（低通滤波）。

（3）选择窗口功能（Window Function）：Hanning（余弦滤波器）。

（4）圆形滤波半径（Radius）：200.00（圆形区域以外的高频成分将被滤掉）。

（5）定义低频增益（Low Frequency Gain）：1.00。

（6）点击 OK，关闭 Low/High Pass Filter 对话框，执行低通滤波处理。

（7）Fourier Editor 视窗显示低通滤波处理后的图像（如图 3-56）。为了后续进行傅里叶逆变换，需保存低通滤波处理后的图像，确定输出路径，保存文件名为 tm_1_wedgelowpass.fft。

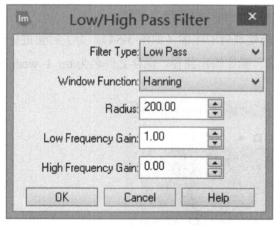

图 3-55 Low/High Pass Filter 对话框

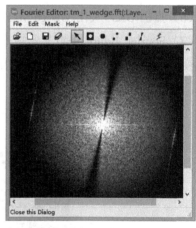

图 3-56 低通滤波处理后的图像

3.3.6 周期性噪声去除

将输入图像分割成 128×128 的像元块，每个像元块分别进行快速傅里叶变换，并计算傅里叶图像的对数亮度均值，依据平均光谱能量对整个图像进行滤波，然后再进行傅里叶逆变换，这样就可以自动消除遥感图像中诸如扫描条带等周期性噪声。本节所用数据为 D/example/tm_1.img，在 ERDAS IMAGINE 2015 中进行噪声去除处理的具体操作如下：

（1）选择 Raster→Radiometric→Periodic Noise Removal，打开 Periodic Noise Removal 对话框，设置参数如图 3-57 所示。

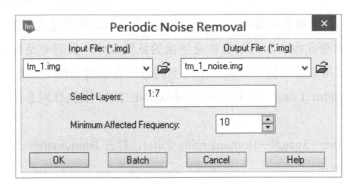

图 3-57　Periodic Noise Removal 对话框

（2）确定输入文件（Input File）：tm_1.img。

（3）定义输出文件（Output File）：tm_1_noise.img。

（4）选择处理波段（Select Layers）：1∶7。

（5）确定最小图像频率（Minimum Affected Frequency）：10。

（6）单击 OK，关闭 Periodic Noise Removal 对话框，执行周期噪声去除，结果如图 3-58 所示。

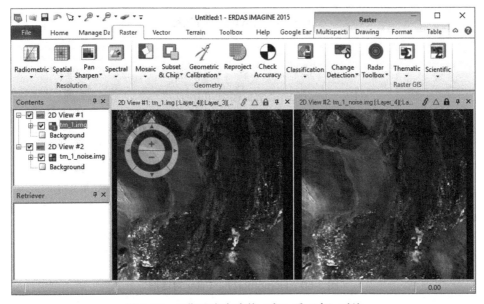

图 3-58　周期噪声去除前（左）后（右）对比

3.3.7 同态滤波

一幅图像可以用照度（Illumination）和反射率（Reflection）来模拟，即 $I(x,y)=i(x,y)\times r(x,y)$，用对数函数可以将照度和反射率分开。照度是光照条件、阴影等的函数，由于照度相对变化很小，可以看作是图像的低频成分，反射率是目标物体的函数，是高频成分，因此可以将图像变换到傅里叶空间进行有效的处理（如图 3-59）。本节所用数据为 D/examples/tm_1.img，在 ERDAS IMAGINE 2015 中执行同态滤波处理的具体操作如下：

（1）选择 Raster→Spatial→Homomorphic Filter，打开 Homomorphic Filter 对话框，设置参数如图 3-60 所示。

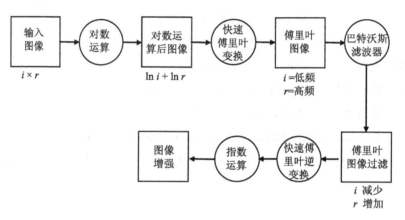

图 3-59　同态滤波处理过程

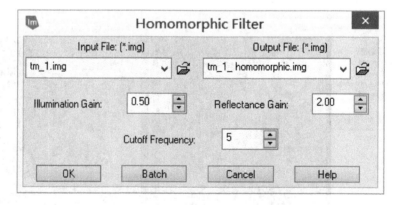

图 3-60　Homomorphic Filter 对话框

（2）确定输入文件（Input File）：tm_1.img。

（3）定义输出文件（Output File）：tm_1_ homomorphic.img。

（4）设置照度增益（Illumination Gain）：0.50（取值＞1，表示输出图像中照度的影响被加强；取值为 0～1，则表示被减弱）。

（5）设置反射率增益（Reflectance Gain）：2.00（取值＞1，表示反射率的影响被加强；取值为 0～1，则表示被减弱）。

（6）设置截止频率（Cutoff Frequency）：5（用于分割高频与低频，大于截止频率的成分作为高频，小于截止频率的成分作为低频）。

（7）单击 OK，关闭 Homomorphic Filter 对话框，执行同态滤波，结果如图 3-61 所示。

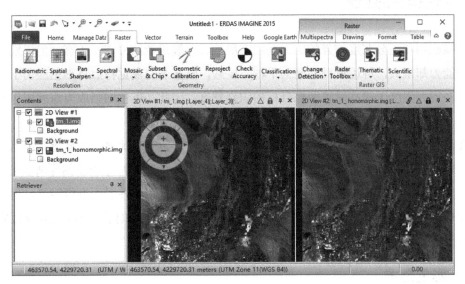

图 3-61　同态滤波处理前（左）后（右）对比

3.3.8　傅里叶显示变换

傅里叶显示变换是将傅里叶图像变换为 ERDAS 的 IMG 图像，以便于在脱离傅里叶编辑器的情况下，直接在 ERDAS 视窗中操作。本节所用数据为 D/example/tm_1_wedgelowpass.fft，在 ERDAS IMAGINE 2015 中执行傅里叶显示变换的具体操作如下：

（1）选择 Raster→Scientific→ Fourier Analysis→Fourier Magnitude，打开 Fourier Magnitude 对话框，设置参数如图 3-62 所示。

（2）确定输入文件（Input File）：tm_1_wedgelowpass.fft。

（3）定义输出文件（Output File）：tm_1_wedgelowpass.mag.img。

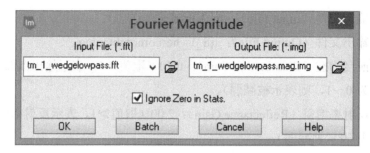

图 3-62　Fourier Magnitude 对话框

3.4　彩色增强处理

人眼识别和区分灰度差异的能力是很有限的，一般只能区分二三十级，但识别和区分色彩的能力却很大，可达数百甚至上千种。显然，根据人的视觉特点将彩色应用于图像增强中能在很大程度上提高遥感图像目标的识别精度。因此，彩色增强成为遥感图像应用处理的一大关键技术，应用十分广泛。

在满足色块大小阈值的条件下，人眼对于图像的彩色变化比亮度更敏感，因此将图像变换成彩色也是一种图像增强方式。假彩色、真彩色、伪彩色都是彩色图像增强的方式。例如，真彩色图像比较契合我们的视觉感受，识别地物时因为熟悉而变得容易。但假彩色图像能暂时展示一些真彩色不能显示的信息，在遥感图像中如何选择波段构成假彩色图像，对于图像的目视解译很有意义。

3.4.1　彩色合成

彩色合成增强法是将多波段黑白图像变换为彩色图像的增强处理技术，根据合成图像的彩色与实际地物自然彩色关系，彩色合成分为真彩色合成和假彩色合成两种。真彩色合成是指合成后的彩色图像上的地物色彩和实际地物色彩接近或一致，假彩色合成是指合成后的彩色图像上的地物色彩和实际地物色彩不一致。通过彩色合成增强，可以从图像背景中突出目标地物，便于遥感图像判读。随着多光谱遥感和多源数据融合技术的发展，彩色合成作为一项图像彩色增强技术已被高度重视。

真彩色合成就是在通过红、绿、蓝三原色的滤光片而拍摄的同一地物的三张图像上，若使用同样的三原色进行合成，可以得到接近天然的颜色。

在多波段拍摄中，一幅图像大多不是在三原色的波长范围内获得的，如采用人眼看不见的红外波段等。根据加色法彩色合成原理，选择遥感图像的某 3 个波段，分别赋予红、绿、蓝 3 种原色，由这些图像所进行的彩色合成称为假彩色合成。

　　计算机的彩色合成原理与光学彩色合成原理相同，在计算机系统中，彩色合成的操作更简单，只要改变调色板，即改变各原色及合成比例和波段，就很容易改变图像的色彩。进行遥感图像合成时，方案的选择十分重要，它决定了彩色图像能否显示较丰富的信息或突出某一方面的信息。以陆地卫星 Landsat 的 TM 图像为例，当第 4、第 3、第 2 波段被分别赋予红、绿、蓝颜色进行彩色合成时，这一合成方案就是标准假彩色，是一种最常用的合成方案。实际应用时，常常根据不同的应用目的在实验中进行分析、调试，寻找最佳合成方案，以达到最好的目视效果。假彩色增强的目的是使感兴趣的目标呈现奇异的彩色或置于奇特的彩色环境中，从而更醒目；或者使景物呈现出与人眼视觉相匹配的颜色，以提高对目标的分辨力。

3.4.2　彩色变换

　　将遥感图像从 RGB（红绿蓝）组成的彩色空间转换到以亮度（I）、色调（H）、饱和度（S）作为定位参数的彩色空间，以使图像的颜色与人眼看到的更为接近。其中，亮度表示整个图像的明亮程度，取值范围是 $0 \sim 1$；色调代表像元的颜色，取值范围是 $0 \sim 360$；饱和度代表颜色的纯度，取值范围是 $0 \sim 1$（如图 3-63）。

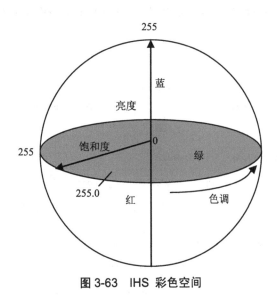

图 3-63　IHS 彩色空间

　　ERDAS 将 RGB 模式转换到 IHS 模式的算法如下（Conrac Corporation，1980）：

设

$$R = \frac{M - r}{M - m}$$

$$G = \frac{M - g}{M - m}$$

$$B = \frac{M-b}{M-m}$$

式中：R、G、$B \in [0, 1]$；r、g、$b \in [0, 1]$；$M = \max[R、G、B]$；$m = \min[R、G、B]$。

注意：R、G、B 中至少有一个的值是 0，与最大值的颜色对应，并且至少有一个的值是 1，与最小值的颜色对应。

a. 亮度 I 的计算公式为：$I = \dfrac{M+m}{2}$；

b. 饱和度 S 的计算公式为：如果 $M = m$，则 $S=0$；如果 $I \leqslant 0.5$，则 $S = \dfrac{M-m}{M+m}$；如果 $I > 0.5$，则 $S = \dfrac{M-m}{2-M-m}$；

c. 色调 H 的计算公式为：若 $M = m$，则 $H = 0$；若 $R = M$，则 $H = 60 \times (2+b-g)$；若 $G = M$，则 $H = 60 \times (4+r-b)$；若 $B = M$，则 $H = 60 \times (6+g-r)$。

本节所采用的数据是 D/examples/dmtm.img，在 ERDAS IMAGINE 2015 中执行彩色变换的操作步骤如下：

（1）选择 Raster→Spectral→RGB to IHS，打开 RGB to IHS 对话框，设置参数如图 3-64 所示。

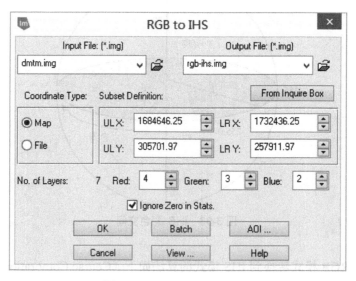

图 3-64　RGB to IHS 对话框

（2）确定输入文件（Input File）：dmtm.img。

（3）定义输出文件（Output File）：rgb-ihs.img。

（4）文件坐标类型（Coordinate Type）：Map。

（5）处理范围确定（Subset Definition）：在 UL X/Y、LR X/Y 微调框中输入需要的数值（默认状态为整个图像范围，可以应用 Inquire Box 定义子区）。

（6）确定参与色彩变换的 3 个波段：Red:4/Green:3/Blue:2。

（7）输出数据统计时忽略零值，选中 Ignore Zero in Stats 复选框。

（8）单击 OK，关闭 RGB to IHS 对话框，执行 RGB to IHS 变换，处理结果如图 3-65 所示。

图 3-65　彩色变换处理前（左）后（右）对比

3.4.3　彩色逆变换

将遥感图像以亮度（I）、色调（H）、饱和度（S）作为定位参数的彩色空间转换到 RGB（红绿蓝）组成的彩色空间。

ERDAS 将 IHS 模式转换到 RGB 模式的算法如下（Conrac Corporation，1980）：

设如果 $I \leqslant 0.5$，则 $M = I(1+S)$；如果 $I > 0.5$，则 $M = I + S - I(S)$；$m = 2 - M$。

a. R 的计算公式为：若 $H < 60$，则 $R = m + (M-m)\left(\dfrac{H}{60}\right)$；若 $60 \leqslant H < 180$，则 $R = M$；

若 $180 \leqslant H < 240$，则 $R = m + (M-m)\left(\dfrac{240-H}{60}\right)$；若 $240 \leqslant H \leqslant 360$，则 $R = m$。

b. G 的计算公式为：若 $H < 120$，则 $G = m$；若 $120 \leqslant H < 180$，则 $G = m + (M-m)\left(\dfrac{H-120}{60}\right)$；

若 180≤*H*<300，则 *G* = *M*；若 300≤*H*≤360，则 $G = m + (M - m)\left(\dfrac{360 - H}{60}\right)$。

c. *B* 的计算公式为：若 *H*<60，则 *B* = *M*；若 60≤*H*<120，则 $B = m + (M - m)\left(\dfrac{120 - H}{60}\right)$；

若 120≤*H*<240，则 *B* = *m*；若 240≤*H*<300，则 $B = m + (M - m)\left(\dfrac{H - 240}{60}\right)$；若 300≤*H*≤

360，则 *B* = *m*。

本节所采用的数据是 D/examples/rgb-ihs.img，在 ERDAS IMAGINE 2015 中执行彩色逆变换的操作步骤如下：

（1）选择 Raster→Spectral→IHS to RGB，打开 IHS to RGB 对话框，设置参数如图 3-66 所示。

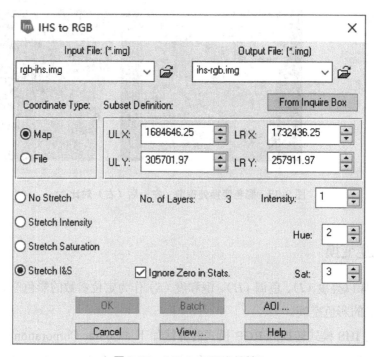

图 3-66   IHS to RGB 对话框

（2）确定输入文件（Input File）：rgb-ihs.img。

（3）定义输出文件（Output File）：ihs-rgb.img。

（4）文件坐标类型（Coordinate Type）：Map。

（5）处理范围确定（Subset Definition）：在 UL X/Y、LR X/Y 微调框中输入需要的数值（默认状态为整个图像范围，可以应用 Inquire Box 定义子区）。

（6）对亮度（*I*）与饱和度（*S*）进行拉伸，选择 Stretch I&S 单选按钮。

（7）确定参与色彩变换的 3 个波段：Intensity:1/Hue:2/Sat:3。

（8）输出数据统计时忽略零值，选中 Ignore Zero in Stats 复选框。

（9）单击 OK，关闭 IHS to RGB 对话框，执行 IHS to RGB 变换，处理结果如图 3-67 所示。

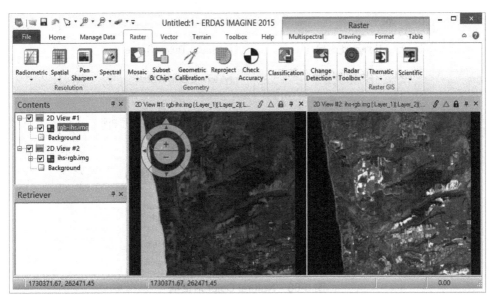

图 3-67 彩色逆变换处理前（左）后（右）对比

3.4.4 自然彩色变换

自然彩色变换（Natural Color）模拟是在充分发挥遥感图像信息的基础上，利用遥感图像的处理技术，模拟自然色彩对多波段数据进行变换，选择 R、G、B 的最佳波段组合，按照最大似然法，使合成的彩色图像与地物的色彩更逼近，由此合成的彩色图像称为近自然彩色模拟图像。变换过程中的关键是 3 个输入波段光谱范围的确定，这 3 个波段依次是近红外（Near Infrared）、红（Red）、绿（Green）。如果这 3 个波段定义不够恰当，则转换以后输出图像也不可能是真正的自然色彩。本节所用数据为 D/examples/spotxs.img，在 ERDAS IMAGINE 2015 中执行自然彩色变换的操作步骤如下：

（1）选择 Raster→Spectral→Natural Color，打开 Natural Color 对话框，设置参数如图 3-68 所示。

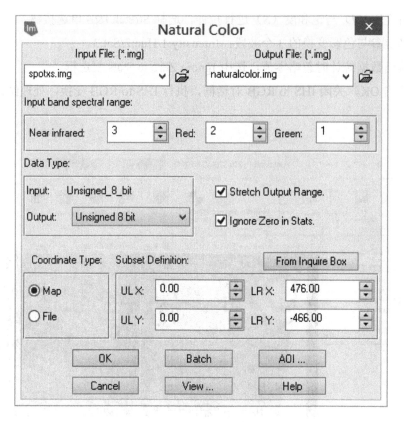

图 3-68　Natural Color 对话框

（2）确定输入文件（Input File）：spotxs.img。

（3）定义输出文件（Output File）：naturalcolor.img。

（4）确定输入的光谱范围（Input band spectral range）：Near infrared:3/Red:2/Green:1。

（5）输出数据类型（Output Data Type）：Unsigned 8 bit。

（6）拉伸输出数据，选中 Stretch Output Range。

（7）输出数据统计时忽略零值，选中 Ignore Zero in Stats 复选框。

（8）文件坐标类型（Coordinate Type）：Map。

（9）处理范围确定（Subset Definition）：在 UL X/Y、LR X/Y 微调框中输入需要的数值（默认状态为整个图像范围，可以应用 Inquire Box 定义子区）。

（10）单击 OK，关闭 Natural Color 对话框，执行 Natural Color 变换，处理结果如图 3-69 所示。

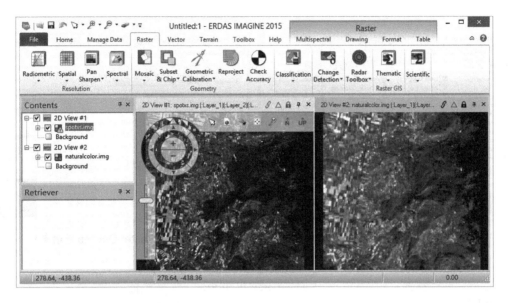

图 3-69 自然彩色变化处理前（左）后（右）对比

3.4.5 密度分割

将一幅图像的整个灰度值分割成一系列的区间，对每一间隔赋予一种颜色，输入图像中所有落在给定区间内的灰度值将在输出图像中显示一个相同的灰度值。也就是说，密度分割法是对单波段灰度遥感图像按灰度分层，对每层赋予不同的色彩，以此控制成像系统的彩色显示，就可以得到一幅假彩色密度分割图像。密度分割的彩色是人为赋予的，与地物的真实色彩毫无关系，因此也称为伪彩色。灰度图像经过密度分割后，图像的可分辨力得到明显提高，如果分层方案与地物的光谱特征差异对应较好，可以较准确地区分出地物类别。

密度分割的处理过程包括：输入单波段图像；显示该单波段图像的灰度直方图或灰度属性表；根据其灰度分布确定分割的等级数，并计算分割的间距；像元灰度值的转换，为像元新值赋色，形成一幅伪彩色图像。本节所用数据为 D/examples/panAtlanta.img，用其中一个波段，在 ERDAS IMAGINE 2015 中执行密度分割形成伪彩色图像的操作步骤如下：

（1）选择 File→Open Raster Layer 选项，打开 Select Layer To Add 对话框，选择 panAtlanta.img 图像（如图 3-70），单击 Raster Options 选项卡，将 Display as 选项设置为 Pseudo Color（如图 3-71），单击 OK 打开图像（如图 3-72）。

图 3-70 Select Layer To Add 对话框

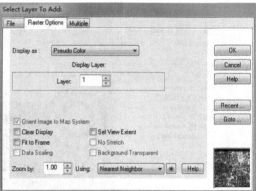

图 3-71 Raster Options 选项卡

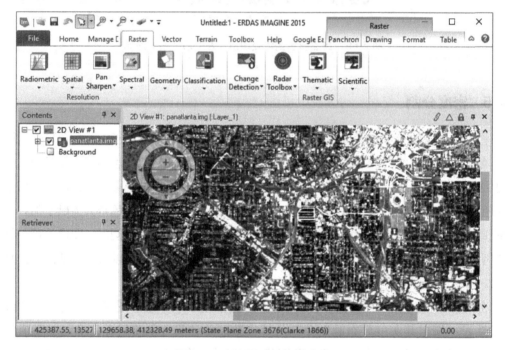

图 3-72 打开单波段遥感图像

（2）选择 Home→Inquire 选项，打开如图 3-73 所示的对话框，移动十字光标查看像元的属性。该操作可以查看所关注地物的灰度值，以便决定分割间距。

（3）在初始界面（如图 3-72），在菜单栏中选择 Table→Show Attributes 选项，打开图像属性表（如图 3-74）。

（4）根据密度分割间距，在属性表中选择一行或多行，单击 Color 选项改变其颜色，改变结果（如图 3-75）。这可以只为所关注的一类地物或几类赋色。

（5）根据密度分割间距，重复步骤（4）对不同灰度值区间的像元设置不同的颜色，合成的伪彩色图像（如图 3-76）。

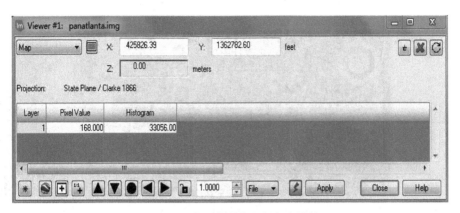

Viewer #1: panatlanta.img
Map
X: 425826.39
Y: 1362782.60
feet
Z: 0.00
meters
Projection: State Plane / Clarke 1866
Layer
Pixel Value
Histogram
1
168.000
33056.00
1.0000
File
Apply
Close
Help

图 3-73 查看单个像元的灰度属性

panatlanta.img
Row
Histogram
Color
Opacity
159 0 1
160 0 1
161 34065 1
162 0 1
163 0 1
164 0 1
165 33489 1
166 0 1
167 0 1
168 33056 1
169 0 1
170 0 1
171 0 1
172 32532 1
173 0 1
174 0 1
175 31539 1
176 0 1

图 3-74 图像属性表

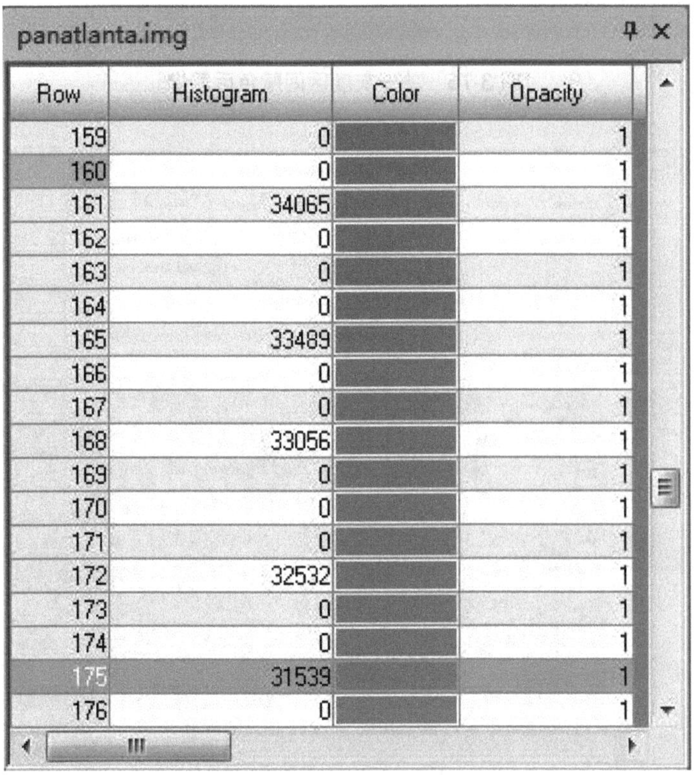

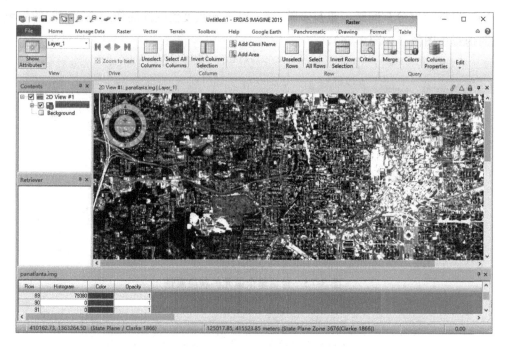

图 3-75　单一灰度区间赋色后图像

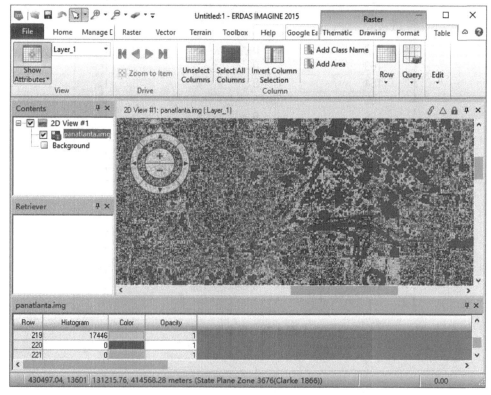

图 3-76　密度分割后合成的伪彩色图像

3.5　光谱增强处理

　　遥感多光谱图像特别是陆地卫星的 TM 等传感器，波段多、信息量大，对图像解译很有价值。但数据量太大，在图像处理时也常常耗费大量的时间并占据大量的磁盘空间。实际上，一些波段的遥感数据之间都有不同程度的相关性，存在着数据冗余。而光谱增强通过变换多波段数据的每一个像元值来进行图像增强，其作用包括压缩相似的波段数据，降低数据量，提取图像特征更明显的新的波段数据，进行数学变换和计算。其变换的本质是对遥感图像实行线性变换，使多光谱空间的坐标系按一定的规律进行旋转。

　　多光谱空间就是一个 n 维坐标系，每一个坐标轴代表一个波段，坐标值为亮度值，坐标系内的每一个点代表一个像元。

3.5.1　主成分变换与逆变换

3.5.1.1　主成分变换

　　主成分变换[又称为 K-L 变换（Karhunen-Loeve Transform）或 Hotelling Transform]是一种常用的数据压缩方法，它可以将具有相关性的多光谱数据压缩到完全独立的、较少的几个主成分图像上，使主要信息更加突出。数学原理是对多光谱图像组成的光谱空间 X 左乘一个线性变换矩阵 A，产生一个新的光谱空间 Y，A 是 X 空间的协方差矩阵的特征向量矩阵的转置矩阵。ERDAS IMAGINE 提供的主成分变换功能最多可以对含有 256 个波段的图像进行转换压缩。

　　主成分变换后的前几个主成分已经包含了绝大多数地物信息，数据量大大减少，达到了数据压缩的目的，同时前几个主成分噪声相对较小，因此突出了主要信息，达到了增强图像的目的。本节所用数据为 D/examples/lanier.img，在 ERDAS IMAGINE 2015 中执行主成分变换的操作步骤如下：

　　（1）选择 Raster→Spectral→Principal Components，打开 Principal Components 对话框，设置参数如图 3-77 所示。

　　（2）确定输入文件（Input File）：lanier.img。

　　（3）定义输出文件（Output File）：principal.img。

　　（4）文件坐标类型（Coordinate Type）：Map。

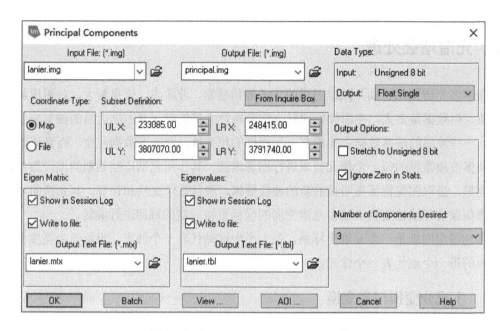

图 3-77　Principal Components 对话框

（5）处理范围确定（Subset Definition）：在 UL X/Y、LR X/Y 微调框中输入需要的数值（默认状态为整个图像范围，可以应用 Inquire Box 定义子区）。

（6）输出数据类型（Output Data Type）：Float Single。

（7）输出数据统计时忽略零值，选中 Ignore Zero in Stats 复选框。

（8）特征矩阵输出设置（Eigen Matrix）。

（9）若需在运行日志中显示，选中 Show in Session Log 复选框。

（10）若需写入特征矩阵文件，选中 Write to file 复选框（必选项，逆变换时需要）。

（11）特征矩阵文件名（Output Text File）：lanier.mtx。

（12）特征数据输出设置（Eigenvalues）。

（13）若需在运行日志中显示，选中 Show in Session Log 复选框。

（14）如需写入特征矩阵文件，选中 Write to file 复选框。

（15）特征矩阵文件名（Output Text File）：lanier.tbl。

（16）需要的主成分数量（Number of Components Desired）：3。

（17）单击 OK，关闭 Principal Components 对话框，执行主成分变换，结果如图 3-78 所示。

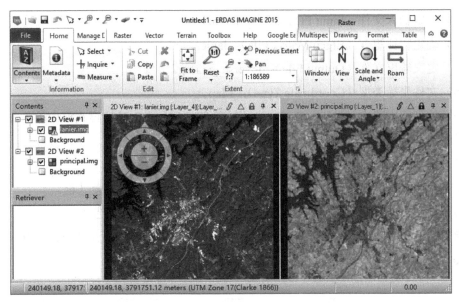

图 3-78 主成分变换前（左）后（右）对比

3.5.1.2 主成分逆变换

主成分逆变换（Inverse Principal Components Analysis）就是将经主成分变换获得的图像重现恢复到 RGB 彩色空间，应用时，输入的图像必须是由主成分变换得到的图像，而且必须有当时的特征矩阵（*.mtx）参与变换。本节所用数据为 D/examples/principal.img，在 ERDAS IMAGINE 2015 中执行主成分逆变换的操作步骤如下：

（1）选择 Raster→Spectral→Inverse Principal Components，打开 Inverse Principal Components 对话框，设置参数如图 3-79 所示。

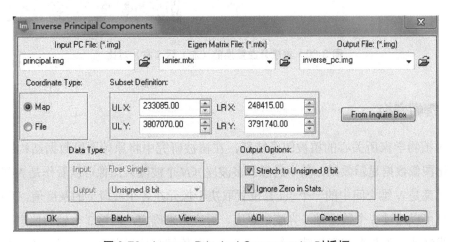

图 3-79 Inverse Principal Components 对话框

（2）确定输入文件（Input PC File）：principal.img。

（3）确定特征矩阵（Eigen Matrix File）：lanier.mtx。

（4）定义输出文件（Output File）：inverse_pc.img。

（5）文件坐标类型（Coordinate Type）：Map。

（6）处理范围确定（Subset Definition）：在 UL X/Y、LR X/Y 微调框中输入需要的数值（默认状态为整个图像范围，可以应用 Inquire Box 定义子区）。

（7）输出文件设置（Output Options）有两项选择。

①若输出数据拉伸到 0~255，则选中 Stretch to Unsigned 8 bit 复选框。

②若输出数据统计时忽略零值，则选中 Ignore Zero in Stats 复选框。

（8）单击 OK，关闭 Inverse Principal Components 对话框，执行主成分逆变换，结果如图 3-80 所示。

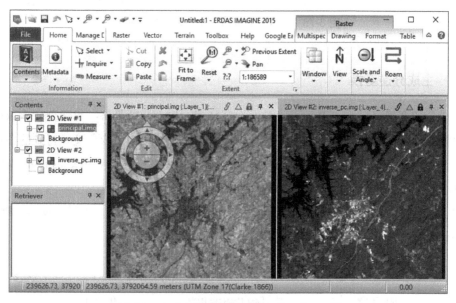

图 3-80　主成分逆变换前（左）后（右）对比

3.5.2　缨帽变换

针对植物学家所关心的植被图像特征，在植被研究中将原始图像数据结构轴进行旋转，优化图像数据显示效果。基本思想：多波段（N 个波段）图像可以看作是 N 维空间，每个像元都是 N 维空间中的一个点，其位置取决于像元在各个波段上的灰度值。研究表明，植被信息可以通过 3 个数据轴（亮度、绿度、湿度）来确定，而这 3 个轴的信息可以通过简单的线性计算和数据空间旋转获得；同时，这种旋转与传感器有关，因而还需要确定传感器类型。

亮度轴表示土壤反射率变化大的方向；绿度轴表示与绿色植被量高度相关的方向；湿度轴表示与植被冠层和土壤湿度有关的方向；在 ERDAS IMAGINE 2015 中还定义了第 4 个应用轴，即霾度，反映场景中的雾气。根据变换轴的意义，可将这些变换应用于农作物生长过程，可在 T-C 坐标视面（亮度、绿度、湿度两两构成的坐标平面上）观察到其明显的位置变化过程，它反映了作物叶片的叶绿素含量随生长期的变化，因而可作用于农作物生长的监测分析。本节所用数据为 D/examples/lanier.img，在 ERDAS IMAGINE 2015 中执行缨帽变换的操作步骤如下：

（1）选择 Raster→Spectral→Tasseled Cap，打开 Tasseled Cap 对话框。

（2）在输入/输出选项卡中需要设置参数，如图 3-81 所示，确定输入文件（Input File）：lanier.img。

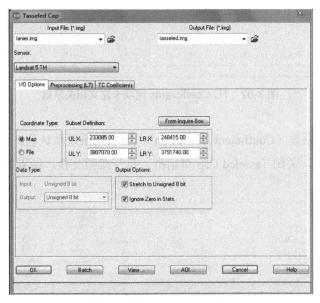

图 3-81　Tasseled Cap 对话框

（3）定义输出文件（Output File）：tasseled.img。

（4）确定传感器类型（Sensor）：Landsat 5 TM。

（5）文件坐标类型（Coordinate Type）：Map。

（6）处理范围确定（Subset Definition）：在 UL X/Y、LR X/Y 微调框中输入需要的数值（默认状态为整个图像范围，可以应用 Inquire Box 定义子区）。

（7）输出文件设置（Output Options）有两项选择。

①若输出数据拉伸到 0～255，则选中 Stretch to Unsigned 8 bit 复选框。

②若输出数据统计时忽略零值，则选中 Ignore Zero in Stats 复选框。

（8）选择 Tasseled Cap 对话框的 TC Coefficients 选项卡定义相关系数（如图 3-82）。

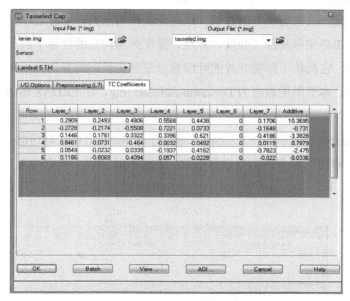

图 3-82　TC Coefficients 选项卡定义相关系数

（9）定义相关系数（Coefficient Definition）：可利用系统默认值。

（10）单击 OK，关闭 Tasseled Cap 对话框，执行缨帽变换，结果如图 3-83 所示。

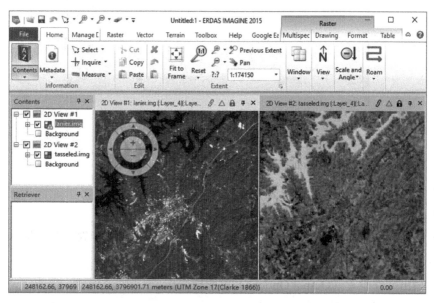

图 3-83　缨帽变换前（左）后（右）对比

3.5.3 独立成分分析

独立成分分析（Independent Components Analysis）是一种基于盲信号分析技术发展起来的新方法，不仅在地学遥感领域有所应用，同时在通信、生物医学方面也有所应用。基本的独立分量分析是指从多个源信号的线性混合信号中分离出源信号的技术。除已知源信号是统计独立外，无其他先验知识。其不同于主成分分析，主成分分析是基于二阶统计量的协方差矩阵进行分析，而独立成分分析则是基于更高阶的统计量。它在主成分分析去相关特性的基础上，还能获得分量之间互相独立的特性。因此，相较于主成分分析，独立成分分析具有更大的优势。本节所用数据为 D/examples/lanier.img，在 ERDAS IMAGINE 2015 中执行独立分量分析的操作步骤如下：

（1）选择 Raster→Spectral→Independent Components，打开 Independent Components 对话框（如图 3-84）。

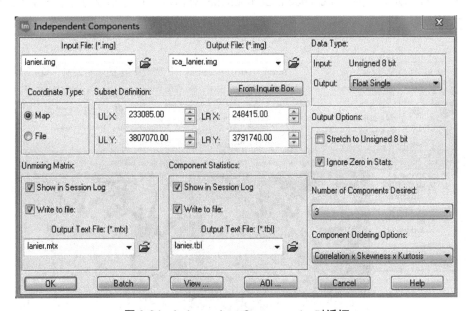

图 3-84　Independent Components 对话框

（2）确定输入文件（Input File）：lanier.img。

（3）定义输出文件（Output File）：ica_lanier.img。

（4）文件坐标类型（Coordinate Type）：Map。

（5）处理范围确定（Subset Definition）：在 UL X/Y、LR X/Y 微调框中输入需要的数值（默认状态为整个图像范围，可以应用 Inquire Box 定义子区）。

（6）输出数据类型（Output Data Type）：Float Single。

（7）输出文件设置（Output Options）有两项选择。

①若输出数据拉伸到 0～255，则选中 Stretch to Unsigned 8 bit 复选框。

②若输出数据统计时忽略零值，则选中 Ignore Zero in Stats 复选框。

（8）对分离矩阵（Unmixing Matrix）的输出进行设置：勾选"Show in Session Log"和"Write to file"复选框，确定在日志中显示特征矩阵并保存到特征矩阵文件中。

（9）确定特征矩阵输出文件名（Output Text File）：lanier.mtx。

（10）对成分统计（Component Statistics）的输出进行设置：勾选"Show in Session Log"和"Write to file"复选框，确定在日志中显示特征矩阵并保存到成分统计文件中。

（11）确定成分统计输出文件名（Output Text File）：lanier.tbl。

（12）选择需要分离出的独立分量数量（Number of Component Desired）：3。

（13）选择分量排序（Component Ordering Options）：Correlation（相关性）× Skewness（偏度）× Kurtosis（丰度）。

（14）单击 OK，关闭 Independent Components 对话框，执行独立分量分析，结果如图 3-85 所示。

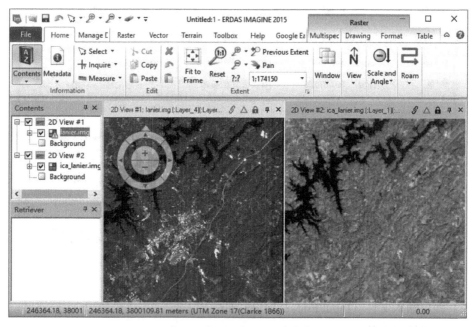

图 3-85　独立分量分析前（左）后（右）对比

3.5.4　去相关拉伸

去相关拉伸（Decorrelation Stretch）主要应用了主成分变换、逆变换以及对比度拉伸 3

种工具。它与普通的对比度拉伸的区别在于其只对输入图像的主成分部分进行拉伸，从而达到去除相关性的目的。其过程为：先对输入图像进行主成分变换，之后对主成分图像进行对比度拉伸处理，最后再进行主成分逆变换，并还原到 RGB 彩色空间，最终达到图像增强的目的。本节所用数据为 D/examples/lanier.img，在 ERDAS IMAGINE 2015 中执行去相关拉伸的操作步骤如下：

（1）选择 Raster→Spectral→Decorrelation Stretch，打开 Decorrelation Stretch 对话框，如图 3-86 所示。

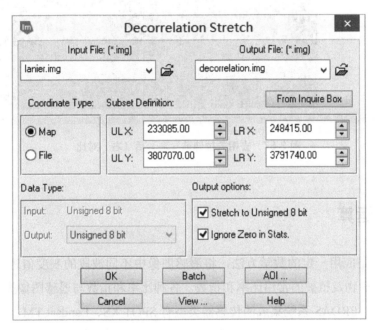

图 3-86　Decorrelation Stretch 对话框

（2）确定输入文件（Input File）：lanier.img。

（3）定义输出文件（Output File）：decorrelation.img。

（4）文件坐标类型（Coordinate Type）：Map。

（5）处理范围确定（Subset Definition）：在 UL X/Y、LR X/Y 微调框中输入需要的数值（默认状态为整个图像范围，可以应用 Inquire Box 定义子区）。

（6）输出文件设置（Output options）有两项选择。

①若输出数据拉伸到 0～255，则选中 Stretch to Unsigned 8 bit 复选框。

②若输出数据统计时忽略零值，则选中 Ignore Zero in Stats 复选框。

（7）单击 OK，关闭 Decorrelation Stretch 对话框，执行去相关拉伸，其结果如图 3-87 所示。

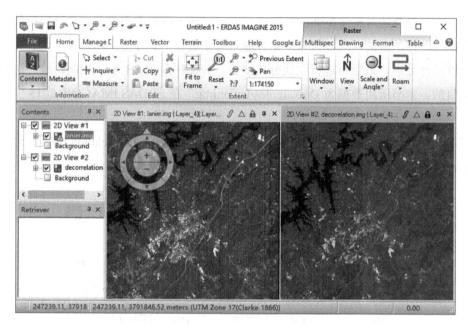

图 3-87　去相关拉伸前（左）后（右）对比

3.6　代数运算

代数运算是应用一定的数学方法，将遥感图像中不同波段的灰度值进行各种组合运算，计算反映矿物及植被的常用比率和指数。各种比率和指数与遥感图像类型（传感器）有密切的关系。ERDAS 系统集成的传感器类型有 SPOT XS、Landsat TM、Landsat MSS、NOAA AVHRR 等，ERDAS IMAGINE 所包含的代数计算功能模块如图 3-88 所示。

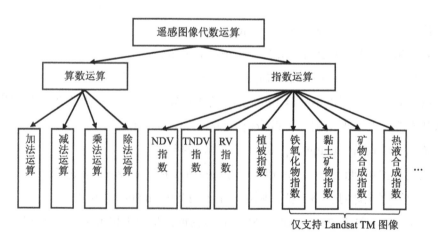

图 3-88　ERDAS IMAGINE 所包含的代数计算功能模块

3.6.1　算数运算

算数运算就是将两幅图像中对应像元的灰度值进行算数运算后得到的新值作为灰度值重新得到一幅图像。要求参与运算的两幅图像的行数、列数须相等。其中，比较常用的是差值运算与比值运算。本节所用数据为 D/examples/lanier.img 和 Indem.img，在 ERDAS IMAGINE 2015 中执行算数运算的操作步骤如下：

（1）在 Raster 标签下选择 Scientific→Functions→Two Image Functions，打开 Two Input Operators 对话框，如图 3-89 所示。

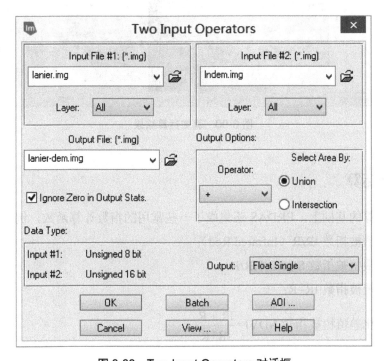

图 3-89　Two Input Operators 对话框

（2）选择第一张图像为 lanier.img，Layer 选择 All。

（3）选择第二张图像为 Indem.img，Layer 选择 All。

（4）定义输出文件为 lanier-dem.img。

（5）选择输出时忽略零值，勾选 Ignore Zero in Output Stats 复选框。

（6）选择运算操作（Operator）为 "+"（Addition）。

（7）确定区域选择方式（Select Area By）为 "Union"（二者并集）。

（8）选择输出文件的数据类型为 Float Single。

（9）单击 OK，关闭对话框，执行运算，结果如图 3-90 所示。

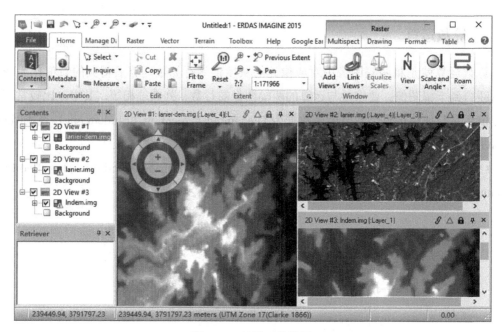

图 3-90 算数运算结果

3.6.2 指数运算

在基本运算的基础上，ERDAS 还集成了一些常用的指数计算函数，例如：

（1）比值植被指数 IR/R（Infrared/Red）；

（2）平方根植被指数 SQRT（IR/R）；

（3）差值植被指数 IR–R；

（4）归一化差值植被指数 NDVI=$\dfrac{IR-R}{IR+R}$；

（5）转换 NDVI：TNDVI=$\sqrt{\dfrac{IR-R+0.5}{IR+R}}$；

（6）铁氧化物指数 Iron Oxide= TM 3/1；

（7）黏土矿物指数 Clay Minerals = TM 5/7；

（8）铁矿石指数 Ferrous Minerals = TM 5/4；

（9）矿物合成指数 Mineral Composite（RGB）= TM 5/7，5/4，3/1；

（10）热液合成指数 Hydrothermal Composite（RGB）= TM 5/7，3/1，4/3。

这些指数通常都是图像的某些波段（或其和/差）之商。在 ERDAS IMAGINE 2015 中，我们可以便捷地使用 Indices 功能计算这些指数。本节以 NDVI 指数计算为例，所用数据为 D/examples/lanier.img，在 ERDAS IMAGINE 2015 中执行 NDVI 指数运算的操作步骤如下：

（1）选择 Raster→Unsupervised→NDVI（或 Indices）（如图 3-91）。

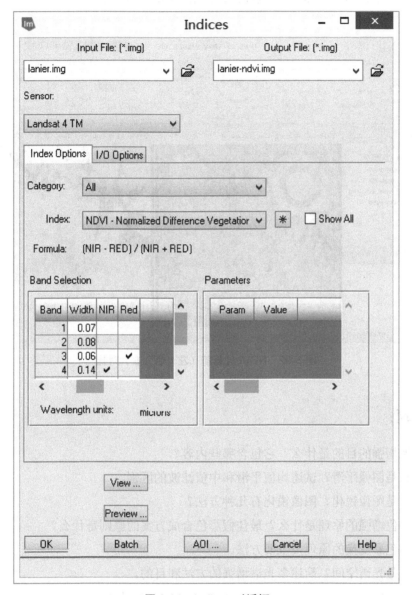

图 3-91　Indices 对话框

（2）选择输入文件（Input File）为 lanier.img。

（3）选择输出文件为 lanier-ndvi.img。

（4）坐标类型（Coordinate Type）与数据范围（Subset Definition）保持默认值即可。

（5）传感器类型（Sensor）需要根据图像采集时使用的传感器类型进行选择，这里选
择 Landsat 4 TM。

（6）在 I/O Options 选项卡里，选择数据输出类型（Data Type）：Float Single。

（7）单击 OK，关闭对话框，执行计算，结果如图 3-92 所示。

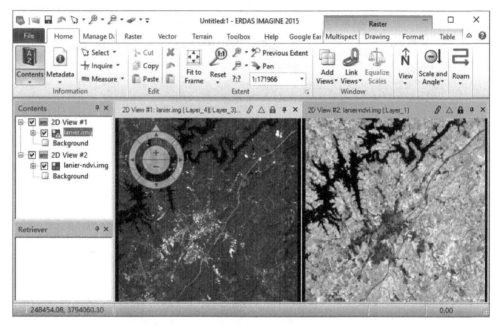

图 3-92　NDVI 计算前（左）后（右）对比

思考题：

1. 图像增强的目的是什么？它包含哪些内容？

2. 什么是图像平滑？试述均值平滑和中值滤波的区别。

3. 什么是图像锐化？图像锐化有几种方法？

4. 假彩色增强的原理是什么？最佳假彩色合成方案的原则是什么？

5. 简述色彩变换的原理及主要方法。

6. 什么是光谱空间？简述多光谱增强的方法和目的。

7. 简述主成分变换、缨帽变换和独立成分分析之间的异同。

8. 什么是植被指数？常用的植被指数如何计算？

第 4 章　图像融合

本章主要内容:

- 融合处理原理及功能模块
- 分辨率融合
- 改进的 IHS 融合
- HPF 融合
- 小波变换融合
- HCS 融合
- Ehlers 融合

图像融合是指将多源信道所采集到的关于同一目标的图像数据经过图像处理和计算机技术处理等,最大限度地提取各自信道中的有利信息,最后综合成高质量的图像,以提高图像信息的利用率,改善计算机解译精度和可靠性,提升原始图像的空间分辨率和光谱分辨率。目前,多光谱卫星数据通常包括高分辨率的全色影像和对应的低分辨率的多光谱影像,通过图像融合可以充分利用全色的高分辨率信息和多光谱丰富的光谱信息,使全色影像能表现出较好的空间特征信息。在 ERDAS IMAGINE 2015 软件中,图像融合包括分辨率融合、改进 IHS 融合、HPF 融合、小波变换融合、HCS 融合、Ehlers 融合等融合方法。

实验目的:

1. 了解不同分辨率图像的特性。
2. 掌握不同融合方法的原理及其优缺点。
3. 熟练不同融合方法的基本操作过程。

4.1　融合处理原理及功能模块

多源图像融合是指将不同传感器在同一区域获取的图像或同一传感器在不同时刻获取的同一区域的图像,经过相应的融合技术处理得到一幅新图像的过程。得到的新图像可以克服单一传感器图像在几何分辨率、光谱分辨率和空间分辨率等方面存在的局限性和差异性，提高图像的质量，丰富图像信息，从而有利于对物理现象和事件进行定位、识别和解释。例如，为提高多光谱图像的空间分辨率，将全色图像融合进多光谱图像。

ERDAS 图像融合方法如图 4-1 所示。

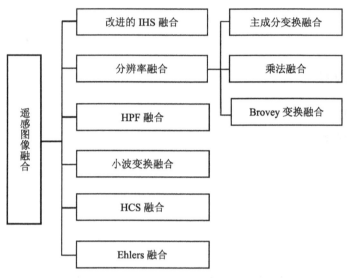

图 4-1　ERDAS 图像融合方法

4.2　分辨率融合

图像分辨率融合的关键是融合前两幅图像的配准（Rectification）以及处理过程中融合方法（Method）的选择，只有将不同空间分辨率的图像精准地进行配准，才能得到满意的融合效果。本节所用数据为 D/examples/spots.img（高分辨率全色影像）和 dmtm.img（低分辨率多光谱影像），在 ERDAS IMAGINE 2015 中执行分辨率融合的具体操作如下：

在 Raster 标签下，单击 Pan Sharpen→Resolution Merge，打开 Resolution Merge 对话框（如图 4-2）。以主成分变换法融合作为示例，在 Resolution Merge 对话框中，需要设置以下参数（以 spots.img 作为示例）：

（1）确定高分辨率输入文件（High Resolution Input File）：spots.img。

（2）确定多光谱输入文件（Multispectral Input File）：dmtm.img。

（3）定义输出文件名和路径（Output File）：merge.img。

（4）选择融合方法（Method）：Principal Component（主成分变换法）。另两种融合方法是 Multiplicative（乘法融合）和 Brovey Transform（Brovey 变换法）。

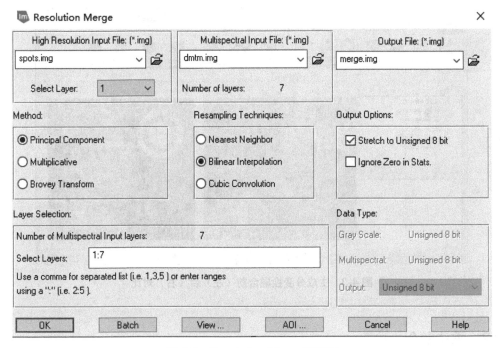

图 4-2　Resolution Merge 对话框

（5）选择重采样方法（Resampling Techniques）：双线性插值法（Bilinear Interpolation）。另外两种方法分别是最邻近点插值法（Nearest Neighbor）、三次卷积插值法（Cubic Convolution）。

（6）输出选项（Output Options）：Stretch to Unsigned 8 bit。

（7）波段选择（Select Layers）：1∶7。

（8）单击 OK，关闭 Resolution Merge 对话框，执行分辨率融合。对于融合方法的选择，取决于被融合图像的特性以及融合的目的。同时，需要对融合方法有正确的认识。在ERDAS IMAGINE 2015 中进行分辨率融合，可以采用以下 3 种方法。

4.2.1　主成分变换融合

主成分变换融合的具体过程是：首先对输入的多波段遥感数据进行主成分变换，然后以高空间分辨率遥感数据替代变换以后的第一主成分，再进行主成分逆变换，生成具有高空间分辨率的多波段融合图像。

本节所用数据为 D/examples/spots.img 和 dmtm.img，在 ERDAS IMAGINE 2015 中仍然使用上述步骤、数据进行分辨率融合，使用主成分变换融合后得到的结果与原图对比（如图 4-3）。

图 4-3 主成分变换融合前（左）后（右）对比

4.2.2 乘法融合

乘法融合是由 Crippen 的 4 种分析技术演变而来的，Crippen 研究表明：将一定亮度的图像进行变换处理时，只有乘法融合可以使其色彩保持不变。本节所用数据为 D/examples/spots.img 和 dmtm.img，在 ERDAS IMAGINE 2015 中仍然使用上述步骤、数据进行乘法融合，其结果如图 4-4 所示。

图 4-4 乘法融合前（左）后（右）对比

4.2.3 Brovey 变换融合

在使用 Brovey 变换融合时，由于多光谱输入数据的波段为 7，而 Brovey 变换每次只允许 3 个波段参与运算，因此本例选择第 4、第 3、第 2 波段参与计算。其结果如图 4-5 所示。

图 4-5　Brovey 变换融合前（左）后（右）对比

4.3 改进的IHS融合

ERDAS IMAGINE 的这项功能使用的是由 Yusuf Siddiqui 于 2003 年提出的一种改进的 IHS（明度、色调、饱和度）变换来进行的融合，即取 3 个多光谱波段进行 RGB（红、绿、蓝）到 IHS 变换，用高分辨率全色影像替代变换后的明度图像或饱和度图像，然后进行 IHS 到 RGB 的逆变换，从而获得高分辨率的多光谱图像。本节所用数据为 D/examples/spots.img 和 dmtm.img，在 ERDAS IMAGINE 2015 中进行改进 IHS 融合的具体操作如下：

在 Raster 标签下，单击 Pan Sharpen→Modified IHS Resolution Merge，打开的 Modified IHS Resolution Merge 对话框（如图 4-6），需要设置以下参数：

（1）输入高空间分辨率文件（High Resolution Input File）：spots.img。

（2）选择高分辨率图像的波段（Select Layer）：1。

（3）输入多光谱图像文件（Multispectral Input File）：dmtm.img。

（4）显示多光谱图像的波段数（Number of layers）：7。

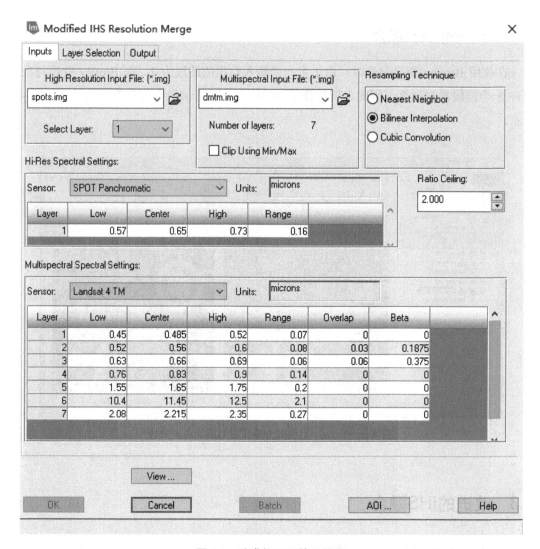

图 4-6 改进的 IHS 输入设置

（5）Clip Using Min/Max：用多光谱数据像元的最大值和最小值来规定重采样后的多光谱数据的像元值范围。当选择三次卷积（Cubic Convolution）重采样后，这个设置才有效，因为最邻近像元插值（Nearest Neighbor）和双线性插值（Bilinear Interpolation）两种重采样方法产生的像元值范围不会超出原来数据的像元值范围，而三次卷积插值法重采样后可能超出原来数据的像元值范围。

（6）选择重采样方法（Resampling Technique）：双线性插值法（Bilinear Interpolation）。另外两种方法分别是邻近点插值法（Nearest Neighbor）、三次卷积插值法（Cubic Convolution）。

（7）设置高空间分辨率图像信息（Hi-Res Spectral Settings）。

（8）设置亮度修正系数的上限（Ratio Ceiling）。

（9）设置多光谱图像信息（Multispectral Spectral Settings）。

然后，单击 Modified IHS Resolution Merge 对话框中的 Layer Selection 标签，进行波段选择（如图 4-7），设置参数如下：

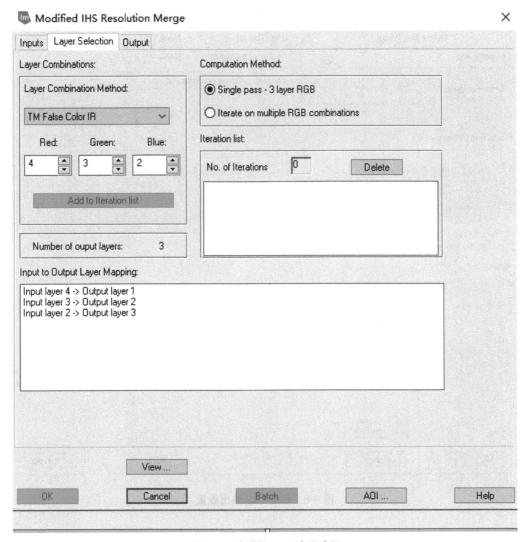

图 4-7　改进的 IHS 波段选择

（1）定义从 RGB 到 IHS 转换的波段组合方式（Layer Combination Method）。

（2）选择计算方法（Computation Method）。默认的方法是 Single pass-3 layer RGB（只用所选择的多光谱图像的 3 个波段进行输出图像的计算），另一个选项是 Iterate on multiple RGB combinations（选择多于 3 个多光谱图像的波段进行输出图像的计算，这时需要在 Layer Combination Method 选项中再选择波段组合）。

最后，在如图 4-8 所示对话框的 **Output** 标签下，用户需要对输出图像进行相关设置。

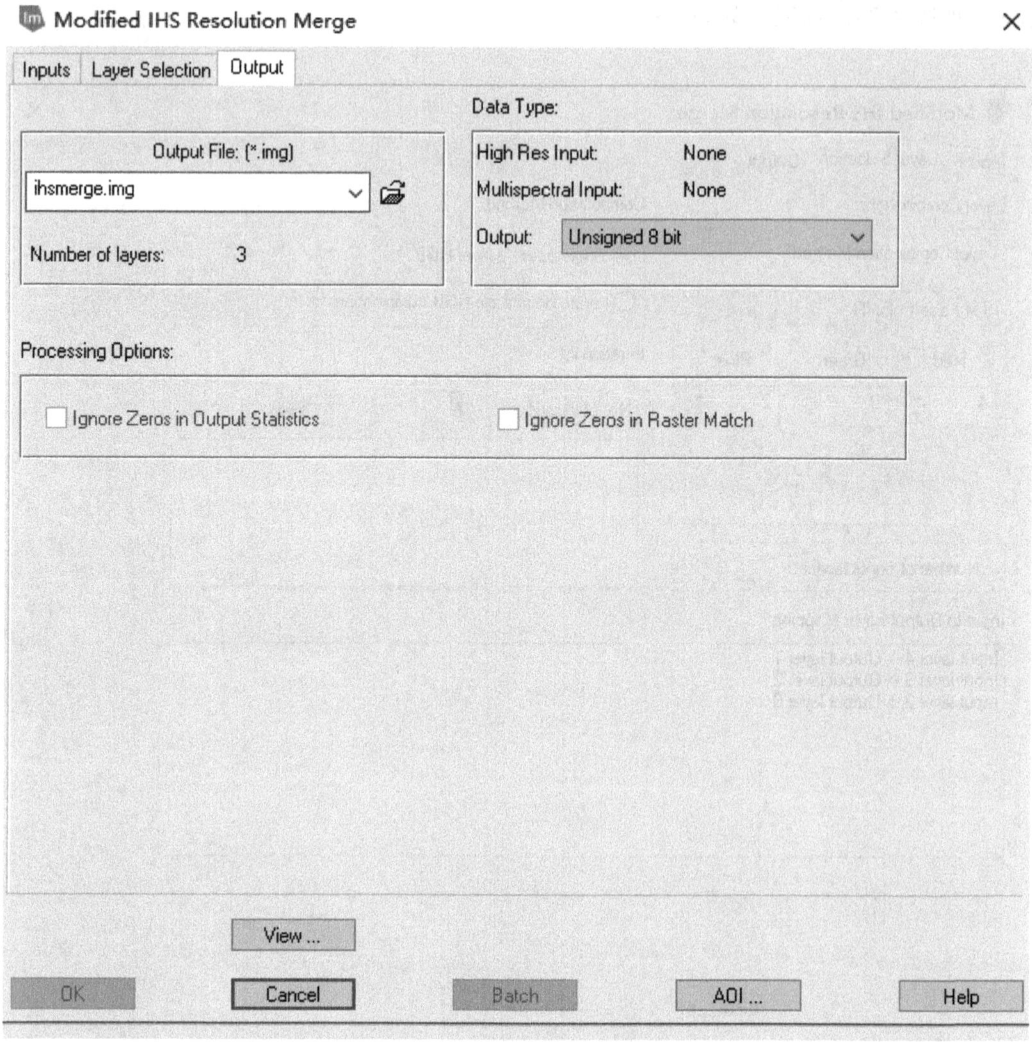

图 4-8 改进 IHS 输出设置

（1）设置输出文件名及路径（Output File）：ihsmerge.img。

（2）设置输出图像文件的数据类型（Date Type）：Unsigned 8 bit。

（3）单击 **OK**，关闭对话框，执行操作。

将输出图像加载到 ERDAS IMAGINE 2015 中，并与高空间分辨率图像 spots.img 对比，结果如图 4-9 所示。

图 4-9　改进的 IHS 融合前（左）后（右）对比

4.4　HPF融合

高通滤波（High Pass Filter，HPF）融合采用高通滤波算法来实现影像融合。一幅遥感影像由不同频率的成分组成，根据图像频谱概念，高的空间频率对应影像中灰度急剧变化的部分，低的频率代表图像中灰度缓慢变化的部分。高频分量包含影像的空间结构，低频分量包含影像的光谱信息。高通滤波算法采用高通卷积滤波算子来提取高空间分辨率影像中的空间信息，采用像元相加的方法将其加到低空间分辨率的多光谱影像上，以此来实现影像的融合。本节所用数据为 D/examples/spots.img 和 dmtm.img，在 ERDAS IMAGINE 2015中执行 HPF 融合的具体操作如下：

在 Raster 标签下，单击 Pan Sharpen→HPF Resolution Merge，打开 HPF Resolution Merge对话框（如图 4-10），设置以下参数：

（1）输入高空间分辨率文件（High Resolution Input File）：spots.img。

（2）选择高分辨率图像的波段（Select Layer）：1。

（3）输入多光谱图像文件（Multispectral Input File）：dmtm.img。

（4）选择所使用的多光谱图像的波段（Use Layer）：1∶7（表示选择 7 个波段）。

（5）定义输出文件名与路径（Output File）：hpfmerge.img。

（6）选择输出文件的数据类型（Type）：Unsigned 8 bit。

（7）选择多光谱图像和高空间分辨率图像像元大小之比（R）。R 值的大小会影响以下处理过程的参数设置。

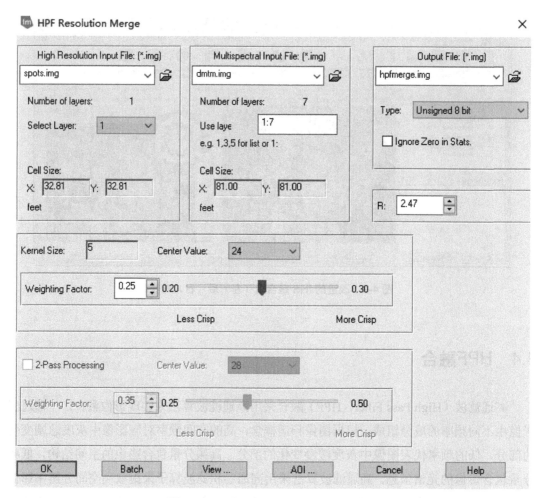

图 4-10　HPF Resolution Merge 对话框

（8）设置高通滤波器的大小（Kernel Size）。这个参数取决于 R 值的设定。

（9）设置高通滤波器中心位置的数值（Center Value）。这个参数也取决于 R 值的设定。

（10）设置高通滤波器处理的高空间分辨率图像在融合结果计算中所占的权重（Weighting Factor）。高权重使得融合结果锐化，低权重使得融合结果平滑。

（11）第二次高通滤波设置（2-Pass Processing）：以下设置只有当 R 值大于或等于 5.5 时才有效。以下参数的设置与第一次高通滤波的参数设置类似。

将输出的图像加载到 ERDAS IMAGINE 2015 中，并与高空间分辨率图像 spots.img 对比，结果如图 4-11 所示。

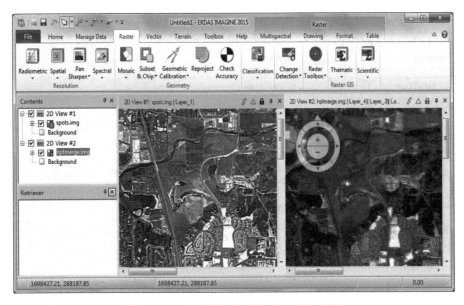

图 4-11　HPF 融合前（左）后（右）对比

4.5　小波变换融合

小波变换的本质是一种高通滤波，采用不同的小波就会产生不同的滤波效果。小波变换可以将原始图像分解成一系列具有不同空间分辨率和频域特性的子图像，针对不同频带子图像的小波系数进行组合，形成融合图像的小波系数。本节所用数据为 D:/examples/spots.img 和 dmtm.img，在 ERDAS IMAGINE 2015 中执行小波变换融合的具体操作如下：

在 Raster 标签下，单击 Pan Sharpen→Wavelet Resolution Merge，打开 Wavelet Resolution Merge 对话框（如图 4-12），设置以下参数：

（1）输入高空间分辨率文件（High Resolution Input File）：spots.img。

（2）选择高分辨率图像的波段（Select Layer）：1。

（3）输入多光谱图像文件（Multispectral Input File）：dmtm.img。

（4）选择所使用的多光谱图像所包含的波段（Number of Layer）：7（表示多光谱图像中包含 7 个波段）。

（5）确定输出文件名与路径（Output File）：waveletmerge.img。

（6）选择多光谱图像变为单波段灰度图像的方法（Spectral Transform）。其中，Single Band 表示只选择一个波段。IHS 表示使用 IHS 方法进行变换，并使用亮度分量进行融合。Principal Component 表示使用主成分变换，并使用第一主成分进行融合。

（7）选择进行融合的多光谱图像的波段（Layer Selection）。

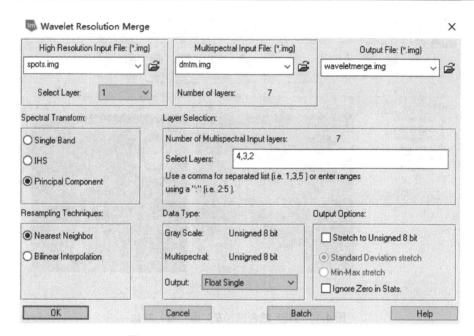

图 4-12　Wavelet Resolution Merge 对话框

（8）设置重采样的方法（Resampling Techniques）：最近邻插值法（Nearest Neighbor）。

（9）设置输出文件的数据类型（Date Type）：Float Single。

（10）输出文件设置（Output Options）。其中，Stretch to Unsigned 8 bit 表示输出文件的像元范围拉伸到 0～255，如选择此项，则 Output 中不能设置数据类型；Ignore Zero in Stats 表示计算输出文件时忽略零值。

将输出图像 waveletmerge.img 加载到 ERDAS IMAGINE 2015 中，并与原高空间分辨率图像 spots.img 对比，结果如图 4-13 所示。

图 4-13　小波变换前（左）后（右）对比

4.6　HCS融合

HCS（Hyperspherical Color Sharpening）融合是将数据从原本的色彩空间转换成超球色彩空间，提供两种融合模式，一种是将高分辨率影像与多光谱分量匹配实现融合的目的；另一种是直接复制多光谱的色彩信息。HCS 是通用的、优秀的卫星遥感影像融合算法之一，对于高分辨率影像融合效果较好，色彩保真度较高。本节所用数据为 D/examples/spots.img 和 dmtm.img，在 ERDAS IMAGINE 2015 中执行 HCS 融合的具体操作如下：

在 Raster 标签下，单击 Pan Sharpen→HCS Resolution Merge，打开 Hyperspherical Color Space Resolution Merge 对话框（如图 4-14），设置以下参数：

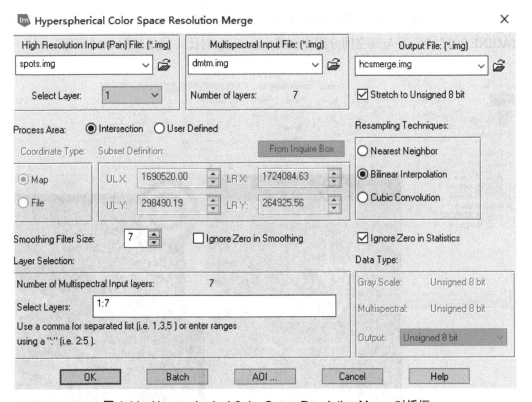

图 4-14　Hyperspherical Color Space Resolution Merge 对话框

（1）输入高空间分辨率文件[High Resolution Input（Pan）File]：spots.img。

（2）选择高分辨率图像的波段（Select Layer）：1。

（3）输入多光谱图像文件（Multispectral Input File）：dmtm.img。

（4）显示多光谱图像的波段数（Number of layers）：7。

（5）定义输出文件名和路径（Output File）：hcsmerge.img。

（6）勾选输出选项：Stretch to Unsigned 8 bit。

（7）融合处理区域（Prosess Area）设置：选择影像交集（Intersection）。另一种设置是自定义（User Defined）。自定义范围支持手动输出坐标、行列号、Inquire Box 查询框获取范围、AOI 获取范围等方式。

（8）选择重采样方法（Resampling Techniques）：双线性插值法（Bilinear Interpolation）。另外两种方法分别是最近邻插值法（Nearest Neighbor）、三次卷积插值法（Cubic Convolution）。

（9）设置影像平滑过滤窗口大小（Smoothing Filter Size）：默认 7×7。常用的窗口大小有 3×3、5×5、7×7、9×9 等，窗口越大，平滑效果越不明显。

（10）输出统计时忽略零值：Ignore Zero in Statistics。

（11）设置融合影像输出波段（Layer Selection）：这里输出融合波段设置为 1∶7。

（12）点击 OK，关闭 HCS Resolution Merge 对话框，将输出图像加载到 ERDAS IMAGINE 2015 中，并与高空间分辨率图像 spots.img 对比，结果如图 4-15 所示。

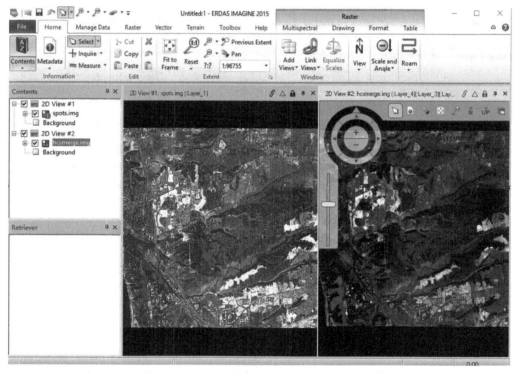

图 4-15　HCS Resolution 融合前（左）后（右）对比

4.7　Ehlers融合

Ehlers 融合是德国奥斯纳布吕克大学（University Osnabruck）的 Manfred Ehlers 教授创立的，该算法基于快速傅里叶变换滤波选项，具体算法步骤如下：

（1）构建快速傅里叶变换滤波器，对高分辨率影像进行傅里叶处理，输出高分辨率锐化影像。

（2）将多光谱影像进行 IHS 变换，从 RGB 空间转换至 IHS 空间。

（3）将高分辨率锐化影像与分量 I 进行直方图匹配，输出高分辨率影像。

（4）将输出的高分辨率影像作为分量 I 与分量 H、S 形成新的 IHS 图像。

（5）将新的 IHS 图像进行 IHS 逆变换转换成 RGB 空间，输出融合后成多光谱影像。

本节所用数据为 D/examples/spots.img 和 dmtm.img，在 ERDAS IMAGINE 2015 中执行 Ehlers 融合的具体操作如下：

在 Raster 标签下，单击 Pan Sharpen→Ehlers Fusion 命令，打开 Ehlers Fusion 对话框中（如图 4-16），设置以下参数：

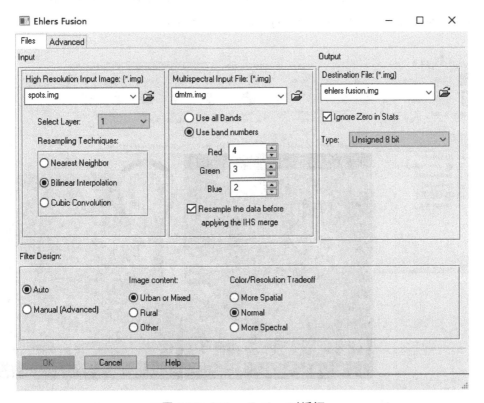

图 4-16　Ehlers Fusion 对话框

（1）输入高空间分辨率文件（High Resolution Input Image）：spots.img。

（2）选择高分辨率图像的波段（Select Layer）：1。

（3）选择重采样方法（Resampling Techniques）：双线性插值法（Bilinear Interpolation）。

（4）输入多光谱图像文件（Multispectral Input File）：dmtm.img。

（5）波段设置：点选指定参与影像融合的 RGB 对应波段（Use band numbers）。另一种设置是多光谱的所有波段都参与影像融合（Use all Bands）。

（6）点选 IHS 变换前对影像进行重采样（Resample the data before applying the IHS merge）。

（7）定义输出文件名和路径（Destination File）：ehlers fusion.img。

（8）输出统计时忽略零值：Ignore Zero in Stats。

（9）选择输出文件的数据类型（Type）：Unsigned 8 bit。

（10）滤波器设计（Filter Design），图像的主要特征类型（Image content）选择自动（Auto），点选城乡混合（Urban or Mixed），另外两个选项分别是乡村（Rural）和其他（Other）；设置融合中多光谱图像和高空间分辨率图像所占的比重，提供 3 种选项：高空间分辨率图像占较多比重（More Spatial）、多光谱和高空间分辨率图像占同样比重（Normal）、多光谱图像占较多比重（More Spectral）。

（11）单击 OK，关闭 Ehlers Fusion 对话框，将输出图像加载到 ERDAS IMAGINE 2015 中，并与高空间分辨率图像 spots.img 对比，结果如图 4-17 所示。

图 4-17　Auto 选项下，Ehlers 融合前（右）后（左）对比

（12）选择 Manual（Advanced）选项时，如图 4-18 进行傅里叶变换滤波器参数设置。

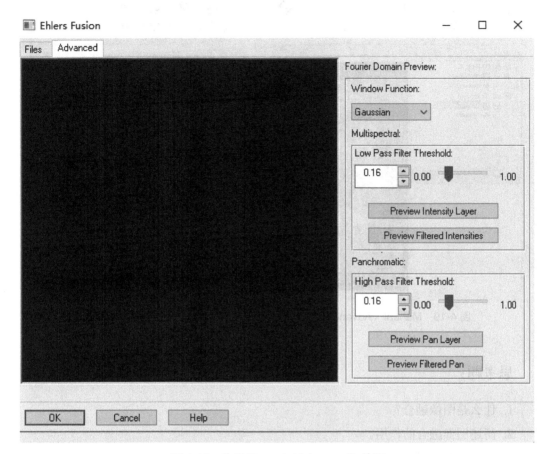

图 4-18　选择 Manual（Advanced）选项

（13）窗口功能（Window Function），进行滤波器设置，滤波器通过建立一个数学模型来将图像数据进行能量转化，排除掉能量低（如噪声），获取我们需要的特征信息。软件提供理想滤波器（Ideal）、巴特利特滤波器/三角滤波器（Bartlett）、巴特沃斯滤波器（Butterworth）、高斯滤波器（Gaussian）、汉宁滤波器（Hanning）选项，需要根据实际数据确定合适的滤波器。

（14）单击 OK，关闭 Ehlers Fusion 对话框，将输出图像加载到 ERDAS IMAGINE 2015中，并与高空间分辨率图像 spots.img 对比，结果如图 4-19 所示。

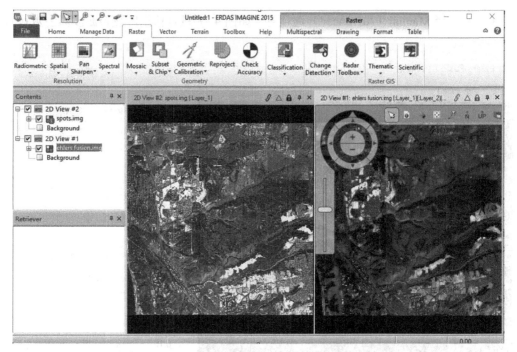

图 4-19　Manual（Advanced）选项下，Ehlers 融合前（左）后（右）对比

思考题：

1. 什么是图像融合？

2. 简述图像融合的作用。

3. 简述主要的遥感图像融合方法。

4. 辨析主成分变换融合、乘法融合、Brovey 变换融合的相同点与不同点。

5. 改进的 IHS 融合的结果相较于其他图像融合方法有何特点？

6. 什么是 HPF 融合？其基本原理和操作步骤是什么？

7. 试述小波变换融合的优缺点。

第 5 章　遥感图像分类

本章主要内容：

- 非监督分类
- 监督分类
- 面向对象的分类
- 分类后处理
- 专家分类系统

图像分类就是基于图像像元的数据文件值，将像元归并成有限的几种类型、等级或数据集的过程。通过遥感图像分类，对图像的各类信息进行提取，是遥感数字图像处理的重要环节。遥感图像分类的方法包括：①监督分类（训练场地法/先学习后分类法）：先选择有代表性的实验区（训练区），用已知地面的各种地物光谱特征来训练计算机，取得识别分类判别规则，并以此为标准对未知地区的遥感数据进行自动分类识别；②非监督分类（空间集群、点群分析、聚类分析、边学习边分类法）：按照灰度值向量或波谱样式在特征空间聚集的情况划分点群或类别。其类属是通过对各类光谱响应曲线进行分析以及与实地调查数据相比较后确定的。③面向对象的分类：集合邻近像元为对象用来识别感兴趣的光谱要素，其充分利用了高分辨率的全色和多光谱数据的空间、纹理和光谱信息来分割和分类的特点，以高精度的分类结果或者矢量输出；④专家分类系统：运用了一种以规则为基础的方法，用户可以利用专家分类系统，对高光谱图像进行分类、分类后细化、GIS 建模分析等。

监督分类是基于对遥感图像上样本区内的地物类属已有先验的知识，即已知它所对应的地物类别，于是可以利用这些样本类别的特征作为依据来对影像进行分类的技术。非监督分类对遥感图像地物的属性不具有先验知识，纯粹依靠不同光谱数据组合在统计上的差别来进行"盲目分类"，事后再对已分出各类的地物属性进行确认的过程。ERDAS 的非监督分类采用聚类分析的方法，基本步骤是：初始分类→专题判别→分类合并→色彩确定→分类后处理→色彩重定义→栅格矢量转换→统计分析。这两种方法的功能模块均在 ERDAS IMAGINE 2015 菜单栏的 Raster→Classification 栏下（如图 5-1），其操作流程如图 5-2 所示。

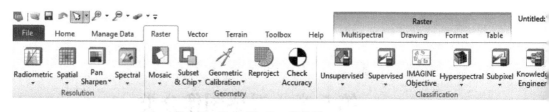

图 5-1　Classification 菜单栏

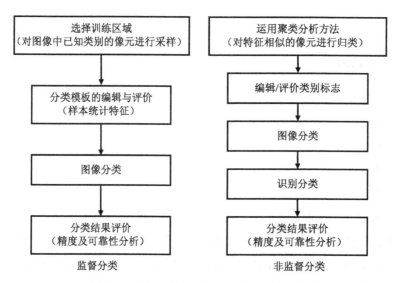

图 5-2　监督分类与非监督分类的操作流程

实验目的：

1. 理解并掌握图像分类的原理。
2. 熟练掌握 ERDAS 图像分类的操作过程。
3. 掌握遥感图像分类的精度评价方法、评价指标、评价原理以及分类后处理。

5.1　非监督分类

非监督分类主要采用聚类分析的方法，聚类是把一组像元按照相似度归成若干类别。ERDAS 非监督分类的算法有迭代自组织数据分析技术（ISODATA）算法和基于划分的聚类（K-Means）算法。这两种算法相似，聚类中心都是通过样本均值的迭代运算来决定的，K-Means 算法通常适合于分类数目已知的聚类，而 ISODATA 算法则更加灵活；ISODATA 算法加入了一些试探步骤，并且可以结合成为人机交互的结构，使其能利用中间结果所取得的经验更好地进行分类。

5.1.1　分类过程

本节所用数据为 D/examples/germtm.img，在 ERDAS IMAGINE 2015 中执行非监督分类的操作步骤如下：

（1）选择 Raster→Unsupervised→Unsupervised Classification。

（2）在弹出的 Unsupervised Classification 对话框中设置参数（如图 5-3）。

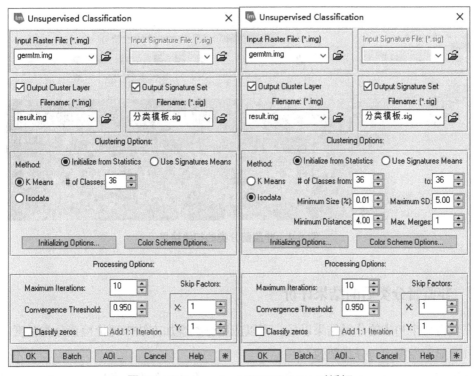

图 5-3　Unsupervised Classification 对话框

（3）确定输入文件（Input Raster File）：germtm.img（被分类的对象）。

（4）确定输出文件（Output Cluster Layer Filename）：result.img（产生的分类对象）。

（5）选择生成分类模板文件：Output Signature Set（产生一个模板文件）。

（6）确定分类模板文件（FileName）：分类模板.sig。

（7）确定聚类参数（Clustering Options）：需要确定初始聚类方法与分类数。系统提供的初始聚类方法有 Initialize from Statistics（按照图像的统计值产生自由聚类）和 Use Signature Means（按照选定的模板文件进行非监督分类）两种方法。

（8）单击 Initializing Options，打开 File Statistics Options 对话框。设置统计参数，选中 Diagonal Axis 选项，选中 Std. Deviations 选项并设置为 1。

（9）单击 Color Scheme Options，打开 Output Color Scheme Options 对话框以决定输出的分类图像是彩色的还是黑白的。

（10）定义最大循环次数（Maximum Iterations）和设置循环收敛阈值（Convergence Threshold）。循环收敛阈值是指设置两次分类结果相比保持不变的像元所占最大百分比的值，此值的设立可以避免无限循环下去。

（11）单击 OK，关闭 Unsupervised Classification 对话框，执行非监督分类，得到初始的分类结果（如图 5-4）。

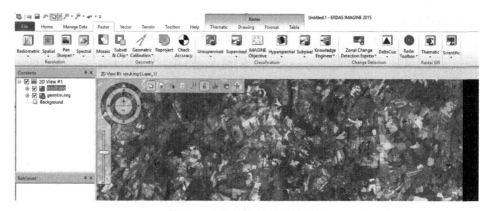

图 5-4　非监督分类的初始结果

5.1.2　非监督分类后的结果评价

在获得一个初步的分类结果以后，可以应用分类叠加方法来评价检查分类精度。

（1）显示原图像与分类图像

在视窗中同时显示 germtm.img 和 result.img，两个图像的叠加顺序为 germtm.img 在下，result.img 在上，germtm.img 显示方式为红 4、绿 3、蓝 2。

（2）调整属性字段显示顺序

在 ERDAS IMAGINE 2015 界面左侧的 Contents 中选中 result.img 图层，然后在菜单栏中点击 Table→Show Attributes，打开属性表（如图 5-5）。属性表中字段的顺序可以按照下面的步骤调整：

①选择 Table→Column Properties，打开 Column Properties 对话框（如图 5-6）。在 Column 中选择要调整显示的字段，可通过 Up、Down、Top、Bottom 等按钮调整其位置，通过选择 Display Width 调整其显示宽度，通过 Alignment 调整其对齐方式。如果选择 Editable 复选框，则可以在 Title 中修改各个字段的名称及其他内容。（注意：在执行这一步时要确保属性表是打开的。）

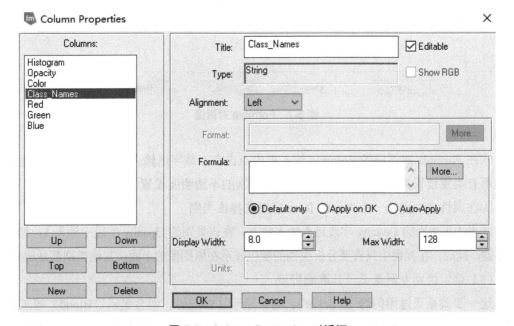

图 5-5　图层属性

图 5-6　Column Properties 对话框

②调整字段顺序，使 Histogram、Opacity、Color、Class_Names 4 个字段的显示顺序依次排在前面，然后单击 OK，关闭 Column Properties 对话框。

（3）给各个类别赋相应的颜色

①打开图层属性表，点击一个类别的 Row 字段选中该类别。

②右键单击该类别的 Color 字段，打开 As Is 列表。

③在 As Is 列表中选择一种颜色赋给选中的类别。

④重复以上步骤直到所有类别均被赋予合适的颜色。

（4）设置不透明度

由于分类图像覆盖在原图像上面，为了对单个类别的判别精度进行分析，首先要把其他所有类别的不透明度值设置为 0（即改为透明），而要分析的类别设置为 1。

①打开图层属性表，点击字段 Opacity，选择整列记录。

②右键单击 Opacity，选择 Formula，打开 Formula 对话框（如图 5-7）。

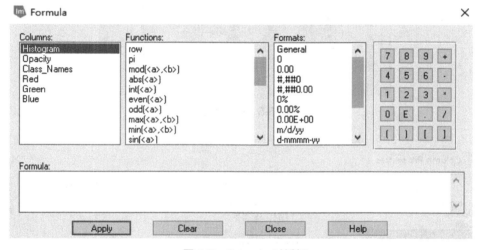

图 5-7　Formula 对话框

③在 Formula 对话框的 Formula 输入框中点击右上数字区输入 0，点击 Apply。现在已经把所有类别设置为透明，下面把要分析的类别的不透明度设置为 1。

④在属性表中点击一个类别的 Row 字段选择该类别。

⑤点击该类别的 Opacity 字段进入输入状态，在该类别的 Opacity 字段中输入 1，然后按回车键，此时，在视窗中只有要分析类别的颜色显示在原图像的上面，其他类别都是透明的。

（5）确定类别专题意义及其准确程度

这一步就是通过用闪烁（Flicker）、卷帘显示（Swipe）、混合显示（Blend）等工具来观察其与背景图像之间的关系，从而判别该类别的专题意义，并分析其分类准确程度。

①选择 Home→Swipe→Flicker，打开 Viewer Flicker 对话框。

②在 Transition Type 中单击任意检验方式控件，观察各类图像与原图像之间的对应关系（如图 5-8）。

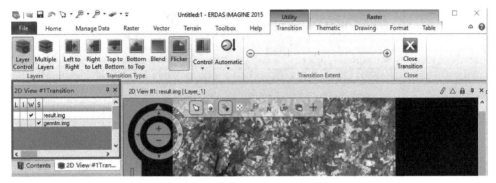

图 5-8　Viewer Flicker 对话框

（6）标注类别的名称和相应颜色

①在属性表中点击刚才分析类别的 Row 字段从而选择该类别。

②点击 Class_Names 字段进入输入状态。

③在该类别的 Class_Names 字段中输入其专题意义（如水体），并按回车键。

④右键单击该类别的 Color 字段颜色显示区，弹出 As Is 菜单，选择一种合适的颜色。

⑤重复以上②至④步骤直到对所有类别都进行了分析与处理。

说明：在进行分类叠加分析时，一次可以选择一个类别，也可以选择多个类别同时进行。

5.2　监督分类

5.2.1　定义分类模板

ERDAS IMAGINE 的监督分类是基于分类模板来进行的，而分类模板的生成、评价、管理和编辑等功能是由分类模板编辑器来负责的。本节所用数据为 D/examples/germtm.img，在 ERDAS IMAGINE 2015 中执行监督分类的操作步骤如下：

（1）显示需要进行分类的图像

在视窗中显示分类的图像 germtm.img（red4/green3/blue2，选择 Fit to Frame）。

①选择 Raster→Supervised→Signature Editor，打开 Signature Editor 对话框（如图 5-9）。该对话框有很多字段，有些字段对分类的意义不大，所以需要进行调整以不显示这些字段。

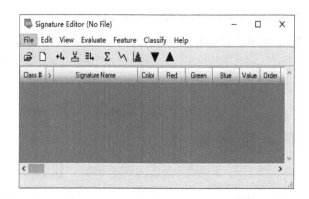

图 5-9　Signature Editor 对话框

②在 Signature Editor 对话框的菜单条中单击 View，再单击 Columns，打开 View Signature Columns 对话框（如图 5-10）。

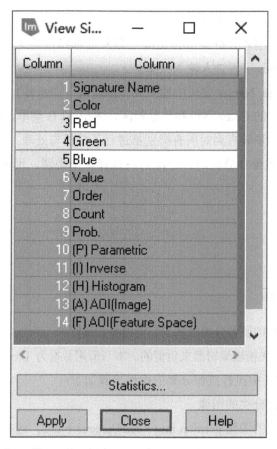

图 5-10　View Signature Columns 对话框

③点击最上方字段的 Columns 向下拖拉直到最后一个字段（此时，所有字段都被选中，并用蓝色缺省色标示出来），按住 Shift 键的同时分别点击 Red、Green、Blue 这 3 个字段（这 3 个字段从选择集中被清除）。

④点击 Apply，点击 Close，关闭 View Signature Columns 对话框。

（2）获取分类模板信息

可以分别应用 AOI 绘图工具、AOI 扩展工具、查询光标、在特征空间图像中应用 AOI 工具这 4 种方法产生分类模板。

（3）应用 AOI 绘图工具，在原始图像中获取分类模板信息

①点击 Drawing→🖐，在视窗中选择浅绿色区域（农田）绘制一个 AOI 多边形，双击鼠标左键完成绘制。

②在 Signature Editor 对话框中，单击 ⁺ᴸ，将 AOI 区域加载到 Signature 分类中。

③在 Signature Editor 对话框中，将之前加入模板的 Signature Name 和 Color 分别改为 Agricultural Field_1 和 Green。

④重复上述操作过程，多选择几个绿色区域 AOI，并将其作为新的模板加入 Signature Editor 中，同时确定各类的名称和颜色。

如果对同一个专题类型（如水体）采集了多个 AOI 并分别生成了模板，可以将这些模板合并，以便该分类模板具有区域的综合特性。

⑤模板合并方法是在 Signature Editor 对话框中，将该类的 Signature 全部选中。

⑥在 Signature Editor 对话框中点击 ⊒ᴸ 图标，这时一个综合的新模板将产生，原来的多个 Signature 同时存在。

（4）应用 AOI 扩展工具在原始图像中获取分类模板信息

扩展生成 AOI 的基础是种子像元，与该像元相邻的像元被按照各种约束条件来考察，如空间距离、光谱距离等，如果被接受，则与原种子成为新的种子像元组，并重新计算新的种子像元平均值（也可以设置为一直沿用原始种子的值）。以后的相邻像元将以新的平均值来计算光谱距离，但空间距离一直是以最早的种子像元来计算的。

①在显示有 germtm.img 图像的视窗中，点击 Drawing→Grow→Growing Properties，打开 Region Growing Properties 对话框。

②在 Region Growing Properties 对话框中（如图 5-11）定义下列参数：

a. 在 Neighborhood 栏中点击 ⊞ 图标选择按 4 邻域扩展（⊞ 表示按 8 邻域扩展）；

b. 在 Geographic Constraints 栏中设置地理约束：Area 确定每个 AOI 所包含的最多像元数（或面积）；

c. Distance 确定 AOI 所包含像元距被点击像元的最大距离。这两个条件可以设一个，也可以设两个或不设。此例只设置面积约束为 300 个像元；

d. 在 Spectral Euclidean Distance 栏中设置波谱欧氏距离：指 AOI 可接受的像元值与种子像元平均值之间的最大波谱欧氏距离（两个像元在各个波段数值之差的平方之和的二次根），大于该距离则不被接受。此例设置为 10。

③在 Region Growing Properties 对话框中，选择 Options 选项卡（如图 5-12）。

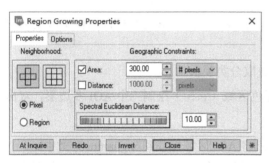
图 5-11　Region Growing Properties 对话框

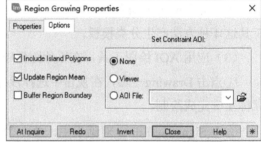
图 5-12　Options 选项卡

④在 Options 选项卡中有 3 个复选框，在种子扩展过程中可能会有些不符合条件的像元被符合条件的像元包围。选择 Include Island Polygons，使这些不符合条件的像元将被以岛多边形的形式剔除出来，如果不选则全部作为 AOI 的一部分；选择 Update Region Mean，是指每一次扩展后重新计算种子的平均值；选择 Buffer Region Boundary，是指对 AOI 产生缓冲区，该设置在选择 AOI 编辑 DEM 数据时比较有效。

⑤此例选择 Include Island Polygons 和 Update Region Mean。Options 选项卡右侧的 3 个选项用于选择是否以 AOI 区域作为约束条件进行增长，一般选择 None。

至此完成种子扩展特性的设置，下面将使用种子扩展工具生成一个 AOI。

⑥单击 Drawing→Grow，在显示有 germtm.img 图像的视窗中点击红色区域（林地），AOI 自动扩展生成一个针对林地的 AOI；如果扩展 AOI 不符合需要，可以修改 Region Growing Properties（Area：500，Spectral Euclidean Distance：15）。（注意在 Region Growing Properties 对话框中修改设置之后，直接点击 Redo 就可重新对刚才点击的像元生成新的扩展 AOI。）

⑦在 Signature Editor 对话框中，单击 ⁺↳ 按钮，将 AOI 区域加载到 Signature 分类中。

⑧在 Signature Editor 对话框中，将之前加入模板的 Signature Name 和 Color 分别改为 Forest_1 和 Yellow。

⑨保存参数设置（Save Options）。

⑩重复上述步骤，选择多个红色、深红色 AOI 区域，并将其作为新的模板加入 Signature Editor 中，同时确定各类的名称和颜色。使用同样的方法加入其他类别的模板。

（5）应用查询光标扩展方法获取分类模板信息

本方法与上一种方法大同小异，只是在选择扩展工具后，用查询光标确定种子像元。

①点击 Home→Inquire，用十字光标确定一个种子像元的位置（深红色）。

②选择 Drawing→Grow→Growing Properties，打开 Region Growing Properties 对话框（如图 5-13）。单击左下角的 At Inquire，根据刚才十字光标确定的种子像元产生一个 AOI。

③单击 Options，切换到 Options 选项卡，在 Set Constraint AOI 选项区中选择 None。

④在 Signature Editor 对话框中，单击 ⁺↳ 按钮，将 AOI 区域加载到 Signature 分类中。

⑤在 Signature Editor 对话框中，将之前加入模板的 Signature Name 和 Color 分别改为 Forest_2 和 Pink。

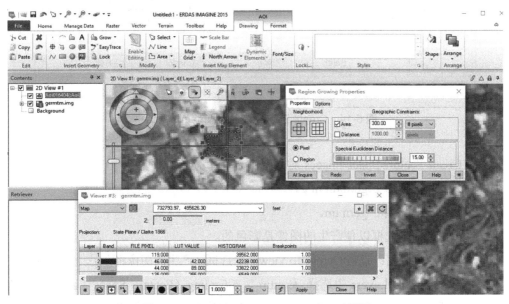

图 5-13　Region Growing Properties 对话框

（6）在特征空间图像中应用 AOI 工具产生分类模板

特征空间图像是用要分类的原图像的两个波段值分别作横、纵坐标轴形成的图像。前述应用 AOI 扩展工具在原始图像上产生分类模板是参数型模板，而在特征空间图像上应用 AOI 工具产生分类模板是非参数型模板。

①在 Signature Editor 对话框菜单条中点击 Feature，选择 Create。

②点击 Feature Space Layers，打开 Create Feature Space Images 对话框（如图 5-14）。

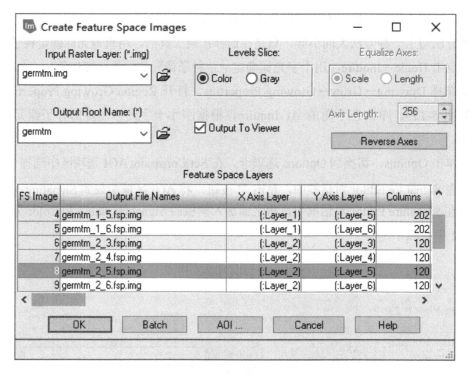

图 5-14　Create Feature Space Images 对话框

③在 Create Feature Space Images 对话框中定义下列参数：

a. 输入原栅格文件：germtm.img。

b. 输出图像根名称：germtm。

c. 选择 Color 复选框以使产生的图像是彩色的。

d. 选择输出到视窗：点击 Output To Viewer 复选框（产生的图像将在另一个窗口打开）。

在 Feature Space Layers 中选择 germtm_2_5.fsp.img（Feature Space Layers 中列出了 germtm.img 所有 6 个波段的两两组合，即将用哪两个波段组合成特征空间。如 germtm_2_5.fsp.img 代表 2 波段、5 波段的组合特征空间图像，2 在前表示产生的图像 X 轴为 2 波段，这个顺序可以通过 Reverse Axes 按钮进行反转。此例之所以选择 2 波段、5 波段来产生特征空间图像是因为要产生针对水体的模板，而这两个波段的组合反映水体比较明显。这也说明在遥感分类工作中对地物波谱的掌握是很重要的）。

④单击 OK，系统自动生成并打开视窗 Viewer #2 显示基于图像 germtm.img 2/5 波段的特征空间图像 germtm_2_5.fsp.img（如图 5-15）。

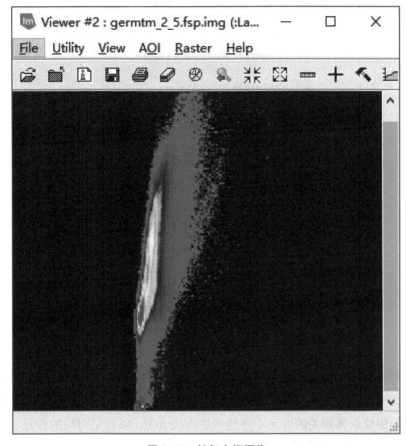

图 5-15　特征空间图像

　　下面需要将特征空间图像视窗与原图像视窗联系起来，从而分析原图像上的水体在特征空间图像上的位置。

　　①在 Signature Editor 对话框菜单条中点击 Feature，选择 View。

　　②单击 Linked Cursors，打开 Linked Cursors 对话框（如图 5-16）。

　　③在 Viewer 中输入 2（由于新产生的 germtm_2_5.fsp.img 显示在 Viewer #2。也可先点击 Select，再用鼠标在显示相应特征空间图像的视窗中点击一下，此时 Viewer 输入框中也将出现正确的视窗号。还可选择 All Feature Space Viewers 复选框使原始图像与所有的特征空间图像关联起来）。

　　④单击 Link，两个视窗被关联在一起，在 Viewer #1 中拖动十字光标在水体上移动，并查看像元在特征空间图像中的位置，从而确定水体在特征空间的范围。

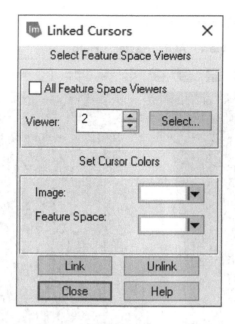

图 5-16　Linked Cursors 对话框

　　下面在特征空间图像上画一个水体所对应的 AOI 区域（注意：在特征空间中选择 AOI 区域时必须力求准确，绝不可大概绘制）。在关联两个视窗进行观察时，可以在特征空间图像上对与原图像水体相关的像元不停地产生点状 AOI，以标记对应的像元，随后产生面状 AOI 时，将这些点都准确地包含进去（如图 5-17）。

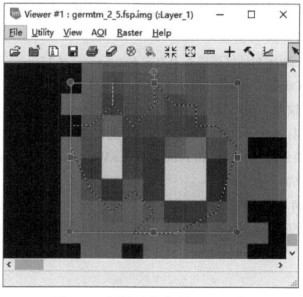

图 5-17　在特征空间中选择 AOI 区域

①在 Viewer #2 中用多边形工具绘制水体对应的 AOI 区域。

②在 Signature Editor 对话框中点击图标 **+ↆ**，将 AOI 区域加载到 Signature 分类模板中。

③在 Signature Editor 对话框菜单条中点击 Feature。

④单击 Statistics（生成 AOI 统计特性，因为基于特征空间图像产生的分类模板没有统计数据）。Signature Editor 对话框模板的记录中有一个 FS 字段，其内容为空表明是非特征空间模板。

⑤在 Signature Editor 对话框菜单条中点击 Feature，选择 View。

⑥单击 Linked Cursors，打开 Linked Cursors 对话框。

⑦在 Linked Cursors 对话框中点击 Unlink。

⑧单击 Close，关闭 Linked Cursors 对话框。

（7）保存分类模板

以上分别用不同方法产生了分类模板（如图 5-18），下面将该模板保存起来。

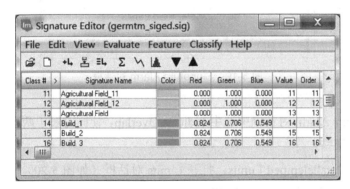

图 5-18　分类模板

①在 Signature Editor 对话框菜单条中点击 File。

②单击 Save As，打开 Save Signature File As 对话框。

③在 Save Signature File As 对话框中定义下列参数：

a. 确定文件的目录和名称（germtm_siged.sig）。

b. 在 Which Signatures 栏中选择 All（保存所有模板）或 Selected（保存被选中的模板）。

④单击 OK，保存分类模板。

5.2.2　评价分类模板

在对遥感影像做全面分类之前，对所选的训练区样本是否典型以及由训练区样本所建立起来的判别函数是否有效等问题并无足够的把握，因此，通常在全面分类之前，先用训练区中的样本数据进行试分类，即分类模板的评价。

5.2.2.1　分类预警评价

（1）产生警报掩膜

分类模板警报工具根据平行管道规则将那些原属于或估计属于某一类别的像元在图像视窗中加亮显示，以示警报。一个警报可以针对一个类别或多个类别进行。如果没有在 Signature Editor 中选择类别，那么当前活动类别（Signature Editor 中"＞"符号旁边的类别）就被用于进行警报。

①在 Signature Editor 对话框中选择某一类或某几类模板。

②点击 View，再点击 Image Alarm，打开 Signature Alarm 对话框（如图 5-19）。

图 5-19　Signature Alarm 对话框

③在 Signature Alarm 对话框中选中 Indicate Overlap，使同时属于两个及两个以上分类的像元叠加显示预警。

④点击 Edit Parallelepiped Limits，打开 Limits 对话框（如图 5-20）。

⑤在 Limits 对话框中点击 Set，打开 Set Parallelepiped Limits 对话框（如图 5-21）。

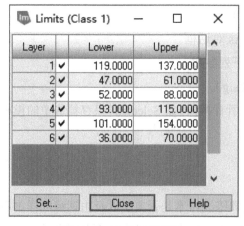

图 5-20　Limits 对话框

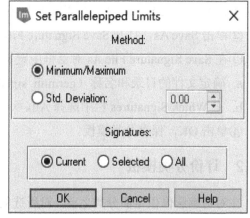

图 5-21　Set Parallelepiped Limits 对话框

⑥在 Set Parallelepiped Limits 对话框中定义下列设置：设定计算方法：Minimum/Maximum；选择使用的模板：Current。

⑦单击 OK，返回 Limits 对话框。

⑧单击 Close，返回 Signature Alarm 对话框。

⑨单击 OK，在原始图像视窗中根据 Signature Editor 中指定的颜色，显示选定类别的像元，并覆盖在原图像上，形成一个警报掩膜（如图 5-22）。点击 Close，关闭 Signature Alarm 对话框。

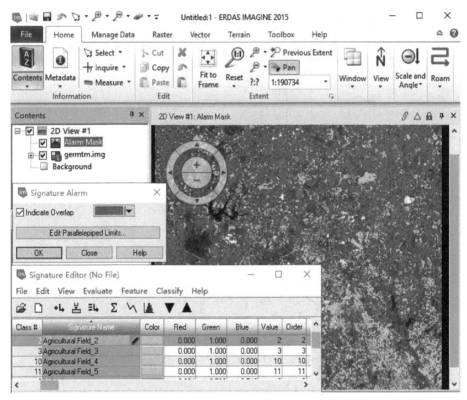

图 5-22　警报掩膜效果图

（2）利用 Flicker 功能查看警报掩膜（方法略，参考上节内容）

（3）删除分类预警掩膜

分类预警掩膜生成后，在 germtm.img 视窗中会多出一个 Alarm Mask 图层。选中它然后右键单击选择 Remove Layer，即可删除分类预警掩膜。

5.2.2.2　可能性矩阵

可能性矩阵评价工具是根据分类模板，分析 AOI 训练区的像元是否完全落在相应的类别中。通常都期望 AOI 区域的像元分到它们参与训练的类别当中，实际上 AOI 中的像元对各个类别都有一个权重值，AOI 训练样区只是对分类模板起一个加权的作用。可能性矩阵的输出结果是一个百分比矩阵，它说明每个 AOI 训练区中有多少个像元分别属于相应的类别。AOI 训练样区的分类可应用下列几种分类原则：平行管道（Parallelepiped）；特征空间（Feature Space）；最大似然（Maximum Likelihood）；马氏距离（Mahalanobis Distance）（如图 5-23、图 5-24）。

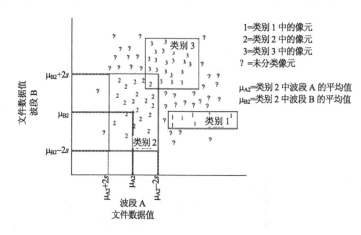

图 5-23　平行管道分类

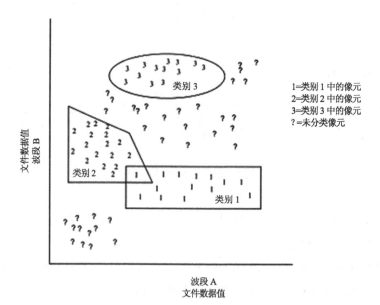

图 5-24　特征空间分类

（1）在 Signature Editor 对话框中选择所有类别。

（2）在 Signature Editor 对话框的菜单条中点击 Evaluate。

（3）单击 Contingency，打开 Contingency Matrix 对话框（如图 5-25）。

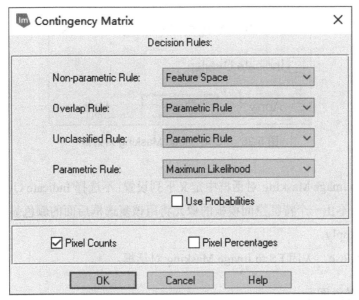

图 5-25　Contingency Matrix 对话框

（4）在 Contingency Matrix 对话框中定义下列参数：

①选择非参数规则：Feature Space（特征空间）。

②选择叠加规则：Parametric Rule（参数规则）。

③选择未分类规则：Parametric Rule（参数规则）。

④选择参数规则：Maximum Likelihood（最大似然）。

⑤选择像元总数作为评价输出统计：Pixel Counts。

（5）单击 OK，关闭 Contingency Matrix 对话框，执行可能性矩阵评价操作。

（6）可能性矩阵评价操作完成后，ERDAS IMAGINE 文本编辑器被打开，分类误差矩阵将显示在编辑器中供查看统计。如果误差矩阵值小于 85%，则模板需要重新建立。

5.2.2.3　由特征空间模板产生图像掩膜

只有产生于特征空间的 Signature 才可使用本工具，如果特征空间模板被定义为一个掩膜，则图像文件会对该掩膜下的像元做标记，这些像元在视窗中也将被高亮表达出来，因此可以直观地知道哪些像元被分在特征空间模板所确定的类型之中。（注意：视窗中的图像必须与特征空间图像相对应。）

（1）在 Signature Editor 对话框中选择要分析的特征空间模板。

（2）在 Signature Editor 对话框的菜单中点击 Feature，选择 Masking。

（3）单击 Feature Space to Image，打开 FS to Image Masking 对话框（如图 5-26）。

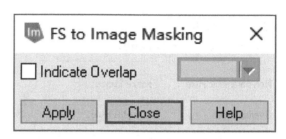

图 5-26　FS to Image Masking 对话框

（4）在 FS to Image Masking 对话框中定义下列设置：不选择 Indicate Overlap 复选框（若选，意味着属于不止一个特征空间模板的像元将用该复选框后面的颜色显示）。

（5）单击 Apply。

（6）单击 Close，关闭 FS to Image Masking 对话框。

5.2.2.4　模板对象图示

模板对象图示工具可以显示各个类别模板的统计图，以便比较不同的类别。统计图以椭圆形式显示在特征空间图像中，每个椭圆都是基于类别的平均值及其标准差。模板对象图示工具还可以同时显示两个波段类别均值、平行管道和标识。（注意：特征空间图像必须处于打开状态。）

（1）在 Signature Editor 对话框中，选择 Agricultural Field_1 和 Forest_1 类别进行绘图。

（2）在 Signature Editor 对话框的菜单条中点击 Feature。

（3）单击 Objects，打开 Signature Objects 对话框（如图 5-27）。

（4）在 Signature Objects 对话框中定义下列参数：

①确定特征空间图像视窗：2；

②确定绘制椭圆：选择 Plot Ellipses 复选框；

③统计标准差 Std. Dev.：4.00。

（5）单击 OK。

在显示特征空间图像的 Viewer #2 中显示出特征空间及所选类别的统计椭圆，椭圆的重叠程度反映了类别的相似性，如果两个椭圆完全重叠或重叠较多，则这两个类别是相似的，对分类而言是不理想的。

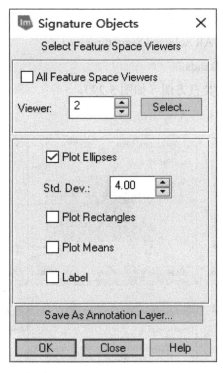

图 5-27　Signature Objects 对话框

5.2.2.5　直方图法

直方图绘制工具通过分析类别的直方图对模板进行评价和比较。

（1）在 Signature Editor 对话框中选定某一或某几个类别。

（2）在 Signature Editor 对话框的菜单条中点击 View。

（3）单击 Histograms，打开 Histogram Plot Control Panel 对话框（如图 5-28）。

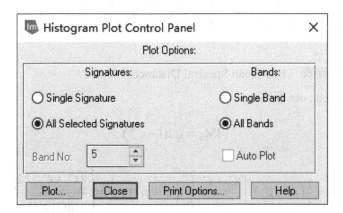

图 5-28　Histogram Plot Control Panel 对话框

（4）在 Histogram Plot Control Panel 对话框中定义下列参数：

①确定分类模板数量：All Selected Signatures。

②确定波段数量：All Bands。

（5）点击 Plot，绘制分类直方图（如图 5-29）。

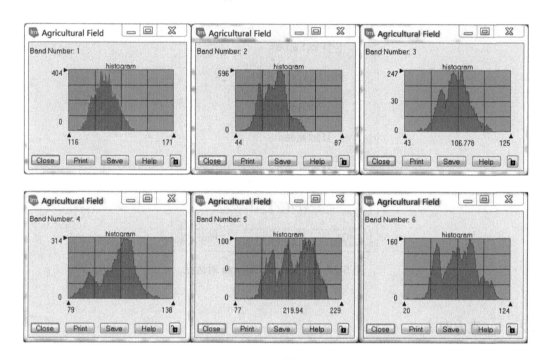

图 5-29 分类模板直方图

5.2.2.6 类别的分离性

类别的分离性工具用于计算任意类别间的统计距离，此距离可以确定两个类别间的差异性程度，也可用于确定在分类中效果最好的波段组合。类别间的统计距离是基于下列方法计算的：

（1）欧氏光谱距离（Euclidean Spectral Distances）。

（2）Jeffries-Matusita 距离：

$$\text{JM}_{ij} = \sqrt{2(1-\text{e}^{-\alpha})}$$

$$\alpha = \frac{1}{8}\left(\mu_i - \mu_j\right)^T \left(\frac{C_i + C_j}{2}\right)^{-1} \left(\mu_i - \mu_j\right) + \frac{1}{2}\ln\left(\frac{\left|\left(C_i + C_j\right)/2\right|}{\sqrt{|C_i| \times |C_j|}}\right)$$

（3）分离度（Divergence）：

$$D_{ij} = \frac{1}{2}\text{tr}[(C_i - C_j)(C_i^{-1} - C_j^{-1})] + \frac{1}{2}\text{tr}[(C_i^{-1} - C_j^{-1})(\mu_i - \mu_j)(\mu_i - \mu_j)^T]$$

其中，C_i 为 i 类别的协方差矩阵；μ_i 为 i 类别的平均矢量；tr 为转换算式。

（4）转换分离度（Transformed Divergence）：

$$TD_{ij} = 2000\left(1 - \exp(\frac{-D_{ij}}{8})\right)$$

①在 Signature Editor 对话框中选定某一或某几个类别。

②在 Signature Editor 对话框的菜单条中点击 Evaluate。

③点击 Separability，打开 Signature Separability 对话框（如图 5-30）。

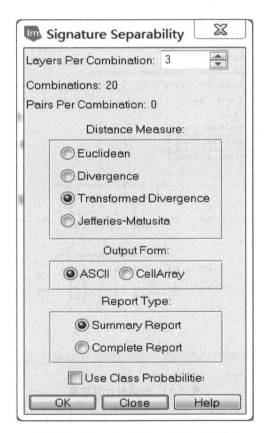

图 5-30　Signature Separability 对话框

④在 Signature Separability 对话框中定义下列参数：

a. 确定组合数据层数：3[Layers Per Combination 是指该工具将基于几个数据层（波段）来计算类别间的距离，如可以计算两个类别在综合考虑 6 个层时的距离，也可以计算它们在 1、2 两个层上的距离]。

b. 选择计算距离的方法：Transformed Divergence。

c. 输出格式：ASCII。

d. 结果报告方式：Summary Report（计算结果只显示分离性最好的两个波段的组合情况，分别对应最小分离性最大和平均分离性最大；若选择 Complete Report，则结果显示所有波段组合的情况）。

⑤单击 OK，结果同时显示在 ERDAS 文本编辑器视窗（如图 5-31）。

⑥单击 Close，关闭 Signature Separability 对话框。

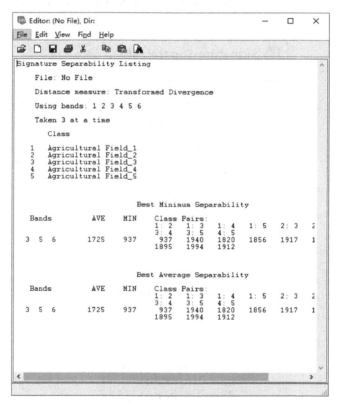

图 5-31　分离性计算结果

5.2.2.7　类别统计分析

类别统计分析工具可以对类别专题层进行统计，然后做出评价和比较。

（1）在 Signature Editor 对话框中把要进行统计的类别置于活动状态（点击该类的"＞"字段下的空白处，出现 ↳▶，即已将统计的类别置于活动状态）。

（2）在 Signature Editor 对话框的菜单条中点击 View。

（3）单击 Statistics，打开 Statistics 对话框（如图 5-32）。

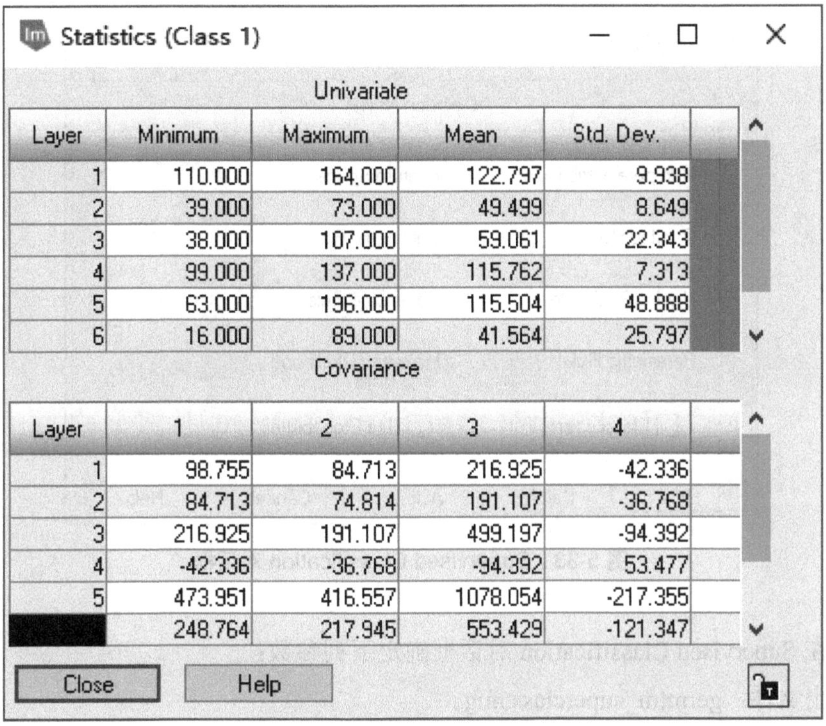

图 5-32　Statistics 对话框

Statistics 对话框的主体是分类统计结果列表，表中包括该模板基本信息（最小值、最大值、平均值、标准偏差）及协方差矩阵。

5.2.3　执行监督分类

在监督分类过程中用于分类决策的规则是多层次的，如对非参数模板有特征空间、平行管道等方法，对参数模板有最大似然法、Mahalanobis 距离、最小距离法等方法。非参数规则和参数规则可以同时使用，但要注意非参数规则只能应用于非参数模板，参数模板要使用参数规则。另外，如果使用非参数模板，还要确定叠加规则和未分类规则。

（1）在 Signature Editor 对话框中点击 Classify。

（2）点击 Supervised，打开 Supervised Classification 对话框（如图 5-33）。

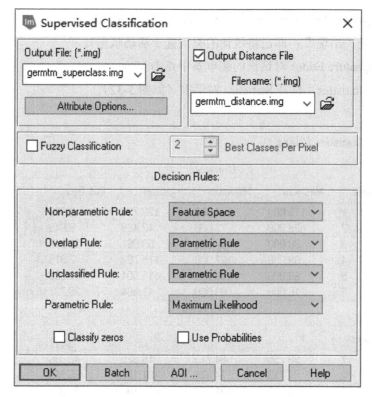

图 5-33 Supervised Classification 对话框

（3）在 Supervised Classification 对话框确定下列参数：

①输出文件：germtm_superclass.img。

②选择输出分类距离文件：gemtm_distance.img（用于分类结果进行阈值处理）。

③选择非参数规则：Feature Space。

④选择叠加规则：Parametric Rule。

⑤选择未分类规则：Parametric Rule。

⑥选择参数规则：Maximum Likelihood。

⑦不选择 Classify Zeros 分类过程中不包括零值。

（4）单击 Attribute Options，打开 Attribute Options 对话框（通过此对话框，可以确定模板的哪些统计信息将被包括在输出的分类图像层中）。

（5）在 Attribute Options 对话框上选中 Minimum、Maximum、Mean 和 Std. Dev.。

（6）单击 OK，关闭 Attribute Options 对话框。

（7）单击 OK，关闭 Supervised Classification 对话框，执行监督分类，结果如图 5-34 所示。

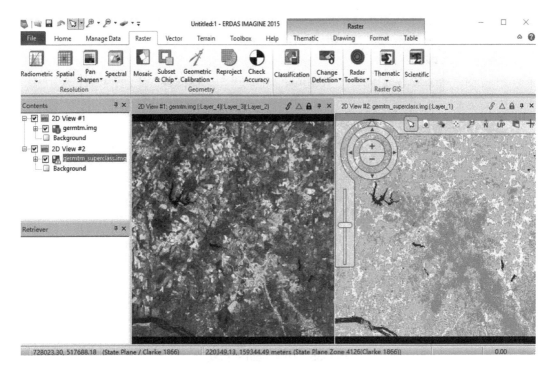

图 5-34　分类前（左）后（右）对比

5.2.4　评价分类结果

5.2.4.1　分类叠加

将专题分类图像与原始图像同时在一个视窗中打开，将分类专题图置于上层，具体操作见 5.2.3 节。

5.2.4.2　阈值处理

对每个类别设置一个距离阈值，将可能不属于它的像元（在距离文件中的值大于设定阈值的像元）筛选出去，赋予另一个分类值。该方法可以对监督分类的初步结果进行优化。

（1）显示分类图像并启动

①在 ERDAS IMAGINE 2015 视窗中打开分类后的专题图像。

②点击 Raster→Supervised→Threshold 选项，打开 Threshold 对话框（如图 5-35）。

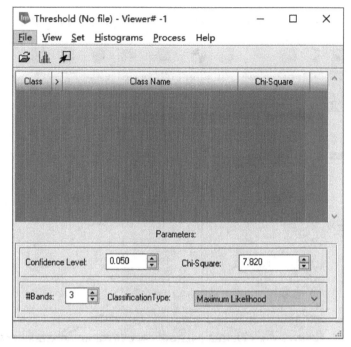

图 5-35　Threshold 对话框

（2）确定分类图像和距离图像

①在 Threshold 对话框菜单条中点击 File。

②点击 Open，打开 Open Files 对话框（如图 5-36）。

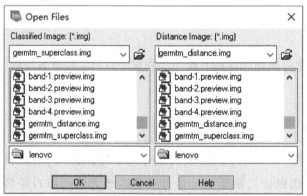

图 5-36　Open Files 对话框

③在 Open Files 对话框中定义下列参数：

a. 确定专题分类图像：germtm_superclass.img。

b. 确定分类距离图像：germtm_distance.img。

④单击 OK，返回 Threshold 对话框。

（3）视图选择及直方图计算

①在 Threshold 对话框菜单条中点击 View。

②点击 Select Viewer，并点击显示专题分类图像的视窗。

③在 Threshold 对话框的菜单条中点击 Histograms。

④点击 Compute（计算各类别的距离直方图，可以通过 Save 保存为一个模板文件*.sig）。点击 ⎍ 图标查看直方图（如图 5-37）。

（4）选择类别并确定阈值

①Threshold 对话框的分类属性表格中，选择专题类别。

②移动"＞"符号到指定的类别旁边（如 Agricultural）。

③在 Threshold 对话框的菜单条中点击 Histograms。

④点击 View，选定类别的 Distance Histogram 被显示出来（如图 5-38）。

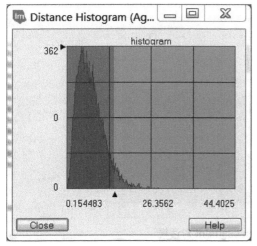
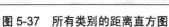

图 5-37　所有类别的距离直方图

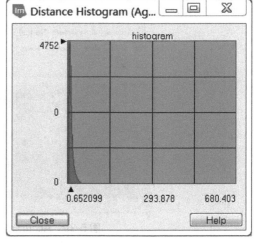

图 5-38　某一类别的距离直方图

⑤拖动 Histogram X 轴上的箭头到想设置为阈值的位置，Threshold 对话框中的 Chi-Square 自动发生变化，表明该类别的阈值设置完毕。

⑥重复上述步骤，依次设置每一个类别的阈值。

（5）显示并观察阈值处理图像

①在 Threshold 对话框菜单条中点击 View，选择 View Colors。

②点击 Default Colors（环境设置，将阈值以外的像元显示为黑色，之内的像元以分类色显示）。

③在 Threshold 对话框菜单条中点击 Process→To Viewer，阈值处理图像将显示在分类图像之上，形成一个阈值掩膜；将阈值处理图像设置为 Flicker 闪烁状态，观察处理前后的

变化；然后在 Process 中选择 To File，打开 Threshold to File 对话框。

④在 Threshold to File 对话框中确定要生成的文件名称和路径。

⑤单击 OK。

5.2.4.3 分类精度评价

分类精度评价是将专题分类图像中的特定像元与已知分类的参考像元进行比较，实际工作中常常是将分类数据与地面真实值、先前的试验地图、航空相片或其他数据进行对比的途径之一。

（1）启动 Accuracy Assessment 对话框并定义参数

①在 ERDAS IMAGINE 2015 视窗中打开分类前的原始图像，以便进行精度评估。

②点击 Raster→Supervised→Accuracy Assessment，打开 Accuracy Assessment 对话框（如图 5-39）。

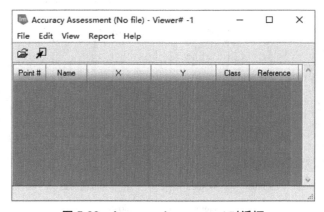

图 5-39　Accuracy Assessment 对话框

Accuracy Assessment 对话框中显示了一个精度评价矩阵（CellArray），其中将包含分类图像若干像元的几个参数和对应的参考像元的分类值。这个矩阵值可以使用户对分类图像中的特定像元与作为参考的已知分类的像元进行比较，参考像元的分类值是用户自己输入的，矩阵数据保存在分类图像文件中。

③在 Accuracy Assessment 对话框中点击 File→Open，打开 Classified Image 对话框。

④在 Classified Image 对话框中确定与视窗中对应的分类专题图像：germtm_superclass.img。

⑤单击 OK，返回 Accuracy Assessment 对话框。

⑥在 Accuracy Assessment 对话框的工具条中点击 图标，将光标在显示有原始图像的视窗中点击一下，原始图像视窗与精度评估视窗相连接。

⑦在 Accuracy Assessment 对话框菜单条中点击 View→Change Colors，打开 Change colors 对话框（如图 5-40）。在 Change colors 面板中定义下列参数：

a. 在 Points with no reference 确定没有真实参考值的点的颜色：白色。

b. 在 Points with reference 确定有真实参考值的点的颜色：黄色。

⑧单击 OK，返回 Accuracy Assessment 对话框。

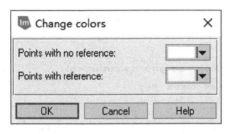

图 5-40　Change colors 对话框

（2）在分类图像中产生一些随机点，需要用户给出随机点的实际类别，以便与分类图像的类别进行比较

①在 Accuracy Assessment 对话框中点击 Edit→Create/Add Random Points，打开 Add Random Points 对话框（如图 5-41）。

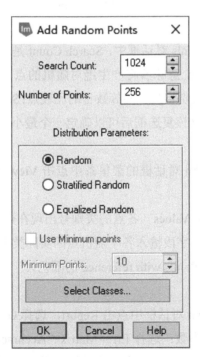

图 5-41　Add Random Points 对话框

②在 Add Random Points 对话框中定义下列参数：

a. 在 Search Count 中输入 1024。

b. 在 Number of Points 中输入大于 250 的数。

c. 在 Distribution Parameters 选择 Random 单选框。

③单击 OK，返回 Accuracy Assessment 对话框。

④在 Accuracy Assessment 对话框的数据表中列出了 256 个随机点，每个点都有点号、X/Y 坐标值、Class、Reference 等字段（如图 5-42）。

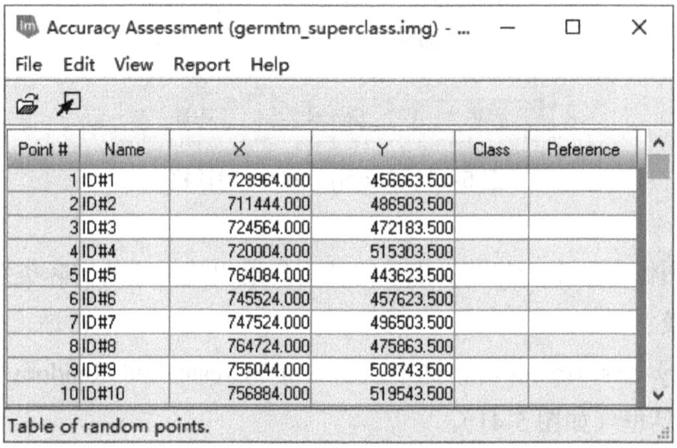

Point #	Name	X	Y	Class	Reference
1	ID#1	728964.000	456663.500		
2	ID#2	711444.000	486503.500		
3	ID#3	724564.000	472183.500		
4	ID#4	720004.000	515303.500		
5	ID#5	764084.000	443623.500		
6	ID#6	745524.000	457623.500		
7	ID#7	747524.000	496503.500		
8	ID#8	764724.000	475863.500		
9	ID#9	755044.000	508743.500		
10	ID#10	756884.000	519543.500		

图 5-42 随机点

说明：在 Add Random Points 对话框中，Search Count 是指确定随机点过程中使用的最多分析像元数；选择 Random 意味着将产生绝对随机的点，而不使用任何强制性规则；Equalizes Random 是指每个类别将具有同等数目的比较点；Stratified Random 是指点数与类别涉及的像元数成比例，选择该复选框后可以确定一个最小点数，以保证小类别也有足够的分析点。

⑤在 Accuracy Assessment 对话框的菜单条中点击 View→Show All（所有随机点均以设定的颜色显示在视窗中）。

⑥点击 Edit→Show Class Values（各点的类别号出现在数据表的 Class 字段中）。

⑦在数据表的 Reference 字段输入各个随机点的实际类别值（只要输入实际值，它在视窗中的色彩就变为设定好 Points with reference 的颜色）。

（3）输出分类评价报告

①在 Accuracy Assessment 对话框中点击 Report，选择 Options。

②确定分类评价报告的参数：选择 Error Matrix、Accuracy Totals 和 Kappa Statistics。

③点击 Report→Accuracy Report（产生分类精度报告）。在数据表的 Reference 字段输

入各个随机点的实际类别值（只要输入实际值，它在视窗中的色彩就变为设定好 Points with reference 的颜色）。

　　说明：总正确率（Accuracy Totals）＝（正确分类样本数/总样本数）×100%；Kappa Coefficient：分类过程中错误的减少与完全随机分类错误产生的比率。

5.3　面向对象的分类

5.3.1　面向对象的遥感图像分类原理

　　传统的基于像素的遥感图像处理方法对于遥感图像光谱信息丰富、地物间光谱差异明显、中低空间分辨率的多光谱遥感图像有较好的分类效果。对于只含有较少波段的高分辨率遥感图像，该方法就会造成分类精度的降低，空间数据的大量冗余，并且其分类结果常常是"椒盐"图像，不利于进行空间分析。

　　面向对象的图像分析技术可以综合利用图像中的光谱、纹理、空间关系等信息，较好地解决上述问题，其技术流程如图 5-43 所示。要建立与现实世界真正相匹配的地表模型，面向对象的方法是目前为止较为理想的方法，在遥感图像分析中具有巨大的潜力。面向对象的处理方法中最重要的一部分是图像分割。

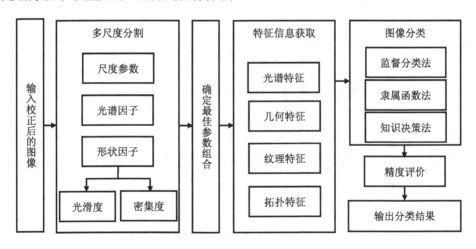

图 5-43　面向对象分类的技术流程

　　本章以建筑物要素提取为例，介绍 ERDAS 软件面向对象图像分类的方法步骤。本例所用数据为 D/examples/residential.img。

5.3.2　面向对象的分类实例

5.3.2.1　建立特征模型和设置训练样本

（1）特征模型和变量

①点击 Raster→Classification→Image Objective，打开 Objective Workstation。

②从左边 Tree View 菜单上选择 Feature 标签，用 Residential Rooftops 代替 Feature 的名字（如图 5-44）。

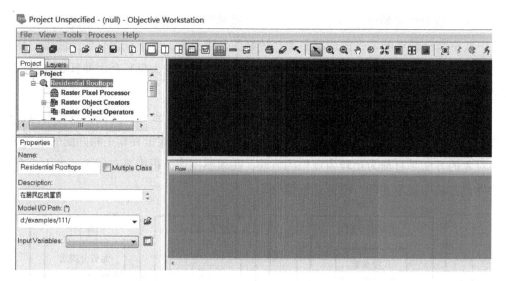

图 5-44　用 Residential Rooftops 代替 Feature

③在 Description 中输入模型目的的文本描述，如"在居民区找屋顶"。对于 Model I/O Path，是输入/输出文件的默认路径，单击文件夹改变路径。

④单击图标 显示属性面板，或从 View 中点击 Variable Properties，打开变量属性对话框（如图 5-45）。

⑤单击 Add New Variable，新变量就加载到 Variables 列表中。

⑥将变量的名字改为 Spectral。

⑦输入文件选择 residential.img。

⑧不选 Single Layer 复选框，选择 Display in workstation viewer 复选框。

⑨单击 OK，加载新的光谱变量到这个特征模型，输入文件就自动加载到 Viewer 窗口中。

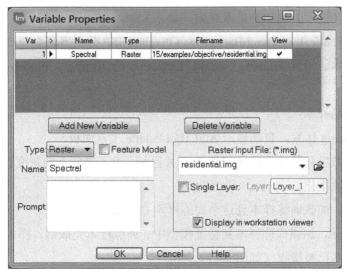

图 5-45　变量属性对话框

（2）像素分类

在 Tree View 菜单中，如果过程的节点不可用，单击⊞展开 Residential Rooftops，扩大这个路径。

①从 Tree View 菜单中，选择 Raster Pixel Processor，RPP 属性在左下角显示。

②选择 Spectral 作为输入栅格变量。

③从 Available Pixel Cues 列表中选择 SFP（如图 5-46）。

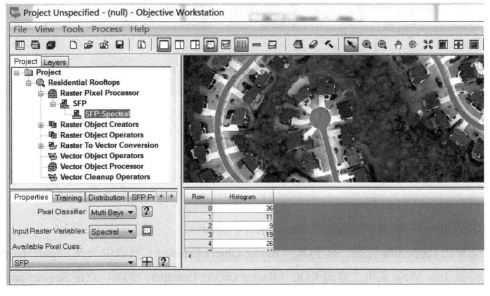

图 5-46　SFP Properties 标签

④单击左下角的⊞加载 SFP 像素线索，显示 SFP Properties 标签。

⑤选择 Automatically Extract Background Pixels，SFP 分类器将会自动尝试从训练样本之外提取背景样本。设置 Training Sample Extension 为 30 像素，Probability Threshold 为0.300。

（3）设置训练样本

①单击 Training 标签，自动显示 AOI Tool Palette 工具面板。

②在图像上数字化代表居民区屋顶的 AOI 区域，为了得到不同灰度梯度的样本，本例将全部屋顶进行数字化。

③单击 Add，加载训练样本到这个训练样本 CellArray 中。

④单击 Accept，加载训练样本到特征模型中。训练样本完成后，样本颜色由红色变为绿色，表明该样本已被接收（如图 5-47）。

图 5-47　训练样本完成后

5.3.2.2　设置其他过程节点

（1）Raster Object Creators

①从 Tree View 菜单上选择 Raster Object Creators。

②单击 Properties 标签，从 ROC（Raster Object Creators）列表中选择 Segmentation。

③在 Tree View 菜单上点击 ROC（Raster Object Creators）的⊞，点击 Segmentation，显示 Segmentation Properties 标签（如图 5-48）。

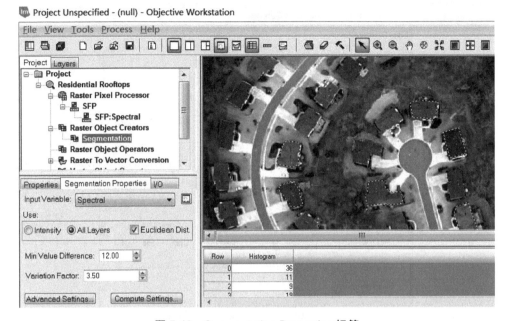

图 5-48　Segmentation Properties 标签

④输入变量选择 Spectral；Use 参数选择 All Layers；选中 Euclidean Dist 复选框。

⑤设置 Min Value Difference 为 12.00；对于 Variation Factor 输入 3.50。

⑥单击 Advanced Settings，打开 Advanced Segmentation Settings 对话框（如图 5-49）。

⑦勾选 Apply Edge Detection 复选框，对于 Threshold 输入 10.000，对于 Minimal Length 输入 3。单击 OK，完成设置。

（2）Raster Object Operators 加载 Probability Filter 算子

①从 Tree View 菜单上选择 Raster Object Operators。

②单击 Properties 标签，从 ROO（Raster Object Operators）列表中选择 Probability Filter 算子。

③单击⊞加载 Probability Filter 算子到特征模型中。

④单击 Probability Filtering Properties 标签，对于 Minimum Probability 输入 0.70。

⑤从 Tree View 菜单上选择 Raster Object Operators。

⑥单击 Properties 标签，从 ROO（Raster Object Operators）列表中选择大小过滤器（Size Filter）。

⑦单击⊞加载大小过滤器（Size Filter）算子到特征模型中。

⑧选中 Maximum Object Size 复选框，对于 Maximum Object Size 输入 2000，Units 为 File。

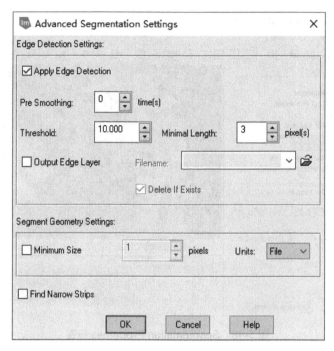

图 5-49　Advanced Segmentation Settings 对话框

（3）Raster Object Operators 加载 ReClump 算子

①从 Tree View 菜单上选择 Raster Object Operators。

②单击 Properties 标签，从 ROO（Raster Object Operators）列表中选择 ReClump 算子。

③单击⊞加载 ReClump 算子到特征模型中。

④单击 Properties 标签，选择 Dilate 算子并单击⊞将其加载到特征模型中。

⑤单击 Properties 标签，选择 Erode 算子并单击⊞将其加载到特征模型中。

⑥单击 Properties 标签，选择 Clump Size Filter 算子并单击⊞将其加载到特征模型中。

⑦单击 Clump Size Filter Properties 标签，对于 Minimum Object Size 输入 1000，Units 为 File。

（4）Raster To Vector Conversion

①从 Tree View 菜单上选择 Raster To Vector Conversion。

②选择 Polygon Trace 作为 Raster To Vector Converters。

（5）Vector Object Operators

①从 Tree View 菜单上选择 Vector Object Operators。

②单击 Properties 标签，从 VOO（Vector Object Operators）列表中选择 Generalize 算子。

③单击⊞加载 Generalize 算子到特征模型中。

④单击 Generalize Properties 标签，对于 Tolerance 输入 1.50。

（6）Object Classification

①从 Tree View 菜单上选择 Vector Object Processor。

②从 Available Object Cues 列表中选择 Geometry：Area。

③单击⊞加载 Area object cue metric 到特征模型中。

④从 Available Object Cues 列表中选择 Geometry：Axis2/Axis1。

⑤单击⊞加载 Axis2/Axis1 object cue metric 到特征模型中。

⑥从 Available Object Cues 列表中选择 Geometry：Retangularity。

⑦单击⊞加载 Retangularity object cue metric 到特征模型中（如图 5-50）。

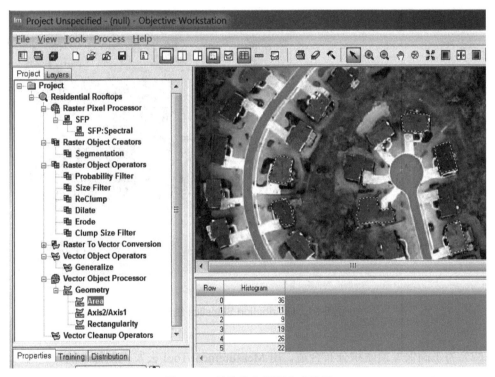

图 5-50　其他节点设置完成结果

5.3.2.3　训练样本

（1）如果早期的样本仅仅是屋顶的一部分，则需要采取新的样本。

①单击 Training 标签。

②在 Training Sample CellArray 的 Sample 栏中，用鼠标并同时按住 Shift 键去选择所有描述全部屋顶的 AOI 区域。如果所有的训练样本描述整个屋顶，则在 Sample 栏上右键，选择 Select All。

③在 Type 栏目中，右键选择 Both（Pixels 和 Objects）去识别所有选择的训练样本作为样本。如果现在数字化任何新的样本，则要单击 Add 把它们加载到训练样本里。

④点击 Accept。

⑤从 Tree View 菜单上分别选择 3 个 Cue Metric Nodes 中的每一个，然后观察每个 Metric 的训练 Distribution。

⑥从 Tree View 菜单上选择 Area，这个训练步骤组成了 Distribution Statistics 统计表（如图 5-51）。

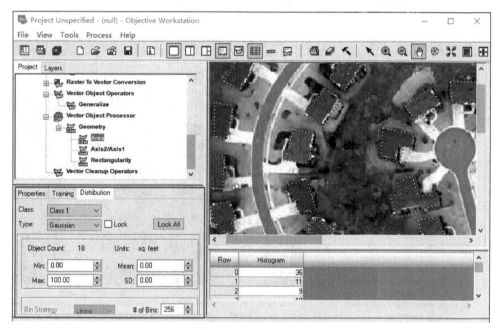

图 5-51　Distribution Statistics 统计表

（2）为了确保屋顶面积分布合适，用 Measurement Tool 去发现图像上的一些最大和最小屋顶的面积。

①单击测量 按钮打开 Choose Viewer 对话框（如图 5-52）。

图 5-52　Choose Viewer 对话框

②选择 Main View，单击 OK 按钮在大的主要窗口执行测量。

③在第二个弹出的列表中，从面积测量中选择 Sq Feet。

④单击测量周长和面积 按钮。

⑤围绕屋顶数字化一个多边形，去测定其面积（如图 5-53）。

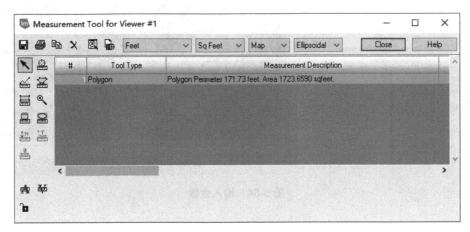

图 5-53　测定周长和面积

（3）重复这个过程几次，以测定这个屋顶的范围。使这个屋顶仅仅在中心 cul_desac 的下面或者左面，已得到最大屋顶中的面积，可得到屋顶的面积为 1300～3800 平方英尺。

①关闭测量工具（Measurement Tool）。用这个训练和测量的结果去设置 Area Cue Metric 的 Distribution。

②单击 Distribution 标签，选中 Lock 复选框，阻止软件自动更新 Distribution 参数。

③基于训练和面积测量，输入 Min、Max、Mean、SD 的值。以下值证明对这个数据集是有效的：对于 Min 输入 1300，对于 Mean 输入 2300，对 Max 输入 3800，对于 SD 输入 800（如图 5-54）。

④从 Tree View 菜单上选择 Axis2/Axis1。选中 Lock 复选框。

⑤基于训练，输入 Min、Max、Mean、SD 的值。对于 Min 输入 0.40，对于 Mean 输入 0.70，对 Max 输入 1.00，对于 SD 输入 0.30。

⑥从 Tree View 菜单上选择 Retangularity。这是一个概率度量（Probabilistic Metric），其结果在 0～1.0，选中 Lock 复选框。

⑦基于训练，输入 Min 和 Max 的值，对于 Min 输入 0.10，对于 Max 输入 1.00。

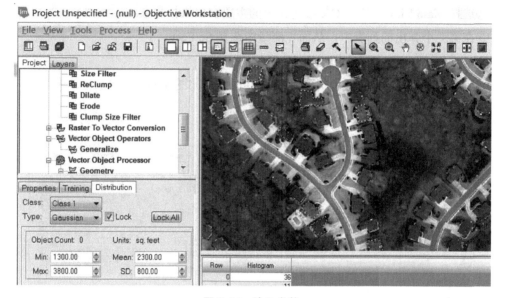

图 5-54   输入参数

（4）Vector Cleanup Operators

①从 Tree View 菜单上选择 Vector Cleanup Operators。

②从 VCO（Vector Cleanup Operators）列表中选择 Probability Filter 算子。

③单击⊞加载 Probability Filter 算子到特征模型中。

④对于 Minimum Probability 输入 0.10，去除所有概率小于 10%的对象。

⑤从 Tree View 菜单上选择 Vector Cleanup Operators。

⑥从 VCO（Vector Cleanup Operators）列表中选择 Island Filter 算子。

⑦单击⊞加载 Island Filter 算子到特征模型中。

⑧从 VCO（Vector Cleanup Operators）列表中选择 Smooth 算子。

⑨单击⊞加载 Smooth 算子到特征模型中，对于 Smoothing Factor 设置为 0.20。

⑩从 VCO（Vector Cleanup Operators）列表中选择 Orthogonality 算子，单击⊞加载 Orthogonality 算子到特征模型中，对于 Orthogonality Factor 设置为 0.35。

（5）Set Final Output

①在 Tree View 菜单上，在 Orthogonality 上右键单击，选择 Stop Here。

②单击运行特征模型 🗲按钮，结果如图 5-55 所示。

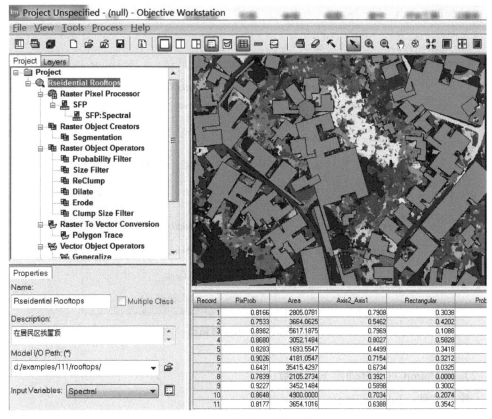

图 5-55　自动识别的结果

5.4　分类后处理

　　无论监督分类还是非监督分类，都是按照图像光谱特征进行聚类分析的，所以都带有一定的盲目性。因此，对获得的分类结果需要再进行一些处理工作，才能得到最终相对理想的分类结果，这些操作通称为分类后处理。

5.4.1　集聚处理

　　无论监督分类还是非监督分类，分类结果中都会产生一些面积很小的图斑，有必要进行剔除。集聚处理是通过分类专题图像计算每个分类图斑的面积，记录相邻区域中最大图斑面积的分类值等操作，产生一个 Clump 类组输出图像，其中每个图斑都包含 Clump 类组属性；该图像是一个中间文件，用于进行下一步处理。本节所用数据为 D/examples/Inlandc.img，在 ERDAS IMAGINE 2015 中进行集聚处理的操作步骤如下：

　　（1）在 ERDAS IMAGINE 2015 菜单栏中选择 Raster→Thematic→Clump，打开 Clump

对话框（如图 5-56）。

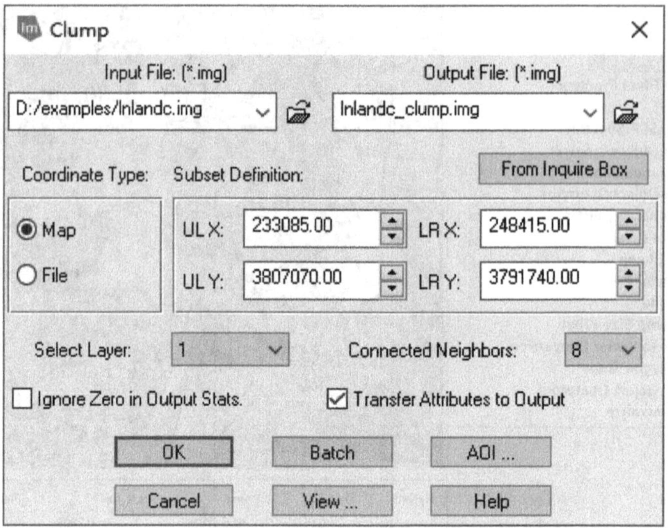

图 5-56　Clump 对话框

（2）在 Clump 对话框确定下列参数：

①输入文件：Inlandc.img。

②输出文件：Inlandc_clump.img。

③文件坐标类型（Coordinate Type）：Map。

④确定集聚处理邻域（Connected Neighbors）：8（将对每个像元周围的 8 个相邻像元进行统计分析）。

（3）单击 OK，关闭 Clump 对话框，执行集聚处理。

5.4.2　过滤分析

滤网功能是对经 Clump 处理后的 Clump 类组图像进行处理，按照定义的数值大小，删除 Clump 图像中较小的类组图斑，并给所有小图斑赋予新的属性。小图斑的属性可以与原分类图对比确定，也可以通过空间建模方法，调用 Delerows 或 Zonel 工具进行处理。Sieve 经常与 Clump 配合使用，对于无须考虑小图斑归属的应用问题，有很好的作用。本节所用数据为 D/examples/Inlandc_clump.img，在 ERDAS IMAGINE 2015 中进行过滤分析的操作步骤如下：

（1）在 ERDAS IMAGINE 2015 菜单栏中选择 Raster→Thematic→Sieve，打开 Sieve 对话框（如图 5-57）。

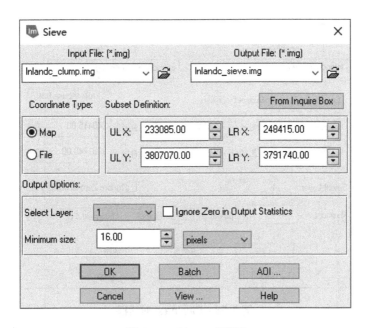

图 5-57　Sieve 对话框

（2）在 Sieve 对话框确定下列参数：

①输入文件：Inlandc_clump.img。

②输出文件：Inlandc_sieve.img。

③确定最小图斑大小（Minimum size）：16.00 pixels。

（3）单击 OK，关闭 Sieve 对话框，执行滤网分析。

5.4.3　去除分析

去除分析是用于删除原始分类图像中的小图斑或 Clump 类组图像中的小 Clump 类组，与 Sieve 命令不同，去除分析将删除的小图斑合并到相邻的最大的分类当中，另外，如果输入图像是 Clump 类组图像的话，经过去除分析处理后，将分类图斑的属性值自动恢复为 Clump 处理前的原始分类编码。可以说，去除分析处理后的输出图像是简化了的分类图像。本节所用数据为 D/examples/Inlandc_sieve.img，在 ERDAS IMAGINE 2015 中进行去除分析的操作步骤如下：

（1）在 ERDAS IMAGINE 2015 菜单栏中选择 Raster→Thematic→Eliminate，打开 Eliminate 对话框（如图 5-58）。

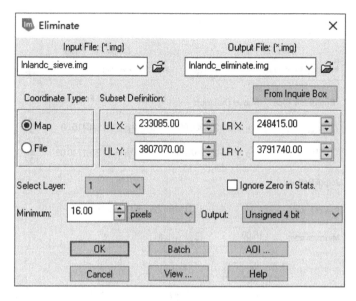

图 5-58　Eliminate 对话框

（2）在 Eliminate 对话框确定下列参数：

①输入文件：Inlandc_sieve.img。

②输出文件：Inlandc_eliminate.img。

③确定最小图斑大小（Minimum size）：16.00 pixels。

④确定输出数据类型：Unsigned 4 bit。

（3）单击 OK，关闭 Eliminate 对话框，执行去除分析。

注意：最小图斑的大小设置必须结合图像的实际用途、图像的信息量、分类图像的可分性等来确定，如在做分辨率 30 m TM 影像的黄土高原丘陵地区地表覆盖分类后处理时，选择的最小图斑为 28 pixels。

5.4.4　分类重编码

分类重编码主要是针对非监督分类而言的，由于非监督分类之前用户对分类地区没有什么了解，分类时一般要定义比最终需要多一定数量的类别数；在完全按照像元灰度值通过 ISODATA 聚类获得分类方案后，首先是将专题分类图像与原始图像对照，判断每个分类的专题属性，然后对相近或类似的分类通过图像重编码进行合并，并定义类别名称和颜色。本节所用数据为 D/examples/Inlandc.img，在 ERDAS IMAGINE 2015 中进行分类重编码的操作步骤如下：

（1）在 ERDAS IMAGINE 2015 菜单栏中选择 Raster→Thematic→Recode，打开 Recode 对话框（如图 5-59）。

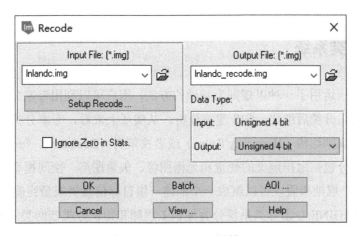

图 5-59　Recode 对话框

（2）在 Recode 对话框定义下列参数：

①输入文件：Inlandc.img。

②输出文件：Inlandc_recode.img。

（3）设置新的类别编码：点击 Setup Recode，打开 Thematic Recode 表格，根据需要改变 New Value 字段的取值（直接输入，在本例中将原来的 10 类两两合并，形成 5 类）。

（4）单击 OK，关闭 Thematic Recode 表格，返回 Recode 对话框。

（5）在 Recode 对话框中确定输出数据类型：Unsigned 4 bit。

（6）单击 OK，关闭 Recode 对话框，执行分类重编码处理。

（7）可以在视窗中打开重编码后的专题分类图像，查看分类属性表。

（8）选择 File→Open→Raster Layer→文件名：Inlandc_recode.img，单击 OK 完成加载。然后选择 Table→Show Attributes，即可查看图像 Inlandc_recode 的属性表（如图 5-60）。

Inlandc_recode.img

Row	Histogram	Color	Red	Green	Blue	Opacity
0	71228		0	0	0	0
1	105759		0	0.784	0	1
2	50056		0	0.569	0	1
3	19918		0	0.392	0	1
4	14833		0	0	0.784	1
5	350		0.51	0.416	0	1

图 5-60　Inlandc_recode 的属性

5.5 专家分类系统

专家分类系统运用了一种以规则为基础的方法，用户可以利用专家分类系统，对高光谱图像进行分类、分类后细化、GIS 建模分析。从实质上来看，专家分类系统是由一个或多个假设建立的规则结构（Hierarchy Rules）或者决策树（Decision），每一条或一组规则，确定了信息的成分包括用户定义的变量和光栅图像、矢量图形、空间模型、外部程序和简单的 Scalar。多个规则和假设可以组成一个描述一组目标信息类或最终假设的结构。

ERDAS IMAGINE 专家分类系统分为知识工程师和知识分类器两类。知识工程师为掌握第一手数据和知识的专家提供一个用户界面，让专家把知识应用于确定变量、规则和感兴趣的输出类型（假设），生成层次决策树、建立知识库。知识分类器则为非专家提供一个用户界面，以便应用知识库生成并输出分类。这两类的功能模块均在 ERDAS IMAGINE 2015 菜单栏的 Raster→Classification→Knowledge Engineer 下（如图 5-61）。

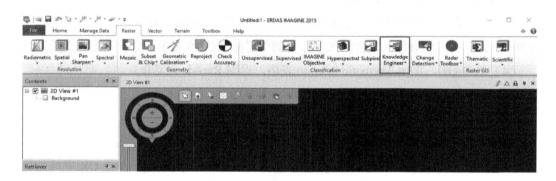

图 5-61　Knowledge Engineer 示意

5.5.1　知识工程师

5.5.1.1　知识工程师编辑器

知识工程师（Knowledge Engineer）编辑器包括菜单条（Menu Bar）、工具条（Tool Bar）、决策树一览区（Decision Tree Overview Section）、知识要素列表（Knowledge Base Component List）、知识库要素工具（Knowledge Base Component Tool）、知识库编辑窗口（Knowledge Base Edit Window）、状态条（Statu Bar）7 个部分。本节所用数据为 D/examples/mobility_factors.ckb，在 ERDAS IMAGINE 2015 中打开知识工程师编辑器的操作步骤如下：

（1）选择 Raster→Classification→Knowledge Engineer，下拉选中 Knowledge Engineer，

弹出 Knowledge Engineer 编辑器（如图 5-62）。

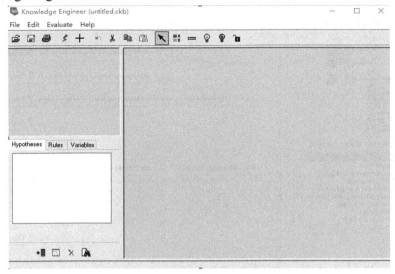

图 5-62　Knowledge Engineer 编辑器

（2）选择 File→Open，打开 Open Classification Knowledge Base 对话框（如图 5-63），并进行如下设置。

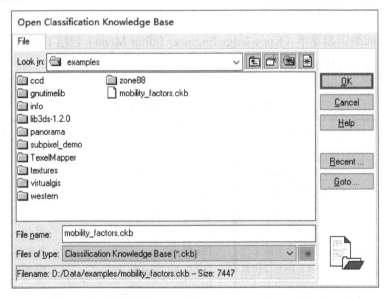

图 5-63　Open Classification Knowledge Base 对话框

①确定文件路径：D/examples。

②确定文件名称：mobility_factors.ckb。

③单击 OK，打开知识库（如图 5-64）。

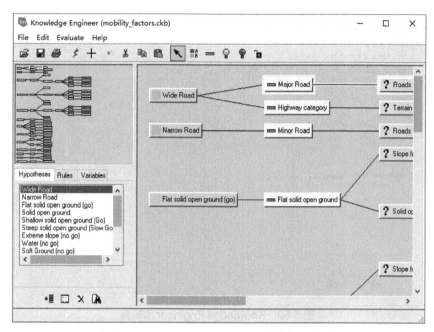

图 5-64　Knowledge Engineer 加载知识库后

5.5.1.2　知识工程师编辑器菜单

知识工程师编辑器菜单（Knowledge Engineer Editor Menu）包括 File、Edit、Evaluate、Help 4 项，主要功能见表 5-1。

表 5-1　知识工程师编辑器菜单

命令	功能	命令	功能
File：	文件操作：	Paster	粘贴所选知识库要素
New	生成新的知识库	New Hypothesis	定义一个新假设
Open	打开已有的知识库	New Rules	定义一个新规则
Close	关闭当前知识库	New Variables	定义一个新变量
Save	保存当前知识库	Enable All	所有节点都参与分类
Save As	保存知识库为新文件	Disable All	所有节点都不参与分类
Revert to Saved	返回到上次保存状态	Delete All Disable	删除所有不参与的节点
Print	打印当前知识库	Clear All Work Files	删除所有临时工作文件
Close All	关闭所有编辑窗口	Evaluate：	评价操作：
Edit：	编辑操作：	Test Knowledge Base	测试知识库
Undo	恢复前一次编辑操作	Classification Pathway Cursor	显示测试分类路径光标
Cut	剪贴所选知识库要素	Help：	联机帮助：
Copy	复制所选知识库要素	About Knowledge Engineer	知识工程师联机帮助

5.5.1.3　知识工程师编辑器工具（Knowledge Engineer Editor Tool）

知识工程师编辑器共包括 15 个常用编辑图标以及编辑器左下方 4 个知识库要素编辑工具，共计 19 个，所有工具图标及其对应的命令与功能见表 5-2。

表 5-2　知识工程师编辑器工具图标及其对应的命令与功能

图标	命令	功能
	Open	打开一个知识库
	Save	保存当前知识库
	Print	打印当前知识库
	Run Test Classification	测试运行当前知识库
	Classification Pathway	显示测试分类路径光标
	Undo	恢复上次编辑操作
	Cut Selected	剪贴所选知识库要素
	Copy Selected	复制所选知识库要素
	Paster	粘贴所选知识库要素
	Selected Node	选择当前知识库节点
	Create Hypothesis	定义一个新假设
	Create Rule	定义一个新规则
	Enable Node	设置节点参与分类
	Disable Node	设置节点不参与分类
	Unlock	解锁当前选择工具
	Add New Item	向知识库要素添加新要素
	Show Properties	显示组分中选择要素属性
	Delete Selected Item	删除组分中选择要素
	Find Next	加亮显示组分中选择要素

5.5.1.4　决策树一览区

决策树一览区（Decision Tree Overview Section）显示在编辑窗口的左上方，其中绿色边框包括的范围是知识库编辑窗口中目前所显示的决策树部分的位置，通过拖拉这个绿色边框来改变其显示的效果，点击任一颜色框，树枝变为高亮度，说明目前所选择的假设、规则或条件。在决策树一览区的设置，为知识库的编辑提供了极大的方便，让用户能够随时了解自己所编辑的部分在决策树中的确切位置。

5.5.1.5 知识库要素列表

知识库要素列表（Knowledge Base Component List）位于决策树一览区的下方，包括假设（Hypothesis）、规则（Rule）、变量（Variable）3 类要素列表。知识库要素列表相当于知识库的组织中心，所有的假设、规则和变量都可以在列表中查看、调用和编辑，同时可以向知识库里添加。

5.5.1.6 知识库编辑窗口

知识库编辑窗口（Knowledge Base Edit Window）占整个知识工程师编辑器视窗左边的 2/3（如图 5-65），该窗口放置的是决策树，决策树中每一个支脉都由绘制为方块的节点和连线组成，表明其逻辑关系。

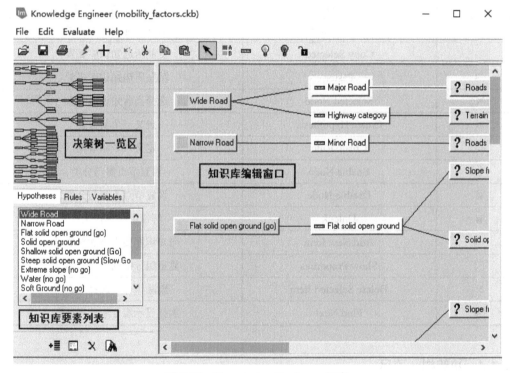

图 5-65　Knowledge Engineer 视窗

5.5.1.7 色彩方案

决策树中不同要素的颜色代表的意义不同：

（1）绿色：表示假设，假设代表的是输出分类，也许有中间假设，但不是最终的输出分类。

（2）黄色：表示规则，一条规则或多条规则定义一个假设，任一个规则为真时，假设就为真。

（3）蓝色：表示条件，一个或多个条件定义一条规则，所有条件都必须为真时，规则才能成立。

5.5.1.8 特性对话框

与知识库的 3 个组成要素相对应，系统提供了 3 种特性对话框（Properties Boxes）：假设特性对话框、规则特性对话框、变量特性对话框，分别用于编辑知识库中的假设、规则与变量。双击知识库要素（假设、规则），打开相应的特性对话框；或者在要素库列表中，双击任意假设、规则或变量，打开相应的特性对话框。本节所用数据为 D/examples/mobility_factors.ckb 和 germtm.img，在 ERDAS IMAGINE 2015 中新建知识工程师（Knowledge Engineer）中特性对话框的操作步骤如下：

（1）新建假设特性对话框（Hypothesis Properties）

①点击知识工程师编辑器的图标。

②双击目标假设，打开假设对话框（如图 5-66）。

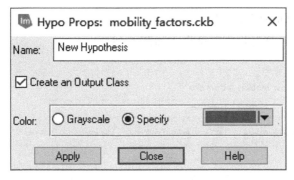

图 5-66 假设特性对话框（Hypothesis Properties）

③输入假设名称：New Hypothesis。

④选择 Creat an Output Class，颜色（Color）点选 Specify，红色（red）。

⑤点击 Apply，新建假设特性对话框（如图 5-67）。

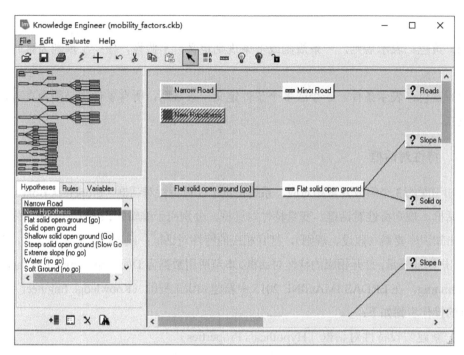

图 5-67　新建假设后 Knowledge Engineer 视窗

（2）新建规则特性对话框

①点击知识工程师编辑器的 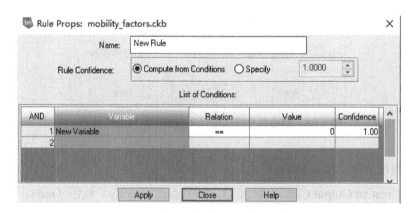 图标。

②双击目标规则，打开规则对话框（如图 5-68）。

图 5-68　Rule Props 对话框

③输入假设名称：New Rule。

④确定规则的置信度（Rule Confidence）：选择 Compute from Conditions，则每个规则的置信度由专家分类器从与该规则相连的条件置信度计算获得。若选择另一个 Specify，则

必须为每个规则输入一个置信度值。

⑤将组成规则的所有条件列表（List of Conditions），每个条件由变量、关系、值和置信度组成。

（3）新建变量

在 List of Conditions 表格中的 Variable 字段下方单击，选择 New Variable（新建变量），打开 Variable Properties 对话框（如图 5-69）。

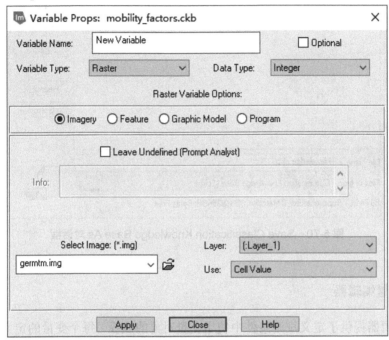

图 5-69　Variable Properties 对话框

①输入新建变量名称：New Variable。

②选择变量类型（Variable Type）：Raster（栅格变量），另一种变量类型为等级变量（Scalar）。

③选择数据类型（Date Type）：Integer（整型），另外两种数据类型分别为 Float（浮点）和 Boolean（逻辑）。

④选择栅格变量选择项（Raster Variable Options）：Imagery（图像栅格变量），另外 3 种选择分别是 Feature（特征栅格变量）、Graphic Model（模型栅格变量）和 Program（程序栅格变量）。

⑤确定栅格图像文件，选择 D/examples/germtm.img。

⑥选择图像波段：Layer_1。

⑦确定像元取值：Cell Value。

⑧在规则对话框的 value 字段下单击，选择 other 命令，输入 7。

⑨点击 Apply，单击 Close，完成设置，并保存本次操作，文件命名为：knowledge.ckb（如图 5-70）。

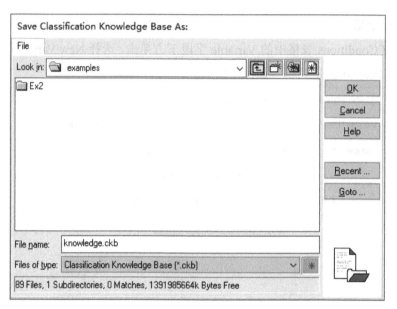

图 5-70　Save Classification Knowledge Base As 对话框

5.5.1.9　变量编辑器

变量编辑器提供了定义规则条件中使用变量对象的途径，每个变量的定义必须确定变量名、变量类型、数据类型、选择项、输入文件、文件波段和像元数值等。系统支持 2 种变量类型和 3 种数据类型。

（1）栅格变量

栅格变量（Raster Variable）可以进一步分为图像栅格变量（Imagery）、特征栅格变量（Feature）、模型栅格变量（Graphic Model）和程序栅格变量（Program）。

①图像栅格变量

图像栅格变量可以应用于 ERDAS IMAGINE 2015 支持的任意栅格数据，可以是单波段也可以是多波段，可以是连续取值，也可以是专题分类。可以被重采样成或标定成不同的地图投影。具体参数设置可参考新建变量参数设置。

②特征栅格变量

特征栅格变量可以是 ERDAS IMAGINE 2015 的注记文件或 ArcInfo 的 Coverage 文件。具体参数设置如下：

a. 变量名称：New Variable。

b. 选择变量类型（Variable Type）：Raster（栅格变量）。

c. 选择数据类型（Date Type）：Float（浮点）。

d. 选择栅格变量选择项（Raster Variable Options）：Feature（特征栅格变量）。

e. 确定特征文件[Select Feature（*.arcinfo）]。

③模型栅格变量

模型栅格变量是调用 ERDAS IMAGINE 2015 的图像模型文件（*.gmd）作为条件的组成部分，系统认为该模型是知识工程师建立，动态地支持专家分类器的模型变量。每一个图形模型包含一个或多个输入和输出，这些可以由知识库中其他变量所定义。本节所用数据为 D/examples/painted_relief.gmd，在 ERDAS IMAGINE 2015 中模型栅格变量具体参数设置如下：

a. 变量名称：New Variable。

b. 选择变量类型（Variable Type）：Raster（栅格变量）。

c. 选择数据类型（Date Type）：Integer（整型）。

d. 选择栅格变量选择项（Raster Variable Options）：Graphic Model（模型栅格变量）。

e. 确定模型文件[Graphic Model（*.gmd）]：painted_relief.gmd（如图 5-71）。单击 Edit Model，打开模型编辑器编辑模型文件。

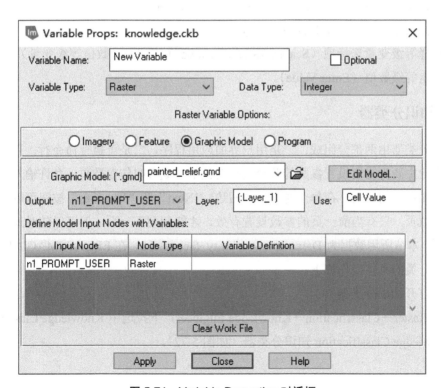

图 5-71　Variable Properties 对话框

④程序栅格变量

程序栅格变量是专家分类器支持的另一类栅格变量，这里的程序可以是 ERDAS IMAGINE 2015 外部命令集，也可以是其他外部程序。要产生一个程序变量，必须提供程序名、参数数量和输出文件名等参数。具体参数设置如下：

a. 变量名称：New Variable。

b. 选择变量类型（Variable Type）：Raster（栅格变量）。

c. 选择数据类型（Date Type）：Boolean（逻辑）。

d. 选择栅格变量选择项（Raster Variable Options）：Programs（程序栅格变量）。

e. 确定外部程序文件（Program）、输入参数（Number of Argument）、输出参数（Output Argument）。

（2）等级变量

等级变量（Scalar Variables）可以直接输入数值来定义，也可以由其他模型或外部程序输出来定义。等级变量分为 3 种：数值等级变量（Value）、模型等级变量（Graphic Model）、程序等级变量（Program）。其中，后两种变量设置与栅格变量完全一样，只是输出值为等级数值，而非栅格图像。本节以数值等级变量为例，具体参数设置如下：

①变量名称：New Variable。

②选择变量类型（Variable Type）：Scalar（等级变量）。

③选择数据类型（Date Type）：Integer（整型）。

④选择等级变量选择项（Scalarr Variable Options）：Value（数值等级变量）。

⑤确定等级数值（Enter Value）。

5.5.2　知识分类器

知识分类器由两部分组成：一是用户界面应用程序，二是可执行命令行。用户界面应用程序设计主要为需要设置参数的几个向导对话框，或者叫作参数页，允许输入有限的参数来控制知识库的使用。在每个对话框的右边，"Next" 和 "Previous" 按钮可以向前和向后移动参数页，只有当前一页的参数设置有效，才能翻到下一页，但可以随时返回到前面的参数页。本节所用数据为 D:/examples/mobility_factors.ckb，在 ERDAS IMAGINE 2015 中执行知识分类的具体操作如下：

（1）打开知识分类器

选中 Raster→Classification→Knowledge Engineer，下拉选中 Knowledge Classification，弹出 Knowledge Classification 知识分类器（如图 5-72）。

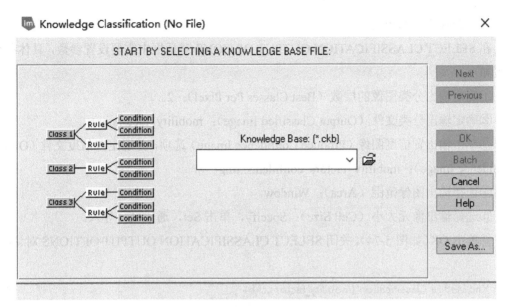

图 5-72　Knowledge Classification 知识分类器

（2）选择分类

在 SELECT THE CLASSES OF INTEREST 对话框中，可以根据需要选择感兴趣的分类作为输出分类结果。由于默认的分类选择就是知识库中所定义的全部分类，因此需要单击 Remove All，清除所有 Selected Classes，在 Available Classes 中选择感兴趣的类，点击 Add，将该类作为 Selected Classes，单击 Next（如图 5-73）。

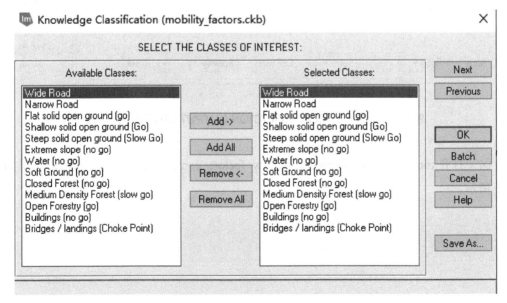

图 5-73　SELECT THE CLASSES OF INTEREST 对话框

（3）选择输出选择项

在 SELECT CLASSIFICATION OUTPUT OPTIONS 对话框中需要设置参数，具体参数设置如下：

①确定输出分类图像的层数（Best Classes Per Pixel）：2。

②确定输出分类文件（Output Classified Image）：mobility_factors.img。

③单击输出置信度图像（Produce Confidence Image）选项，并确定置信度文件（Output Confidence Image）：mobility_factors_confidence.img。

④选择输出图像范围（Area）：Window。

⑤选择输出像元大小（Cell Size）：Specify，单击 Set，通过文件导入。

⑥单击 OK（如图 5-74），关闭 SELECT CLASSIFICATION OUTPUT OPTIONS 对话框。

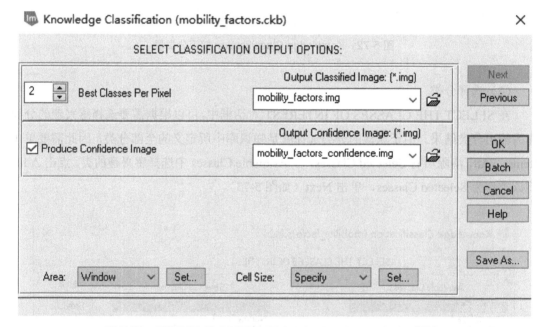

图 5-74　SELECT CLASSIFICATION OUTPUT OPTIONS 对话框

（4）打开 mobility_factors.img 和 mobility_factors_confidence.img 进行对比，结果如图 5-75 所示。

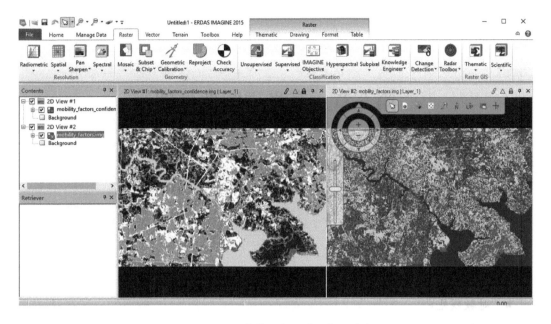

图 5-75　分类前（左）后（右）对比

思考题:

1. 什么是监督分类？什么是非监督分类？

2. 简述计算机分类的基本原理。

3. 简述遥感图像计算机分类的一般流程。

4. 什么是距离判别函数？试比较绝对值距离、欧氏距离和马氏距离判别函数之间的异同点。

5. 简要说明 ISODATA 法的基本原理。

6. 简述分类精度评价的概念与基本方法。

7. 提高遥感图像分类精度的主要对策有哪些？

第6章　高光谱图像处理

本章主要内容：

- 归一化处理
- 数值调整
- 相对反射
- 对数残差
- 均值
- 光谱剖面
- 信噪比
- 光谱库

高光谱遥感技术出现于 20 世纪 80 年代初期，由于其在光谱分辨率上的优势，被称为遥感发展的里程碑。遥感成像技术的发展主要体现在以下两个方面：一是通过减小遥感器的瞬时视场角来提高遥感图像的空间分辨率；二是通过增加波段数量和减小每个波段的带宽，来提高遥感图像的光谱分辨率。高光谱遥感正是实现了成像遥感光谱分辨率的突破性，在过往微电子技术、探测技术等领域发展的基础上，光谱学与成像技术交叉融合所形成的成像光谱学和成像光谱技术。成像光谱技术在获得目标空间信息的同时，还为每个像元提供了数十个至数百个窄波段光谱信息，而成像光谱仪获取的数据包括二维空间信息和一维光谱信息，所有的信息可以视为一个二维空间加一维光谱形成三维数据立方体。与传统的多光谱扫描仪相比，多光谱成像光谱仪能够得到上百个波段的连续图像，从而每个图像像元都可以提取一条光谱曲线。另外，与地面光谱辐射计相比，成像光谱仪不是"点"上的光谱测量，而是在连续空间上进行光谱测量，因此它是光谱成像的。与传统多光谱遥感相比，其波段不是离散的，而是连续的，因此，从它的每个像元均能提取出一条平滑而完整的光谱曲线。

高光谱分辨率遥感（Hyperspectral Remote Sensing），简称高光谱遥感，是在电磁波的紫外、可见光、近红外和中红外波段范围内，获取许多非常窄且光谱连续的影像数据的技术。常规遥感的波段宽度一般大于 50 nm，并且波段在电磁波谱上不连续，所有波段加起来并不能覆盖可见光到热红外的整个波谱范围，而成像光谱仪可以提供数十个甚至数百个很窄的波段（波段宽度一般小于 10 nm）来接收信息，且能够产生一条连续完整的光谱曲线，光谱覆盖从可见光到红外光的全部电磁波范围。高光谱遥感凭借着其明显的技术优势，在各领域展现出广阔的应用前景。目前已广泛应用于地质矿产调查、植被研究、环境监测、土壤调查、农作物估产、大气科学等领域中。高光谱图像具有以下特点：

（1）波段多，光谱分辨率高，光谱间相关性强。

（2）空间分辨率高。高的光谱分辨率和空间分辨率是遥感技术发展的两个方向，这两个方向有趋于统一的趋势。

（3）由于波段多，狭窄且连续，使高光谱数据量巨大、数据冗余严重。一些常规遥感图像处理分析方法仍可用于高光谱影像。但由于高光谱图像的波段多、光谱分辨率大、数据量大等特点，常规的遥感图像处理方法并不完全适合高光谱图像处理，对它的处理需要一些特殊的方法和技术。

实验目的：

1. 熟悉高光谱遥感图像的基本特征。

2. 掌握 ERDAS IMAGINE 2015 软件处理高光谱遥感图像的方法。

3. 通过操作练习加深对高光谱遥感图像的认识。

6.1 归一化处理

光谱归一化（Normalize）是将每一个像元的光谱值统一到整体平均亮度水平，以减小亮度差异。归一化处理常用来减少或消除反照率变化和坡度变化对光谱图像的影响，或者消除系统误差影响。归一化虽然可以减小图像的亮度差异，但有时也会造成信息损失。因此，当图像覆盖两种或两种以上特征差异显著的地物时，该方法就不适用了。本节所用数据为 D/examples/hyperspectral.img，在 ERDAS IMAGINE 2015 中进行归一化处理的具体操作如下：

（1）视窗菜单条中选择 File→Open→Raster Layer，加载 hyperspectral.img。

（2）选择 Raster→Classification→Hyperspectral→Normalize，打开 Normalize 对话框，设置参数如图 6-1 所示。

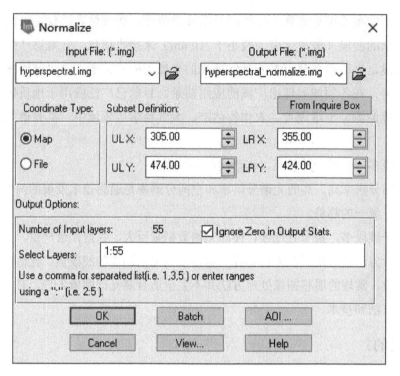

图 6-1　Normalize 对话框

（3）定义输入文件（Input File）：hyperspectral.img。

（4）定义输出文件（Output File）：hyperspectral_normalize.img。

（5）文件坐标类型（Coordinate Type）：Map。

（6）在 Subset Definition 中定义处理的图像范围，这里有两种方法：

①在 UL X、UL Y、LR X、LR Y 选框中输入图像处理范围。

②点击"From Inquire Box"，启动查询框，在视窗中单击右键，在弹出的快捷菜单中选择"Inquire Box"工具，可以在图像上自由选择处理范围，默认值为整个图像范围。

（7）选中"Ignore Zero in Output Stats"复选框，表示在输出数据统计时忽略零值。

（8）在 Select Layers 文本框内输入处理的波段，默认值为所有波段。

（9）单击 OK，开始执行操作，当处理进度条显示完成时，单击 OK，即完成归一化处理。处理结果如图 6-2 所示。

（10）选择 Home→Metadata→View/Edit Image Metadata，打开 Image Metadata 对话框（如图 6-3），点击 Histogram 得到灰度直方图。

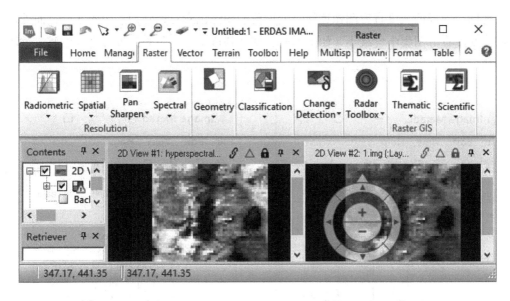

图 6-2　原始图像（左）和归一化处理结果（右）

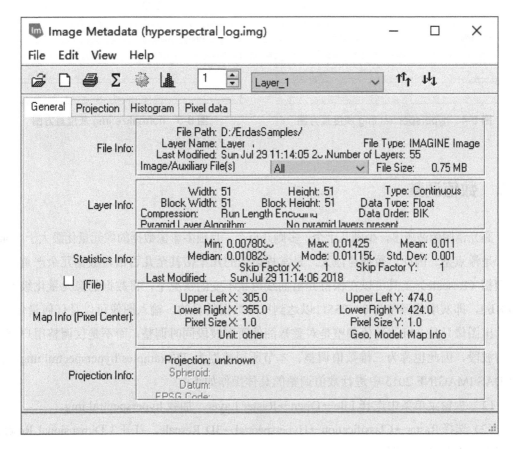

图 6-3　Image Metadata 对话框

将同一波段的灰度直方图做比较，处理前的图像色彩对比强烈（如图 6-4）；而处理后的图像灰度直方图集中度减小（如图 6-5），图像锐度降低，色彩比处理之前细腻，过渡比较自然。

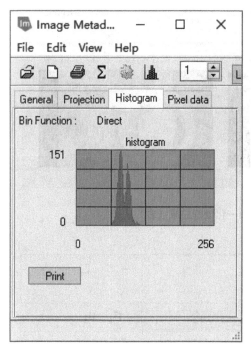

图 6-4　hyperspectral.img 灰度直方图

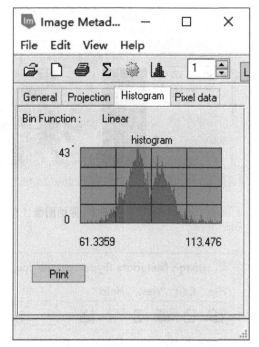

图 6-5　normalize.img 灰度直方图

6.2　数值调整

高光谱图像波段多，少则几十个，多则几百个，且很多影像数据的像元量化级大于 8 bit，或者是浮点型。因此，数据量巨大，是常规影像的几十倍甚至几百倍，数据冗余严重。数值调整（Rescale）工具可以在保持光谱曲线形状不变的情况下，将数据的像元量化级调整为 8 bit，即灰度值调整为 0～255，以达到压缩数据的目的。输入图像可以是任何量化级，但输出图像只是 8 bit。数值调整是对整幅图像所有波段同时调整，而不是仅调整用户感兴趣的波段，因此也称为三维数值调整。本节所用数据为 D:/examples/hyperspectral.img，在 ERDAS IMAGINE 2015 中进行数值调整的具体操作如下：

（1）视窗菜单条中选择 File→Open→Raster Layer，加载 hyperspectral.img。

（2）选择 Raster→Classification→Hyperspectral→3D Rescale，打开 3 Dimensional Rescale 对话框，设置参数如图 6-6 所示。

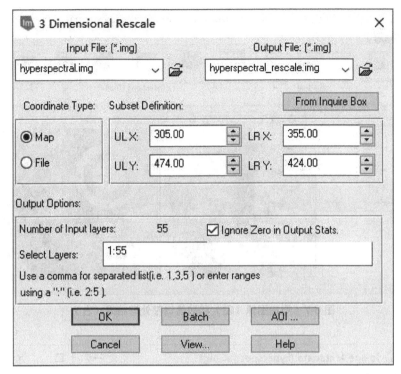

图 6-6　3 Dimensional Rescale 对话框

（3）定义输入文件（Input File）：hyperspectral.img。

（4）定义输出文件（Output File）：hyperspectral_rescale.img。

（5）在 Coordinate Type 复选框选择文件的坐标类型：Map。

（6）在 Subset Definition 中定义处理的图像范围。

（7）选中"Ignore Zero in Output Stats"复选框，表示在输出数据统计时忽略零值。

（8）在 Select Layers 文本框内输入处理的波段。这里选择默认的 1～55 波段。

（9）单击 OK，开始执行操作，处理结果如图 6-7 所示。

（10）选择 Home→Metadata→View/Edit Image Metadata。打开 Image Metadata 对话框，选择 Pixel Data 选项卡，在图 6-8 中可以看到 Rescale.img 的像元灰度值均已调整到 0～255。分别作 hyperspectral.img 和 rescale.img 的同一个像元的光谱曲线（如图 6-9 和图 6-10），可以看出 rescale.img 的光谱曲线是没有发生改变的，即数值调整仅将图像灰度值进行了压缩，并没有改变图像的光谱特征。

图 6-7　原始图像（左）和数值调整处理结果（右）

Row	0	1	2	3	4	5	6	7	8	9
0	101	97	94	97	96	97	99	95	95	97
1	101	96	92	96	94	100	98	100	97	98
2	98	96	93	96	94	96	96	94	96	96
3	100	96	96	95	93	92	92	92	92	95
4	101	98	97	95	93	94	92	92	93	93
5	103	98	99	94	92	93	93	93	94	94
6	98	94	93	91	90	91	91	93	92	90
7	98	94	91	91	92	89	92	93	89	93
8	98	100	99	93	92	93	92	92	92	91
9	103	105	99	93	92	95	95	93	92	91
10	104	104	96	92	93	93	92	91	92	92
11	103	100	94	93	92	91	92	90	92	94
12	101	99	92	89	90	91	91	93	92	90
13	98	95	91	91	92	91	93	91	91	92
14	97	96	92	92	91	92	94	94	95	96
15	97	99	95	91	93	92	96	94	92	90
16	96	98	97	91	91	92	93	93	92	92
17	94	96	98	99	94	93	93	94	93	94

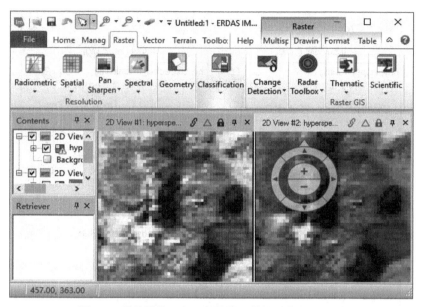

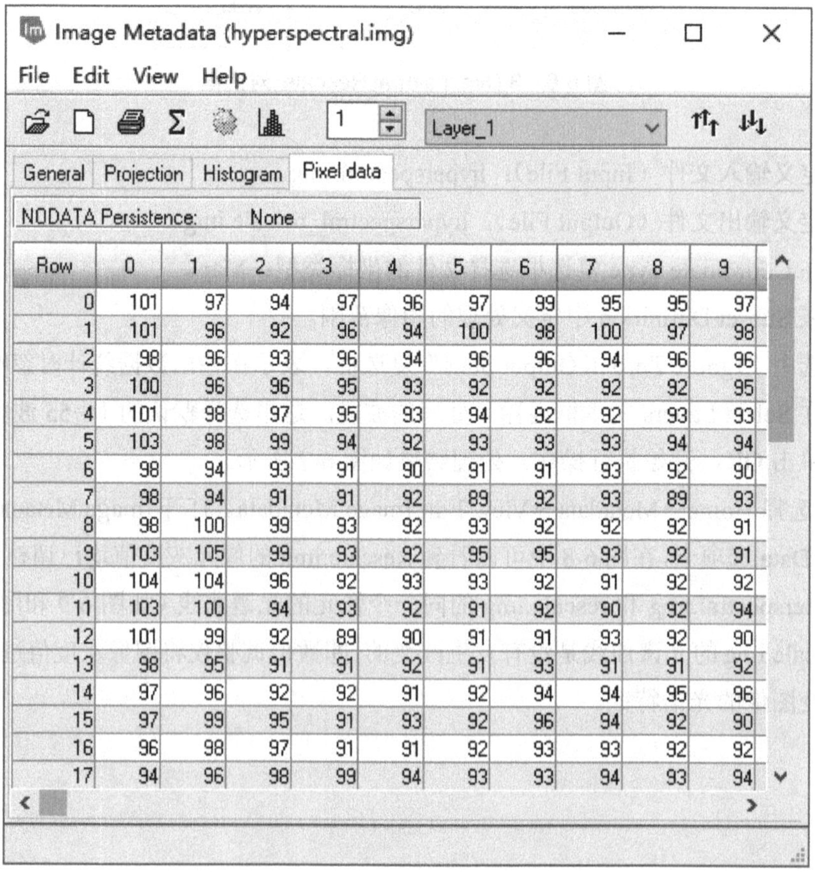

图 6-8　Rescale.img 的信息表

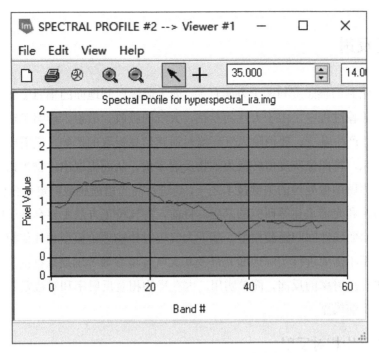

图 6-9　hyperspectral.img 像元光谱曲线

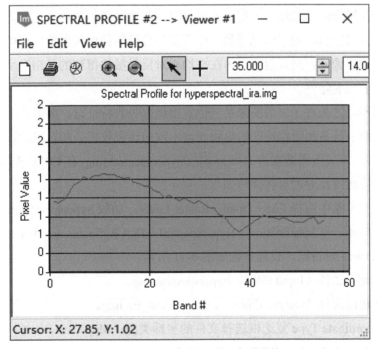

图 6-10　rescale.img 像元光谱曲线

6.3 相对反射

传感器接收到的辐照度与两个方面有关，即太阳辐射到地面的辐照度和地物的光谱反照率。在辐射传输过程中，由于大气的存在，大气的吸收、散射，影响了辐射达到传感器的辐照度，从而产生畸变。要消除大气环境对遥感信息提取的影响，就需要找出大气与地物反射率的关系，将图像灰度值转换为地物反射率值，从而提取出地物光谱反射率。大气校正是高光谱遥感图像处理的关键技术之一，是进行高光谱遥感数据定量分析、特征提取、辐射比图像转换和光谱重建等研究的基础。目前，大气校正方法主要有基于图像特征的定标模型、基于地面线性回归经验模型、基于大气辐射传输理论模型和其他模型。基于图像特征的定标模型不需要进行实际地面光谱及其大气环境参数等辅助数据的测量，仅利用图像数据本身进行反射率的反演，简单实用。内在平均相对反射率和对数残差都是基于图像特征的反射率反演模型。

6.3.1 内在平均相对反射

内在平均相对反射（Internal Average Relative Reflectance）是基于图像特征模型的定标模型，首先计算每个波段的像元平均光谱值，得到整幅图像的平均参考光谱，再用每个像元的光谱值除以对应波段的平均光谱值，作为每个像元的相对反射值。这样原始图像的像元灰度值就变成了像元相对反射值。内在平均相对反射虽然得到的是相对反射率，但也能够反映出地物的反射特性。

该方法的不足之处在于，当图像某些位置出现强吸收特征时，参考光谱会受其影响而偏低，导致其他不具备此吸收特征的地物光谱出现与该吸收特征相对应的假反射峰，使计算结果出现误差。本节所用数据为 D/examples/hyperspectral.img，在 ERDAS IMAGINE 2015 中进行内在平均相对反射的具体操作如下：

（1）视窗菜单条中选择 File→Open→Raster Layer，加载 hyperspectral.img。

（2）选择 Raster→Classification→Hyperspectral→IRA Reflectance，打开 Internal Average Relative Reflectance 对话框，设置参数如图 6-11 所示。

（3）定义输入文件（Input File）：hyperspectral.img。

（4）定义输出文件（Output File）：hyperspectral_ira.img。

（5）在 Coordinate Type 复选框选择文件的坐标类型：Map。

（6）在 Subset Definition 中定义处理的图像范围。

（7）选择 Ignore Zero in Output Stats，图像输出时忽略零值。

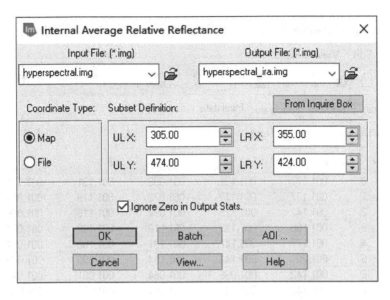

图 6-11 Internal Average Relative Reflectance 对话框

（8）单击 OK，开始执行 Internal Average Relative Reflectance 操作。处理结果如图 6-12
所示。图 6-13 显示了原 hyperspectral.img 图像经过内在平均相对反射功能后，消除了大气
影响，其灰度值已转变为相对反射率。这种方法在没有植被覆盖的干旱区域能得到非常好
的结果。

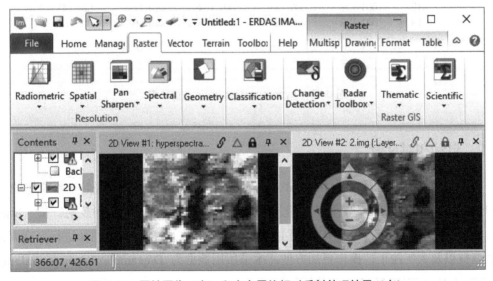

图 6-12 原始图像（左）和内在平均相对反射处理结果（右）

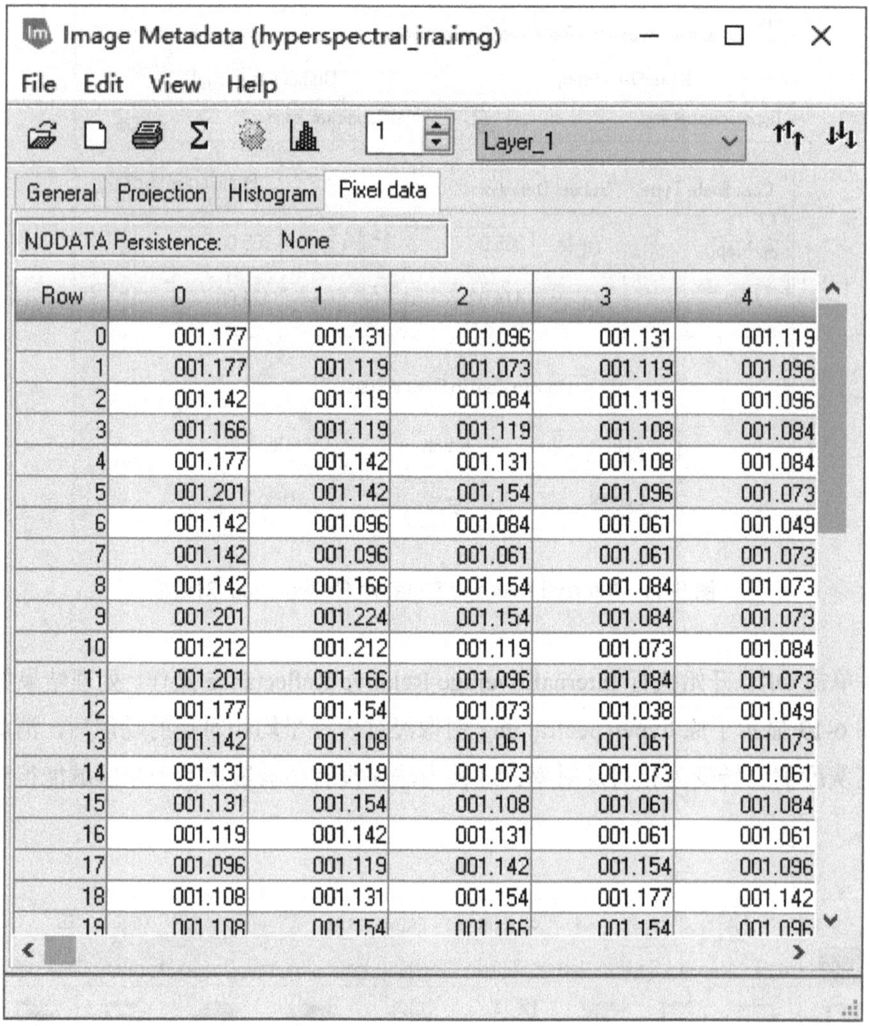

图 6-13 hyperspectral_ira.img 信息表

6.3.2 自动相对反射

自动相对反射（Automatic Internal Average Relative Reflectance）是将 3 个常用的高光谱图像增强功能集成在一起，即归一化处理、数值调整和内在平均相对反射。每一步的算法与子功能一样，这使得用户不再分别执行每一个功能，一次即可对图像进行亮度调整、数值调整以及大气校正，操作更加方便。本节所用数据为 D/examples/hyperspectral.img，在 ERDAS IMAGINE 2015 中具体操作如下：

（1）视窗菜单条中选择 File→Open→Raster Layer，加载 hyperspectral.img。

（2）选择 Raster→Classification→Hyperspectral→Automatic Relative Reflectance，打开

Automatic Internal Average Relative Reflectance 对话框，设置参数如图 6-14 所示。

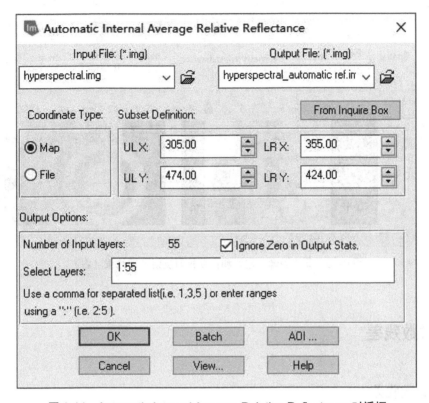

图 6-14 Automatic Internal Average Relative Reflectance 对话框

（3）定义输入文件（Input File）：hyperspectral.img。

（4）定义输出文件（Output File）：hyperspectral_automatic ref.img。

（5）在 Coordinate Type 复选框选择文件的坐标类型：Map。

（6）在 Subset Definition 中定义处理的图像范围。

（7）选择 Ignore Zero in Output Stats，图像输出时忽略零值。

（8）在 Select Layers 文本框内输入处理的波段，这里选择默认的 1～55 波段。

（9）单击 OK，开始执行 Automatic Internal Average Relative Reflectance 操作，处理结果如图 6-15 所示。

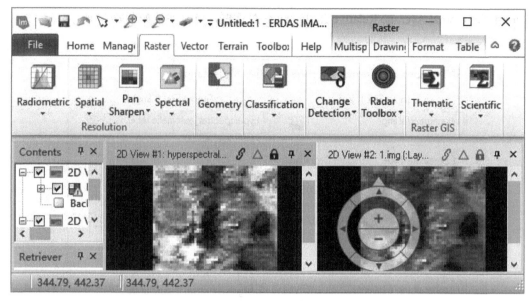

图 6-15   原始图像（左）和自动相对反射处理结果（右）

6.4   对数残差

6.4.1   对数残差

对数残差（Log Residuals）是由 Gree 和 Graig 等提出的一种基于图像特征的反射率反演模型，得到地物反射率的对数形式。该功能对太阳辐射衰减、大气影响以及地形的影响有一定的校正作用。本节所用数据为 D/examples/hyperspectral.img，在 ERDAS IMAGINE 2015 中具体操作如下：

（1）视窗菜单条中选择 File→Open→Raster Layer，加载 hyperspectral.img。

（2）选择 Raster→Classification→Hyperspectral→Log Residuals，打开 Log Residuals 对话框，设置参数如图 6-16 所示。

（3）定义输入文件（Input File）：hyperspectral.img。

（4）定义输出文件（Output File）：hyperspectral_log.img。

（5）在 Coordinate Type 复选框选择文件的坐标类型：Map。

（6）在 Subset Definition 中定义处理的图像范围。

（7）选择 Ignore Zero in Output Stats，图像输出时忽略零值。

（8）在 Select Layers 文本框内输入处理的波段，这里选择默认的 1～55 波段。

（9）单击 OK，开始执行 Log Residuals 操作，处理结果如图 6-17 所示。

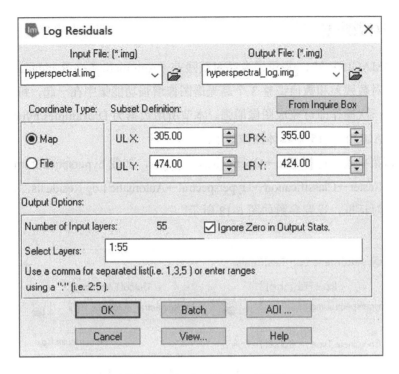

图 6-16 Log Residuals 对话框

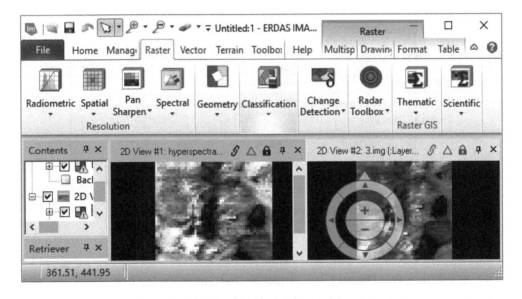

图 6-17 原始图像（左）和对数残差处理结果（右）

6.4.2 自动对数残差

ERDAS IMAGINE 2015 提供了自动对数残差（Automatic Log Residuals）功能。它将归一化处理、对数残差和数值调整 3 个高光谱图像增强功能集中在一起，每一步的算法与子功能一起，一次操作即可完成图像增强。本节所用数据为 D/examples/hyperspectral.img，在 ERDAS IMAGINE 2015 中具体操作如下：

（1）视窗菜单条中选择 File→Open→Raster Layer，加载 hyperspectral.img。

（2）选择 Raster→Classification→Hyperspectral→Automatic Log Residuals，打开 Automatic Log Residuals 对话框，设置参数如图 6-18 所示。

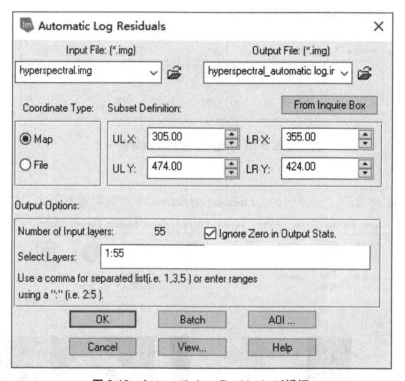

图 6-18　Automatic Log Residuals 对话框

（3）定义输入文件（Input File）：hyperspectral.img。

（4）定义输出文件（Output File）：hyperspectral_automatic log.img。

（5）在 Coordinate Type 复选框选择文件的坐标类型：Map。

（6）在 Subset Definition 中定义处理的图像范围。

（7）选择 Ignore Zero in Output Stats，图像输出时忽略零值。

（8）在 Select Layers 文本框内输入处理的波段，这里选择默认的 1～55 波段。

（9）单击 OK，开始对图像的处理，处理结果如图 6-19 所示。

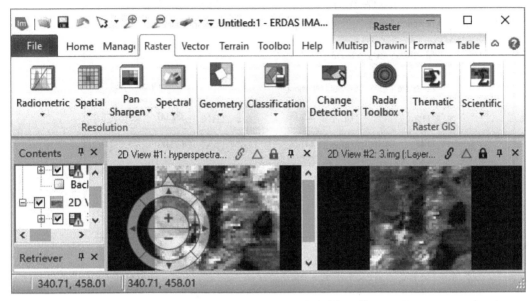

图 6-19　原始图像（左）和自动对数残差处理结果（右）

6.5　均值

6.5.1　光谱均值

光谱均值（Spectrum Average）计算的是每一个波段的像元集的平均光谱值。光谱均值常用来作为遥感影像分类的统计量，也可以保存到光谱库中，用作后续的比较分析。参与计算的像元集在空间上可以是不连续的，并且没有像元数量的限制。处理后的图像每一个波段只有一个数值，即该波段参与计算像元的均值。本节所用数据为 D/examples/hyperspectral.img，在 ERDAS IMAGINE 2015 中具体操作如下：

（1）视窗菜单条中选择 File→Open→Raster Layer，加载 hyperspectral.img。

（2）选择 Raster→Classification→Hyperspectral→Spectrum Average，打开 Spectrum Average 对话框，设置参数如图 6-20 所示。

（3）定义输入文件（Input File）：hyperspectral.img。

（4）定义输出文件（Output File）：hyperspectral_spectrum.img。

（5）在 Coordinate Type 复选框选择文件的坐标类型：Map。

（6）在 Subset Definition 中定义处理的图像范围。

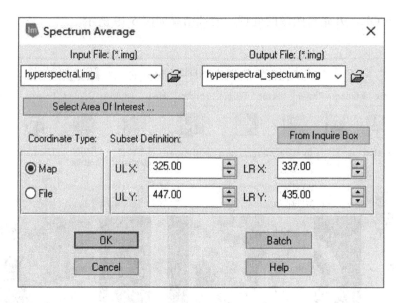

图 6-20　Spectrum Average 对话框

（7）计算光谱均值时，必须使用 AOI（Area of Interest）来选择像元集范围，这里有 3 种方法：

①在 Spectrum Average 对话框，单击 Select Area of Interest，打开 Choose AOI 对话框，选择"AOI File"，可以指定一个已有的 AOI 文件作为处理范围。

②在 Viewer 视窗中，利用 AOI 选择工具，选定处理范围，单击 Spectrum Average 对话框中的 Select Area of Interest，打开 Choose AOI 对话框，选中 Viewer 复选框。

③在图像上右键单击，出现 Inquire Box 命令（如图 6-21），用查询框选定像元集，再单击 Spectrum Average 对话框中的 From Inquire Box，像元集的坐标即显示在 Subset Definition 文本框中。然后单击 Select Area of Interest，打开 Choose AOI 对话框（如图 6-22），选中 Viewer 复选框。此例选择第 3 种方法。

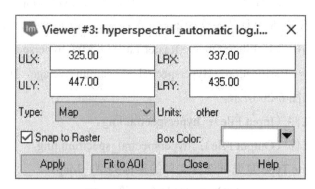

图 6-21　Inquire Box 显示框

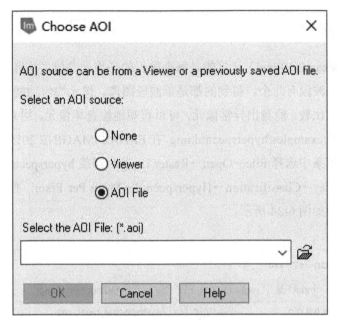

图 6-22 Choose AOI 对话框

（8）单击 OK，开始对图像的处理，处理结果如图 6-23 所示。

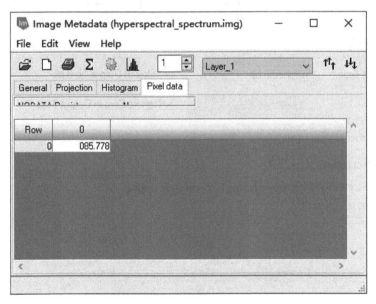

图 6-23 光谱均值处理结果

6.5.2 像元均值

像元均值（Mean Per Pixel）计算的是每个像元的平均光谱值，并将计算结果值调整到 0～255。无论输入波段有几个，得到的都是单波段图像。像元均值功能可以根据像元与周围像元集的亮度值比较，检测出异常像元，可以直观地检查坏像元，用来评价传感器性能。本节所用数据为 D/examples/hyperspectral.img，在 ERDAS IMAGINE 2015 中具体操作如下：

（1）视窗菜单条中选择 File→Open→Raster Layer，加载 hyperspectral.img。

（2）选择 Raster→Classification→Hyperspectral→Mean Per Pixel，打开 Mean Per Pixel 对话框，设置参数如图 6-24 所示。

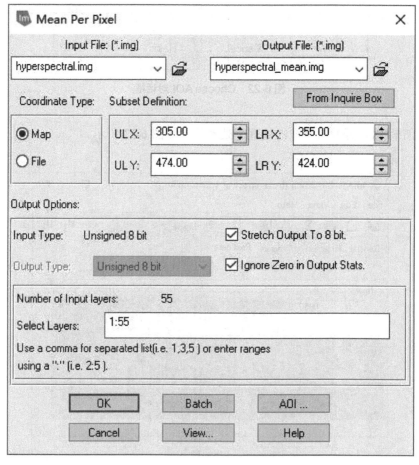

图 6-24　Mean Per Pixel 对话框

（3）定义输入文件（Input File）：hyperspectral.img。

（4）定义输出文件（Output File）：hyperspectral_mean.img。

（5）在 Coordinate Type 复选框选择文件的坐标类型：Map。

（6）在 Subset Definition 中定义处理的图像范围。

（7）在 Output Type 下拉菜单中可以选择输出的数据类型。

（8）选中"Stretch Output To 8 bit"复选框，表示将输出图像的像元量化级调整到 8 bit，即像元值拉伸至 0～255。

（9）选中"Ignore Zero in Output Stats"复选框，图像输出时忽略零值。

（10）在 Select Layers 文本框内输入处理的波段，这里选择默认的 1～55 波段。

（11）单击 OK，开始对图像的处理，处理结果如图 6-25 所示。

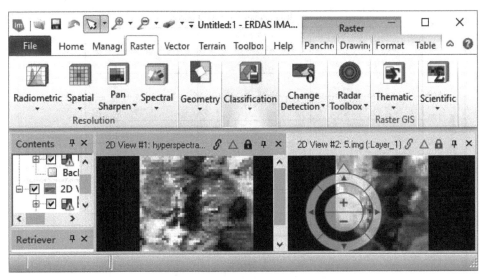

图 6-25　原始图像（左）和像元均值处理结果（右）

6.6　光谱剖面

剖面曲线通常用平面坐标曲线表示，以波长为横坐标，反射率为纵坐标，它可以直观地反映地物反射率随波长变化的特征，为地物识别、影像信息提取提供依据，是遥感图像分析的基础。ERDAS 主要提供了 3 个剖面工具，即光谱剖面（Spectral Profile）、空间剖面（Spatial Profile）和三维空间剖面（Surface Profile）。

6.6.1　光谱剖面曲线

光谱剖面曲线是分析高光谱数据的基础，随着遥感光谱数据量的增加和光谱分辨率的提高，出现了可见光/近红外成像光谱仪，每个波段在一个像元内的反射值（DN）都可以绘制出一条相应的剖面曲线，有助于估计像元内地物的化学组成。本节所用数据为 D/examples/hyperspectral.img，在 ERDAS IMAGINE 2015 中具体操作如下：

（1）视窗菜单条中选择 File→Open→Raster Layer，加载 hyperspectral.img。

（2）选择 Multispectral→Utilities→Spectral Profile→Spectral Profile，打开 SPECTRAL PROFILE 对话框（如图 6-26）。

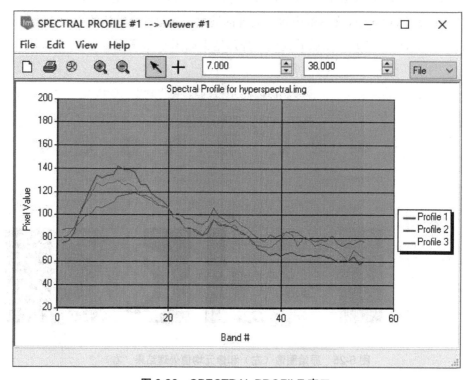

图 6-26　SPECTRAL PROFILE 窗口

（3）在 SPECTRAL PROFILE 工具条中点击 ✚ 图标；在视窗图像中选择像元并点击给定一点；自动生成该像元的光谱剖面曲线。

（4）重复步骤（3），在视窗中选择确定另外两个像元，即可在 SPECTRAL PROFILE 视窗中自动绘制 3 条光谱剖面曲线。

生成的光谱剖面曲线可通过 Edit 菜单做进一步的编辑与设置，如编辑图例、坐标轴及增加绘制统计曲线等操作；此外，还可显示与光谱曲线对应的灰度值、从光谱库中调用光谱曲线，还可将生成的光谱曲线打印输出或保存为数据文件（*.sif）与图像文件（*.ovr）。

①在 SPECTRAL PROFILE 视窗菜单条中点击 View。

②点击 Tabular Data 和 Spec View，分别打开 Profile Tabular Data 表（显示像元灰度值）和 Spec View 对话框（显示光谱曲线库）。

6.6.2　空间剖面曲线

空间剖面曲线反映沿用户定义的曲线上的像元对应的反射值，可以是二维的（单波段），也可以是三维透视图（多个波段）。

（1）在视窗菜单条中点击 File→Open→Raster Layer，加载 hyperspectral.img。

（2）选择 Multispectral→Utilities→Spectral Profile→Spatial Profile，打开 Message 对话框（如图 6-27）。

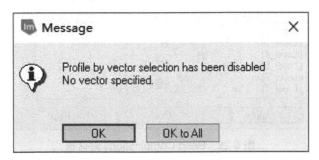

图 6-27　Message 对话框

（3）单击 OK，打开 SPATIAL PROFILE 对话框（如图 6-28）。

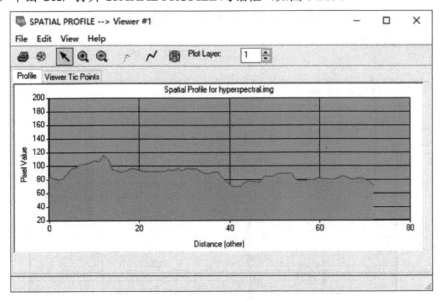

图 6-28　SPATIAL PROFILE 视窗

（4）在 SPATIAL PROFILE 工具条中点击 ∿ 图标，在视窗图像中任意定义一条曲线（或直线），则可在 SPATIAL PROFILE 视窗中自动生成沿该曲线的空间剖面曲线。

在 SPATIAL PROFILE 视窗中可以同时显示多个波段空间剖面：

（1）在 SPATIAL PROFILE 视窗菜单条中点击 Edit。

（2）单击 Plot layers，打开 Band Combinations 对话框。

（3）在 Band Combinations 对话框中的 Layer 栏中选定波段，然后单击 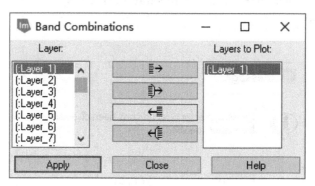 图标，添加到 Layers to Plot 栏中（如图 6-29）。

图 6-29　Band Combinations 对话框

（4）单击 Apply，在 SPATIAL PROFILE 对话框中显示增加的波段空间剖面。

（5）单击 Close，关闭 Band Combinations 对话框。

类似对光谱剖面曲线的编辑，也可对空间剖面曲线进行各种编辑操作，并打印和保存。处理结果如图 6-30 所示。

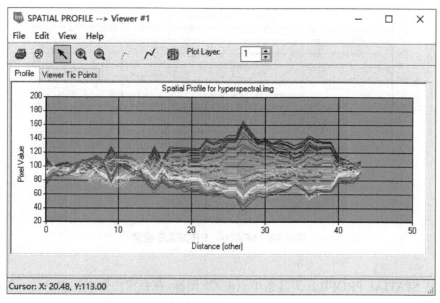

图 6-30　空间剖面曲线结果

6.6.3　三维空间剖面

三维空间剖面可以显示任一波段或任一空间数据集的反射值空间起伏状况。

（1）视窗菜单条中选择 File→Open→Raster Layer，加载 hyperspectral.img。

（2）选择 Multispectral→Utilities→Spectral Profile→Surface Profile，打开 SURFACE PROFILE 对话框（如图 6-31）。

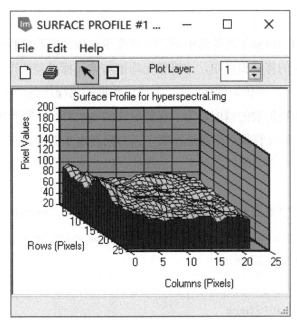

图 6-31　SURFACE PROFILE 视窗

（3）在 SURFACE PROFILE 工具条中单击 ▢ 图标，在视窗图像中任意定义一个矩形（Box），则在 SURFACE PROFILE 视窗中自动生成沿该区域的三维空间剖面（如图 6-31 中所示为第 6 波段的空间剖面）。

对于已经生成的三维空间剖面，可以通过调整 3 个坐标轴属性和叠加图像的方法优化显示。

调整 3 个坐标轴属性：

①在 SURFACE PROFILE 视窗菜单条中单击 Edit。

②单击 Chart Options，打开 Chart Options 对话框。

③在 Chart Options 对话框中分别设置 General/X Axis/Y Axis/Z Axis 属性。

④单击 Apply。

⑤单击 Close。

调整叠加图像：

①SURFACE PROFILE 在视窗菜单条中单击 Edit。

②单击 Overlay Thematic（灰级/真彩色），打开 Overlay Thematic on Surface 对话框。

③在 Overlay Thematic on Surface 对话框中确定图像文件并选择波段组合。

最后，单击 OK。

6.7　信噪比

信噪比（Signal to Noise）功能常用来评价图像单波段的可利用程度及其有效性。它是对每一个波段在 3×3 的移动窗口中，计算像元均值与像元标准差的比值，将该值作为窗口中心像元的信噪比值。在评价影像质量时，各通道数据的信噪比是一个非常重要的评价量。噪声的大小决定了地物识别的精度，为了探测地物的吸收特征，噪声等级应该比吸收深度小一个数量级左右，但仅有噪声信息还不够，因为同样水平的噪声在信号弱时对数据质量的影响要比信号强大时大，所以必须考虑信噪比。以此来判断哪些波段不适于后续分析而剔除掉该波段。

（1）视窗菜单条中单击 File→Open→Raster Layer，加载 hyperspectral.img。

（2）选择 Raster→Classification→Hyperspectral→Signal to Noise，打开 Signal To Noise 对话框，设置参数如图 6-32 所示。

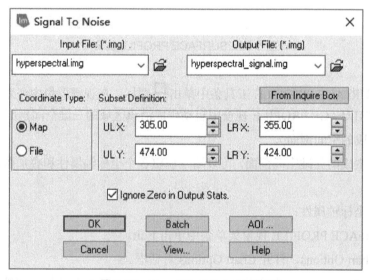

图 6-32　Signal To Noise 对话框

（3）定义输入文件（Input File）：hyperspectral.img。

（4）定义输出文件（Output File）：hyperspectral_signal.img。

（5）在 Coordinate Type 复选框中选择文件的坐标类型：Map。

（6）在 Subset Definition 中定义处理的图像范围。

（7）选择 Ignore Zero in Output Stats，图像输出时忽略零值。

（8）单击 OK，开始图像处理，处理结果如图 6-33 所示。

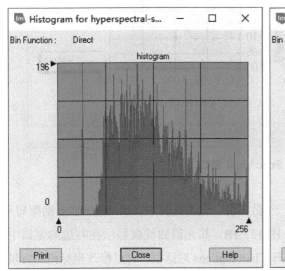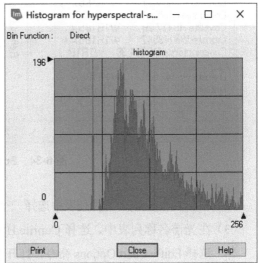

图 6-33 波段 1 的信噪比（左）和波段 9 的信噪比（右）

图中亮度大的像元信噪比大，亮度小的像元信噪比小。相比较而言，波段 1 的信噪比小于波段 9 的信噪比，也就是说，波段 1 的数据质量比波段 9 高。

6.8 光谱库

光谱数据库（Spectral Library）提供了 3 个光谱库：美国喷气推进实验室（JPL）、美国地质勘探局（USGS）和 ERDAS 自己建立的地物光谱库，包括大量地物特别是矿物的特征谱线。由于这些实验室光谱是在控制的光照条件下测得的，且不受大气影响，因此通常认为它们是较精确的。

用户可以将自己的研究结果与光谱库中的光谱曲线进行比较、匹配，以判断目标地物的化学成分，也可以将其当作图像分类中的输入模板，用户还可以根据需要建立自己的光谱数据库。

（1）在 ERDAS 主窗口中，选择 Raster→Classification→Hyperspectral→Spectral Library，

打开 Spec View 对话框，设置参数如图 6-34 所示。

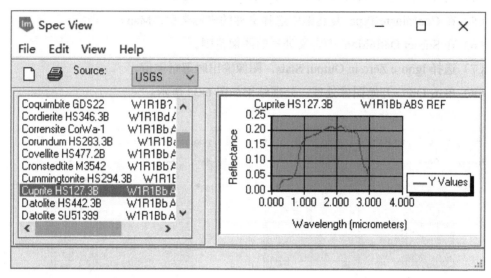

图 6-34　Spec View 窗口

（2）在工具栏 Source 下拉列表中选择一个数据源，这里选择 USGS（美国地质勘探局）。

（3）在光谱名称列表中，选择 Cuprite HS127.3B，其光谱曲线就显示在右边的窗口中。

（4）选择 Edit→Chart Options 命令，打开 Chart Options 对话框，可以修改坐标轴和背景。

（5）选择 Edit→Chart Legend 命令，打开 Chart Legend 对话框，可以编辑图例。

（6）选择 View→Tabular 工具，打开 Tabular Data 表格，可以浏览光谱数据。

思考题：

1. 什么是高光谱遥感？

2. 高光谱图像有哪些特点？

3. 简述高光谱遥感图像处理的技术特点与难点。

4. 高光谱图像处理的主要方法有哪些？

5. 光谱剖面有哪几种？

第7章 图像分析

本章主要内容：

- 地理信息系统分析
- 地形分析
- 实用分析

  遥感数字图像分析是遥感数字图像计算机解译的重要组成部分，主要是对图像进行各种空间分析，对像元之间或专题分类之间的空间关系进行处理，使处理后的图像能够更好地表达其专题信息。其目的是根据图像所包含的光谱信息、空间信息、多时相信息和辅助数据确定地面物、景中对应的物体类别、性质及其变化，如农作物类别、林区林种、农林虫害、洪泛区面积、矿山岩性、土壤成分和城镇变迁等。图像分析主要包括地理信息系统分析、地形分析以及实用分析等。其中地理信息系统分析中的邻域分析是针对分类专题图像，采用类似于卷积滤波的方法对图像分类值进行多种分析；查找分析是对输入的分类专题图像或矢量图形进行邻近分析，产生一个新的输出栅格文件；指标分析是将两个输入分类专题图像或矢量地图数据，按照用户定义的权重因子进行相加，产生一个新的综合图像文件；叠加分析是根据两个输入分类专题图像文件或矢量图形文件数据的最小值或最大值，产生一个新的综合图像文件；归纳分析可以根据两个输入分类专题图像产生一个双向统计表格，内容包括每个类型区域（Zone）内所有类型（Class）的像元数量及其面积、百分比等统计值，可用于一定区域内多种专题数据相互关系的栅格叠加统计分析。地形分析中的坡度分析、坡向分析是以数字高程模型（Digital Elevation Model，DEM）数据生成坡度、坡向图的过程，要求 DEM 图像必须具有投影地理坐标，且高程数据及其单位已知；高程分带是按照自定义的分级表对 DEM 数据或其他图像数据进行分带，每个分带中数据间隔相等；地形阴影是以 DEM 数据为基础，在一定光照条件下生成地形阴影图像的过程；地形校正是应用朗伯体反射模型消除地形对遥感图像影响的过程；栅格等高线是依据 DEM 产生栅格等高线的过程。

实验目的：

1. 理解和掌握遥感数字图像的一般分析方法。
2. 掌握遥感数字图像的地形分析方法。
3. 掌握遥感数字图像的实用分析方法。

7.1   地理信息系统分析

7.1.1   邻域分析

针对分类专题图像，采用类似于卷积滤波的方法对图像分类值（Class Value）进行多种分析，每个像元的值都参与用户定义的邻域范围和分析函数所进行的分析，而邻域中心像元的值将被分析结果取代（如图 7-1）。系统所提供的邻域范围大小有 3×3、5×5、7×7 三种，而邻域的形状可以在矩形的基础上任意修改。系统所提供的分析函数有 8 种：总和 Sum（邻域范围内的像元值之和）、多样性 Diversity（不同数值的像元个数）、密度 Density（与窗口中心像元有相同数值的像元个数）、多数 Majority（邻域范围内出现最多的像元值，类似低通滤波器，滤去"椒盐"噪声）、少数 Minority（邻域范围内出现最少的像元值，可识别断开的线性物体）、最大值 Max、最小值 Min、排序值 Rank（小于窗口中心像元值的像元个数）和平均值 Mean。此外，对于所定义的邻域范围和分析函数还可以进一步确定其应用范围，包括输入图像中参与分析的数值范围（3 种选择）和输出图像中应用邻域分析结果的数值范围（3 种选择）。本节所用数据为 D/examples/Inlandc.img，在 ERDAS IMAGINE 2015 中进行邻域分析的具体操作如下：

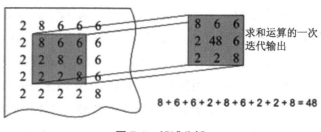

图 7-1   邻域分析

（1）选择 Raster→Thematic→Neighborhood，打开 Neighborhood Functions 对话框，设置参数如图 7-2 所示。

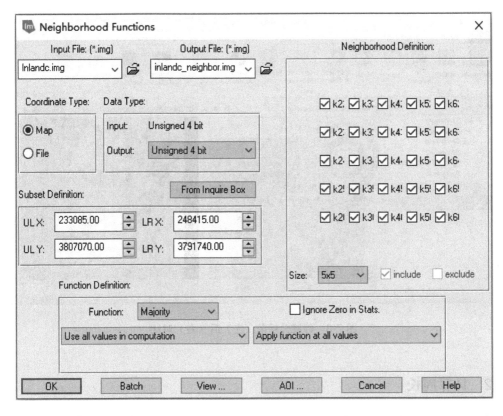

图 7-2 Neighborhood Functions 对话框

（2）确定输入文件（Input File）：Inlandc.img。

（3）定义输出文件（Output File）：inlandc_neighbor.img。

（4）文件坐标类型（Coordinate Type）：Map。

（5）处理范围确定（Subset Definition）：在 UL X/Y、LR X/Y 微调框中输入需要的数值（默认状态为整个图像范围，可以应用 Inquire Box 定义子区）。

（6）输出数据类型（Output Data Type）：Unsigned 4 bit。

（7）定义领域窗口大小（Size）：5×5。

（8）定义分析函数的算法（Function）：Majority。

（9）定义分析函数的应用范围：Use all values in computation/Apply function at all values。

（10）单击 OK，关闭 Neighborhood Functions 对话框，执行邻域分析处理，处理结果如图 7-3 所示。

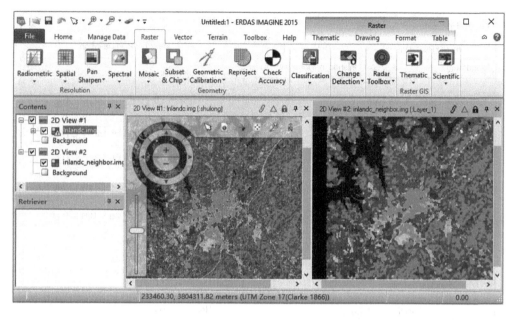

图 7-3　邻域分析前（左）后（右）对比

7.1.2　计算周长

周长计算功能仅能对做过聚类统计（Clump）处理的专题图像进行每个类组周长的计算。本节所用数据为 D:/examples/Inclump.img，在 ERDAS IMAGINE 2015 中执行计算周长的具体操作如下：

（1）选择 Raster→Thematic→Perimeter，打开 Perimeter 对话框，设置参数如图 7-4 所示。

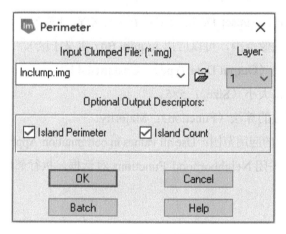

图 7-4　Perimeter 对话框

（2）确定输入文件（Input File）：Inclump.img。

（3）选择 Clump 数据层（Layer）：1（多个 Clump 层中选 1）。

（4）定义输出描述参数：计算岛状多边形周长的总和：Island Perimeter；计算每个 Clump 类组中岛状多边形数量：Island Count。

（5）单击 OK，关闭 Perimeter 对话框，执行计算周长操作。

7.1.3　查找分析

查找分析类似于 GIS 中的邻近（Proximity）分析，可以对输入的分类专题图像或矢量图形进行邻近分析（如图 7-5），产生一个新的输出栅格文件，输出像元的属性值取决于其位置与用户选择专题类型像元的接近程度和用户定义的接近距离，输出文件中用户所选择专题类型的属性值重新编码为 0，其他相邻区域属性值取决于它们与所选择专题类型像元的欧氏距离。本节所用数据为 D/examples/Inlandc.img，在 ERDAS IMAGINE 2015 中执行查找分析的具体操作如下：

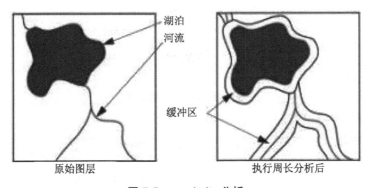

图 7-5　proximity 分析

（1）选择 Raster→Thematic→Search，打开 Search 对话框，设置参数如图 7-6 所示。

（2）确定输入文件（Input File）：Inlandc.img。

（3）定义输出文件（Output File）：inlandc_search.img。

（4）重编码设置（Setup Recode）：打开重编码表格进行编码。

（5）确定查找分析类型（Classes）：4（重编码后的类型编码）。

（6）定义查询距离（Distance to search）：20（像元个数）。

（7）文件坐标类型（Coordinate Type）：Map。

（8）处理范围确定（Subset Definition）：在 UL X/Y、LR X/Y 微调框中输入需要的数值（默认状态为整个图像范围，可以应用 Inquire Box 定义子区）。

（9）单击 OK，关闭 Search 对话框，执行查找分析，处理结果如图 7-7 所示。

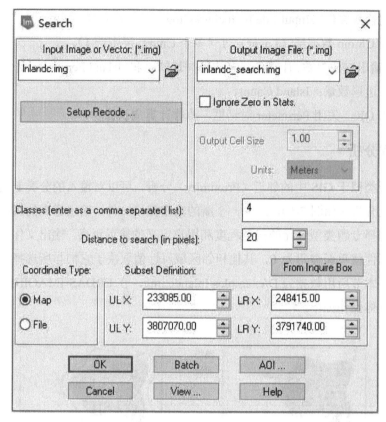

图 7-6　Search 对话框

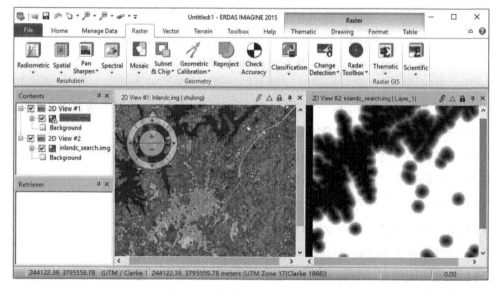

图 7-7　查找分析前（左）后（右）对比

7.1.4　指标分析

指标分析是将两个输入分类专题图像或矢量地图数据，按照用户定义的权重因子（Weighting Factor）进行相加，产生一个新的综合图像文件（如图 7-8）。

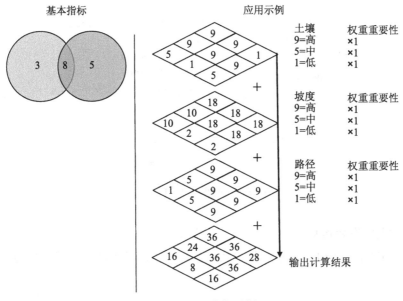

图 7-8　指标分析

本节将坡度分类专题图 Inslope.img 与土壤分类专题图像 Insoils.img，分别按照权重因子 5 和 10 进行相加。本节所用数据为 D/examples/Inslope.img 和 Insoils.img，在 ERDAS IMAGINE 2015 中执行指标分析的具体操作如下：

（1）选择 Raster→Thematic→Index by Weighted Sum，打开 Index 对话框，设置参数如图 7-9 所示。

（2）确定第一个输入文件（Image or Vector File #1）：Inslope.img。

（3）重编码设置（Setup Recode）：打开重编码表格进行编码。

（4）确定权重因子（Weighting Factor）：5.00。

（5）确定第二个输入文件（Image or Vector File #2）：Insoils.img。

（6）重编码设置（Setup Recode）：打开重编码表格进行编码。

（7）确定权重因子（Weighting Factor）：10.00。

（8）定义输出文件（Output File）：inslop_soils.img。

（9）输出数据类型（Output Data Type）：Unsigned 8 bit。

（10）输出数据统计时忽略零值，选中 Ignore Zero in Stats 复选框。

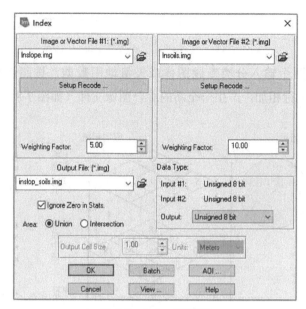

图 7-9　Index 对话框

（11）设置两幅图像运算规则：Union（并集）。

（12）单击 OK，关闭 Index 对话框，执行指标分析。处理结果如图 7-10 所示。

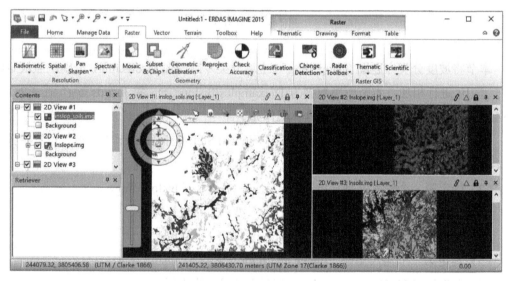

图 7-10　指标分析结果

7.1.5　叠置分析

叠置分析是根据两个输入分类专题图像文件或矢量图形文件数据的最小值或最大值，

产生一个新的综合图像文件，系统所提供的叠加选择项允许用户提前对数据进行处理，可以根据需要掩膜剔除一定的数值（如图 7-11）。本节所用数据为 D/examples/Inlandc.img 和 Input.img，在 ERDAS IMAGINE 2015 中执行叠置分析的具体操作如下：

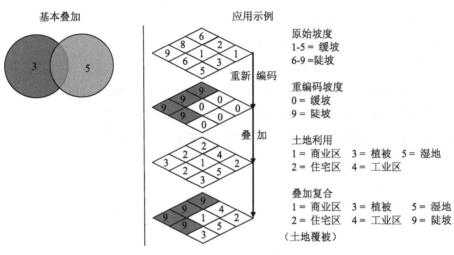

图 7-11 叠置分析

（1）选择 Raster→Thematic→Overlay by Min or Max，打开 Overlay 对话框，设置参数如图 7-12 所示。

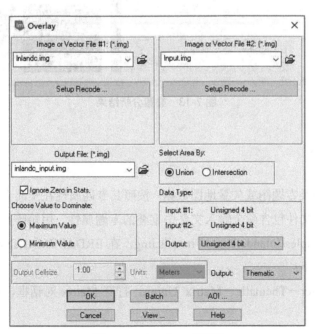

图 7-12 Overlay 对话框

（2）确定第一个输入文件（Image or Vector File #1）：Inlandc.img。

（3）重编码设置（Setup Recode）：打开重编码表格进行编码。

（4）确定第二个输入文件（Image or Vector File #2）：Input.img。

（5）重编码设置（Setup Recode）：打开重编码表格进行编码。

（6）定义输出文件（Output File）：inlandc_input.img。

（7）输出数据类型（Output Data Type）：Unsigned 4 bit。

（8）设置两幅图像运算规则：Union（并集）。

（9）选择输出图像取值（Choose Value to Dominate）：Maximum Value。

（10）输出数据统计时忽略零值，选中 Ignore Zero in Stats 复选框。

（11）单击 OK，关闭 Overlay 对话框，执行叠置分析，处理结果如图 7-13 所示。

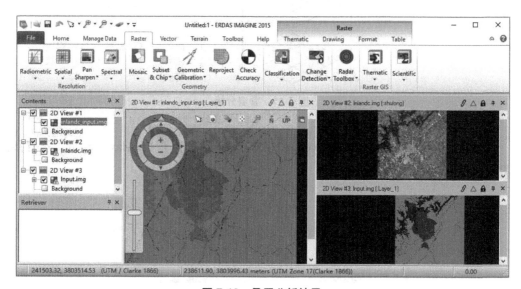

图 7-13　叠置分析结果

7.1.6　矩阵分析

将两个输入分类专题图或矢量地图数据，按照其专题属性在空间上的重叠性产生一个新的图像文件，新文件包含两个输入文件中重叠的专题属性，用矩阵描述最为形象。本节所用数据为 D/examples/Inlandc.img 和 Insoils.img，在 ERDAS IMAGINE 2015 中执行矩阵分析的具体操作如下：

（1）选择 Raster→Thematic→Matrix Union，打开 Matrix 对话框，设置参数如图 7-14 所示。

图 7-14 Matrix 对话框

（2）确定第一个输入文件（ThematicImage/Vector #1）：Inlandc.img。

（3）重编码设置（Setup Recode）：打开重编码表格进行编码。

（4）确定第二个输入文件（Thematic Image/Vector #2）：Insoils.img。

（5）重编码设置（Setup Recode）：打开重编码表格进行编码。

（6）定义输出文件（Output File）：inlandc_soils.img。

（7）输出数据类型（Output Data Type）：Unsigned 16 bit。

（8）设置两幅图像运算规则：Union（并集）。

（9）单击 OK，关闭 Matrix 对话框，执行矩阵分析，处理结果如图 7-15 所示。

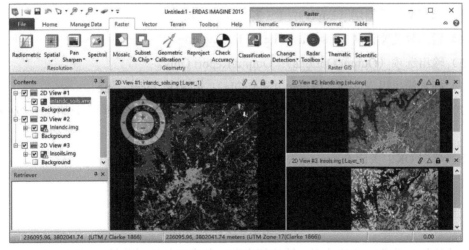

图 7-15 矩阵分析结果

7.1.7 归纳分析

根据两个输入分类专题产生一个双向统计表格（Cross-tabulation 输出报告），内容包括每个类型区域（zone）内所有类型（class）的像元数量及其面积、百分比等统计值，可用于一定区域内多种专题数据相互关系的栅格叠加统计分析。也可选择交互式的统计表格（Interactive CellArray）作为输出结果。本节所用数据为 D/examples/Inlandc.img 和 Inslope.img，在 ERDAS IMAGINE 2015 中执行归纳分析的具体操作如下：

（1）选择 Raster→Thematic→Summary Report of Matrix，打开 Summary 对话框，设置参数如图 7-16 所示。

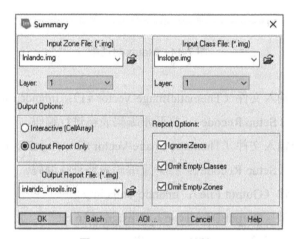

图 7-16　Summary 对话框

（2）确定输入分区文件（Input Zone File）：Inlandc.img。

（3）选择文件数据层（Layer）：1（多层任选一层）。

（4）输入分类文件（Input Class File）：Inslope.img。

（5）输出选项（Output Options）：Output Report Only。

（6）确定输出报告文件（Output Repot File）：inlandc_insoils.img。

（7）输出报告选项（Report Options）：共 3 个选项：忽略分级零值/忽略空分级/省略空分级。

（8）单击 OK，关闭 Summary 对话框，执行归纳分析。

7.2　地形分析

遥感影像承载着丰富的地形、地物等方面的信息，是地学分析应用领域不可或缺的信息源。地形分析就是指在点、线、面高程基础上，对各种地形因素进行分析，并对图像进行地形校正。各种操作都是以 DEM 为基础的。地形分析在交通可行性、路径选择、非点源污染、商业选址、可视性分析等方面应用很广。

7.2.1　三维地形表面

三维地形表面工具允许用户在不规则空间点的基础上产生三维地形表面，所支持的输入数据类型包括：美国信息交换标准代码（ASCII 码）的点文件、ArcGIS 的 Coverage 点文件和线文件、ERDAS 的注记数据层以及栅格图像文件（IMG）。所有输入数据都必须具有 X、Y、Z 值，三维地形表面工具所应用的是 TIN（不规则三角网）插值方法，输出一个连续的栅格图像文件，每一个已知 Z 值的空间点在输出的地形表面上保持 Z 值不变，而没有 Z 值的空间点，其输出表面的 Z 值是基于其周围的已知点插值计算获得的。在三维地形表面工具中提供了两种 TIN 插值方法：线性插值与非线性插值。线性插值是利用一次多项式方程进行计算，输出的 TIN 三角面是一些有棱角的平面；非线性插值应用五次多项式方程进行计算，输出的是平滑的表面。本节所用数据为 D/examples/Inpts.dat，在 ERDAS IMAGINE 2015 中执行三维地形表面处理的具体操作如下：

（1）定义地形表面参数

①选择 Terrain→Terrain Prep Tool→Surfacing Tool，打开 3D Surfacing 对话框。

②单击 图标，打开 Input Data 对话框，设置参数如图 7-17 所示。

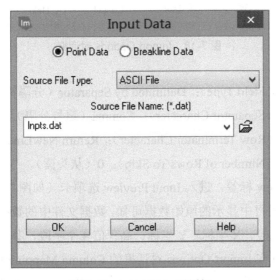

图 7-17　Input Data 对话框

③选择数据源文件类型（Source File Name）：ASCII File。

④选择数据源文件名称：Inpts.dat。

⑤单击 OK，打开 Import Options 对话框。

⑥在 Field Definition 选项卡中，设置参数如图 7-18 所示。

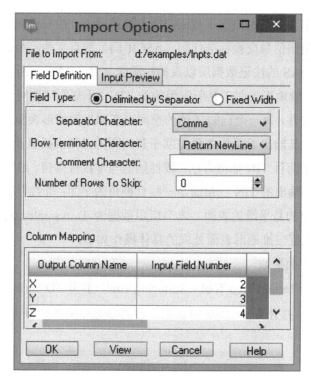

图 7-18　Import Options 对话框

a. 选择字段类型（Field Type）：Delimited by Separator（分隔符分隔）。

b. 选择分隔字符（Separator Character）：Comma（逗号分隔）。

c. 每行结束字符（Row Terminator Character）：Return NewLine（DOS）。

d. 确定跳过几行（Number of Rows To Skip）：0（从头读）。

⑦单击 Input Preview 标签，进入 Input Preview 选项卡（如图 7-19）。

从 Input Preview 栏目中显示的原始数据可知，数据文件中的数据记录方式是一行一个点，每一行数据包括点号、X 坐标、Y 坐标、高程值 4 个字段，其中点号在此处读入数据时不需要，因此，必须在 Import Options 对话框的 Column Mapping 栏中确定 X、Y、Z 与数据文件中字段的对应关系（Output Column Name）：X、Y、Z 对应 Input Field Number：2、3、4。

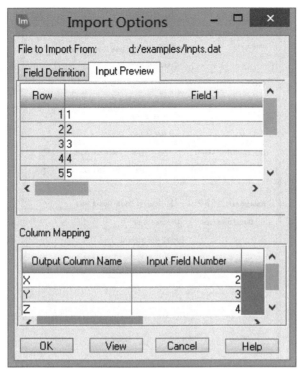

图 7-19　Import Options 对话框

⑧单击 OK，关闭 Import Options 对话框，数据读入 3D Surfacing CellArray 中。

需要的话可以将读入的数据保存为 ERDAS 的 Annotation Layer（.ovr）或 ArcGIS 的点 Coverage：

①在 3D Surfacing 对话框工具条中单击 File→Save As，打开 Save As 对话框。

②输出文件类型：Point Coverage。

③定义输出文件名：testpoint。

④确定输出文件中的高程字段：ELEVATION。

⑤确定输出数据精度：Single。

⑥单击 OK。

（2）生成三维地形表面

①在 3D Surfacing 对话框工具条中单击 图标，打开 Surfacing 对话框，设置参数如图 7-20 所示。

②定义输出文件（Output File）：surface.img。

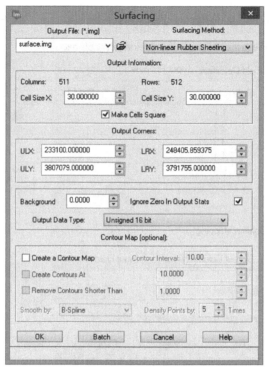

图 7-20　Surfacing 对话框

③选择表面插值方法（Surfacing Method）：Non-linear Rubber Sheeting。

④输出像元大小（Cell Size）：X：30，Y：30。

⑤输出像元形状：Make Cells Square。

⑥背景值（Background）：0。

⑦输出数据类型：Unsigned 16 bit。

⑧单击 OK，关闭 Read Points 对话框，执行生成三维地形表面，处理结果如图 7-21 所示。

图 7-21　三维地形表面分析结果

7.2.2　坡度分析

坡度分析的前提是 DEM 图像必须具有投影地理坐标，而且其中高程数据及其单位是已知的。如果 DEM 图像中平面坐标为经纬度（角度），而高程坐标为距离单位，则坡度分析将无法进行。原理：

令 $\Delta x_1 = c - a$ ，$\Delta x_2 = f - d$ ，$\Delta x_3 = i - g$ ，$\Delta y_1 = a - g$ ，$\Delta y_2 = b - h$ ，$\Delta y_3 = c - i$ ，$\Delta x = (\Delta x_1 + \Delta x_2 + \Delta x_3) / 3 \times x_s$ ，$\Delta y = (\Delta y_1 + \Delta y_2 + \Delta y_3) / 3 \times y_s$ （x_s、y_s 为像元大小），则坡度 $s = \dfrac{\sqrt{(\Delta x)^2 + (\Delta y)^2}}{2}$ 。用百分比表示：如果 $s \leqslant 1$，percent slope=$100 \times s$，如果 $s > 1$，percent slope=$200 - 100/s$。用度表示：$s = \tan^{-1}(s) \times \dfrac{180}{\pi}$ （如图 7-22）。

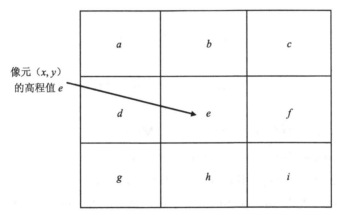

$a, b, c, d, e, f, g, h, i$ 是 3×3 窗口周围像素的高程

图 7-22　坡度分析算法

本节所用数据为 D/examples/demmerge_sub.img，在 ERDAS IMAGINE 2015 中执行坡度分析的具体操作如下：

（1）选择 Terrain→Slope，打开 Surface Slope 对话框，设置参数如图 7-23 所示。

（2）输入 DEM（Input DEM File）：demmerge_sub.img。

（3）定义输出文件（Output File）：demmerge_slope.img。

（4）文件坐标类型（Coordinate Type）：Map。

（5）处理范围确定（Subset Definition）：在 UL X/Y、LR X/Y 微调框中输入需要的数值（默认状态为整个图像范围，可以应用 Inquire Box 定义窗口）。

（6）选择 DEM 层（Select DEM Layer）：1。

图 7-23　Surface Slope 对话框

（7）选择高程数据单位（Elevation Units）：Meters。

（8）选择输出坡度单位（Output units）：Degree。

（9）输出数据类型（Output Data Type）：Unsigned 8 bit。

（10）单击 OK，关闭 Surface Slope 对话框，执行坡度分析操作，处理结果如图 7-24 所示。

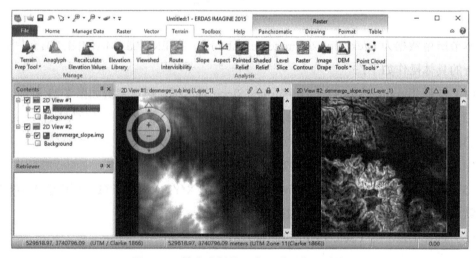

图 7-24　坡度分析前（左）后（右）对比

7.2.3　坡向分析

输出图像有两种类型：连续色调（Continuous）和专题图像（Thematic），前者是系统缺省状态，后者可以进一步作重编码处理。原理：

令 $\Delta x_1 = c - a$，$\Delta x_2 = f - d$，$\Delta x_3 = i - g$，$\Delta y_1 = a - g$，$\Delta y_2 = b - h$，$\Delta y_3 = c - i$，$\Delta x = (\Delta x_1 + \Delta x_2 + \Delta x_3)/3$，$\Delta y = (\Delta y_1 + \Delta y_2 + \Delta y_3)/3$，如果 $\Delta x = 0$、$\Delta y = 0$，则坡向为平（记为 361），否则，令 $\theta = \tan^{-1}\left(\dfrac{\Delta x}{\Delta y}\right)$（$\theta$ 是弧度），则坡度=180+θ（转换为度）。

本节所用数据为 D/examples/demmerge_sub.img，在 ERDAS IMAGINE 2015 中执行坡向分析的具体操作如下：

（1）选择 Terrain→Aspect，打开 Surface Aspect 对话框，设置参数如图 7-25 所示。

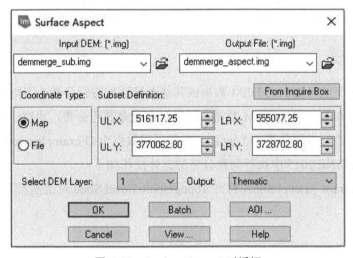

图 7-25　Surface Aspect 对话框

（2）输入 DEM（Input DEM）：demmerge_sub.img。

（3）定义输出文件（Output File）：demmerge_aspect.img。

（4）文件坐标类型（Coordinate Type）：Map。

（5）处理范围确定（Subset Definition）：在 UL X/Y、LR X/Y 微调框中输入需要的数值（默认状态为整个图像范围，可以应用 Inquire Box 定义窗口）。

（6）选择 DEM 层（Select DEM Layer）：1。

（7）输出图像类型（Output）：Thematic。

（8）单击 OK，关闭 Surface Aspect 对话框，执行坡向分析操作，处理结果如图 7-26 所示。

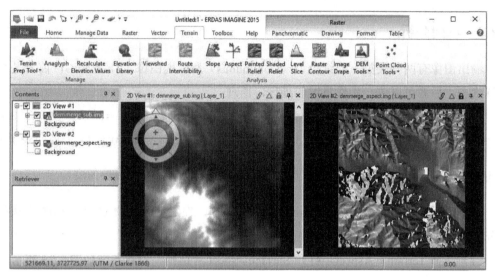

图 7-26 坡向分析前（左）后（右）对比

7.2.4 高程分带

按照用户定义的分级表对 DEM 数据或其他图像数据进行分带（分类或分级），每个分带中的数据间隔相等。对于 DEM 数据，这种处理就是高程分带，而对于其他遥感图像，这种处理相当于进行专题分类（或分级）。本节所用数据为 D/examples/demmerge_sub.img，在 ERDAS IMAGINE 2015 中执行高程分带的具体操作如下：

（1）选择 Terrain→Level Slice，打开 Topographic Level Slice 对话框，设置参数如图 7-27 所示。

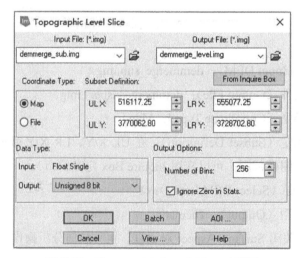

图 7-27 Topographic Level Slice 对话框

（2）输入文件（Input File）：demmerge_sub.img。

（3）定义输出文件（Output File）：demmerge_level.img。

（4）文件坐标类型（Coordinate Type）：Map。

（5）处理范围确定（Subset Definition）：在 UL X/Y、LR X/Y 微调框中输入需要的数值（默认状态为整个图像范围，可以应用 Inquire Box 定义窗口）。

（6）输出数据类型（Output Data Type）：Unsigned 8 bit。

（7）确定分带数量（Number of Bins）：256。

（8）输出数据统计时忽略零值，选中 Ignore Zero in Stats 复选框。

（9）单击 OK，关闭 Topographic Level Slice 对话框，执行高程分带操作，处理结果如图 7-28 所示。

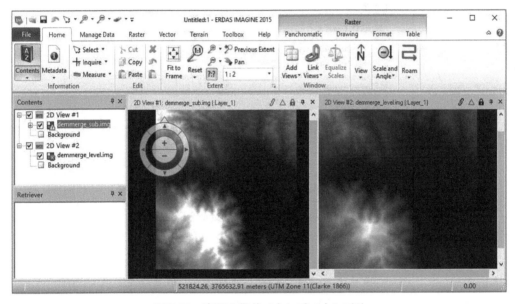

图 7-28　高程分带前（左）后（右）对比

7.2.5　山形阴影处理

山形阴影处理是以 DEM 栅格数据为基础，在一定的光照条件下生成地形阴影图像（地势图）。如果需要在地形阴影图上叠加其他图像数据层，可以确定叠加图像，产生具有地形阴影的影像图（如图 7-29）。本节所用数据为 D/examples/eldodem.img 和 eldoatm.img，在 ERDAS IMAGINE 2015 中执行山形阴影处理的具体操作如下：

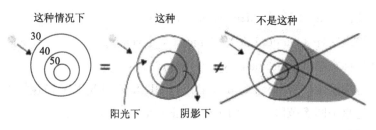

图 7-29　山形阴影

（1）选择 Terrain→Shaded Relief，打开 Shaded Relief 对话框，设置参数如图 7-30 所示。

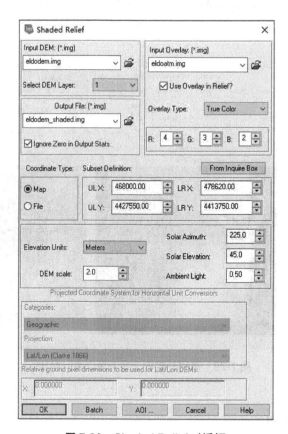

图 7-30　Shaded Relief 对话框

（2）输入 DEM（Input DEM）：eldodem.img。

（3）定义输出文件（Output File）：eldodem_shaded.img。

（4）文件坐标类型（Coordinate Type）：Map。

（5）处理范围确定（Subset Definition）：在 UL X/Y、LR X/Y 微调框中输入需要的数值（默认状态为整个图像范围，可以应用 Inquire Box 定义窗口）。

（6）确定在地形阴影上叠加图像：Use Overlay in Relief。

（7）确定叠加图像文件（Input Overlay）：eldoatm.img。

（8）选择叠加类型（Overlay Type）：True Color（Gray Scale/Pseudocolor）。

（9）选择叠加颜色：R：4/G：3/B：2。

（10）输出高程数据单位：Meters。

（11）确定垂直放大比例（DEM scale）：2.0。

（12）确定太阳方位角（Solar Azimuth）：225（西南方向）。

（13）确定太阳高度角（Solar Elevation）：45（与地平面夹角）。

（14）环境亮度因子（Ambient Light）：0.5（影响对比度）。

（15）输出数据统计时忽略零值，选中 Ignore Zero in Output Stats 复选框。

（16）单击 OK，关闭 Shaded Relief 对话框，执行山形阴影处理操作，处理结果如图 7-31 所示。

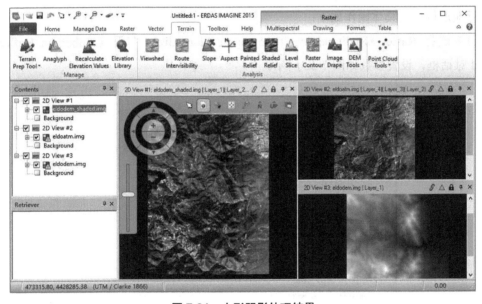

图 7-31　山形阴影处理结果

7.2.6　地形校正

应用朗伯体（Lambertian）或非朗伯体（Non-Lambertian）反射模型来消除地形对遥感图像的影响。由于地形坡度、坡向和太阳高度角、方位角的共同影响，遥感图像特征会发生畸变，在拥有 DEM 数据和图像获取时的太阳高度角、方位角的前提下，对遥感图像进行地形校正处理，可以部分消除地形影响。地形校正功能要求 DEM 图像必须具有投影地理坐标。太阳高度角和方位角参数信息通常包含在图像的头文件（header）中，可以在图像分发商那里获得。原理：

（1）Lambertian 反射模型：

$$BV_{normal\lambda} = BV_{observed\lambda} / \cos i$$

式中，$BV_{normal\lambda}$ 是校正后的像元灰度值；$BV_{observed\lambda}$ 是输入的观测到的像元灰度值；i 是入射角，$\cos i = \cos(90 - \theta_s)\cos\theta_n + \sin(90 - \theta_s)\sin\theta_n \cos(\Phi_s - \Phi_n)$；$\theta_s$ 是太阳高度角；θ_n 是像元的坡度，Φ_s 是太阳方位角，Φ_n 是像元的坡向。

（2）Non-Lambertian 反射模型：

$$BV_{normal\lambda} = (BV_{observed\lambda} \cos e) / (\cos^k i \cos^k e)$$

式中，e 是反射角（或坡度角）；k 是来自 Minnaert 常数的经验值（假定地面状况相同，作线性回归的斜率即为 k）。

$$\log(BV_{normal\lambda} \cos e) = \log BV_{normal\lambda} + k\log(\cos i \cos e)$$

本节所用数据为 D/examples/eldodem.img 和 eldoatm.img，在 ERDAS IMAGINE 2015 中执行地形校正的具体操作如下：

（1）选择 Raster→Radiometric→Topographic Normalize，打开 Lambertian Reflection Model 对话框，设置参数如图 7-32 所示。

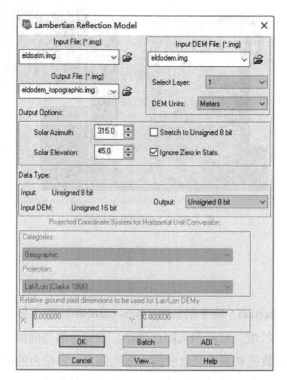

图 7-32　Lambertian Reflection Model 对话框

（2）输入文件（Input File）：eldoatm.img。

（3）输入 DEM（Input DEM File）：eldodem.img。

（4）定义输出文件（Output File）：eldodem_topographic.img。

（5）选择 DEM 数据层（Select Layer）：1。

（6）选择高程数据单位（DEM Units）：Meters。

（7）确定太阳方位角（Solar Azimuth）：315.0。

（8）确定太阳高度角（Solar Elevation）：45.0。

（9）输出数据类型（Output Data Type）：Unsigned 8 bit。

（10）输出数据统计时忽略零值，选中 Ignore Zero in Stats 复选框。

（11）单击 OK，关闭 Lambertian Reflection Model 对话框，执行地形校正操作，处理结果如图 7-33 所示。

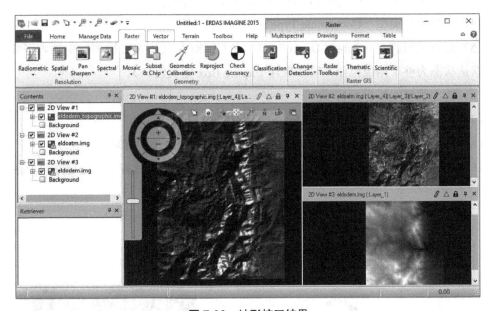

图 7-33　地形校正结果

7.2.7　栅格等高线

以 DEM 栅格数据为基础产生栅格等高线图。推而广之，如果输入图像是温度模型，可以产生等温线；如果是数字环境模型，可以产生环境等值线等。本节所用数据为 D/examples/eldodem.img，在 ERDAS IMAGINE 2015 中执行栅格等高线处理的具体操作如下：

（1）选择 Terrain→Raster Contour，打开 Raster Contour 对话框，设置参数如图 7-34 所示。

（2）输入文件（Input File）：eldodem.img。

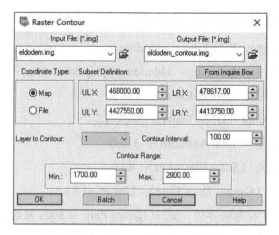

图 7-34　Raster Contour 对话框

（3）定义输出文件（Output File）：eldodem_contour.img。

（4）文件坐标类型（Coordinate Type）：Map。

（5）处理范围确定（Subset Definition）：在 UL X/Y、LR X/Y 微调框中输入需要的数值（默认状态为整个图像范围，可以应用 Inquire Box 定义窗口）。

（6）输出等值线层数：1。

（7）确定等值线间隔（Contour Interval）：100。

（8）等高线高程范围（Contour Range）：Min：1700/Max：2800。

（9）点击 OK，关闭 Raster Contour 对话框，执行栅格等高线操作，处理结果如图 7-35 所示。

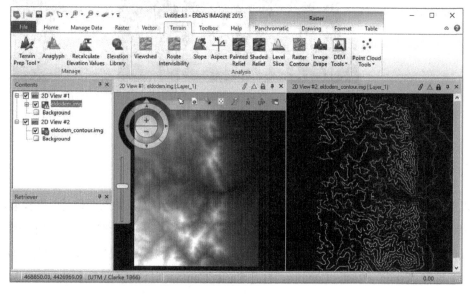

图 7-35　栅格等高线处理前（左）后（右）对比

7.2.8 浮雕生成

浮雕生成的基本方法是对三维几何模型在某给定视觉方向的深度值进行压缩来获得浮雕。主要是从图像的灰度与视觉的映射关系出发，从图像中提取灰度信息，并转化为深度值，从而生成一幅模拟浮雕三维图，以更利于解译。本节所用数据为 D/examples/eldodem.img 和 eldoatm.img，在 ERDAS IMAGINE 2015 中执行浮雕生成的具体操作如下：

（1）选择 Terrain→Anaglyph，打开 Anaglyph Generation 对话框，设置参数如图 7-36 所示。

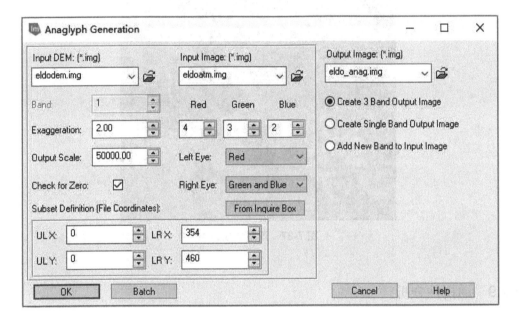

图 7-36 Anaglyph Generation 对话框

（2）输入文件（Input Image）：eldoatm.img。

（3）输入 DEM（Input DEM）：eldodem.img。

（4）定义输出文件（Output Image）：eldo_anag.img。

（5）输出垂直放大比例（Exaggeration）：2.00。

（6）输出比例（Output Scale）：50000.00。

（7）确定输出波段：Red：4/Green：3/Blue：2。

（8）确定左眼的色镜（Left Eye）：Red。

（9）确定右眼的色镜（Right Eye）：Green and Blue。

（10）输出选项：Create 3 Band Output Image。

（11）单击 OK，关闭 Anaglyph Generation 对话框，执行浮雕生成操作，处理结果如图 7-37 所示。

图 7-37　浮雕生成结果

7.2.9　通视性分析

通视性分析是通过确定 DEM 中观察者的位置，计算出在这一地势下的视域。常用于规划瞭望塔或通信塔的位置与高度，也可用来确定广播信号覆盖面积大小。本节所用数据为 D/examples/ eldodem.img 和 eldoatm.img，在 ERDAS IMAGINE 2015 中执行通视性分析的具体操作如下：

（1）添加栅格图像，在同一个视窗中打开 DEM 图像 eldodem.img（下层）与原始图像 eldoatm.img（上层）。

（2）启动 Image Drape 视窗，设置分级细节。

①选择 Terrain→Image Drape，打开 Image Drape Viewer 视窗。

②在 Image Drape Viewer 视窗菜单条中单击 View。

③单击 LOD Control，打开 Level Of Detail 对话框，设置参数如图 7-38 所示。

④在 DEM LOD（%）栏输入 100。

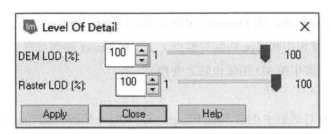

图 7-38　Level Of Detail 对话框

⑤在 Raster LOD（%）栏输入 100。

⑥单击 Apply，点击 Close，关闭 Level Of Detail 对话框。

（3）启动视域分析工具

①选择 Terrain→Viewshed，打开 Viewshed #0 linked to Viewer #1 对话框。

②单击包含 eldodem.img 和 eldoatm.img 的视窗，打开 Viewshed #0 linked to Viewer #1 对话框，观测点自动设置在视窗的中心，设置参数如图 7-39 所示。

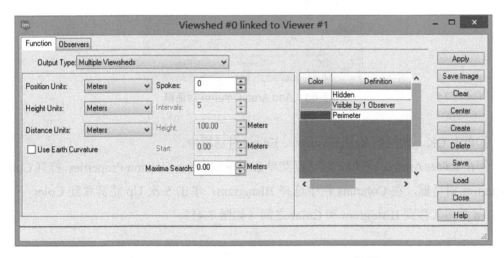

图 7-39　Viewshed #0 linked to Viewer #1 对话框

③在 Viewshed 对话框 Function 栏设置输出类型（Output Type）：Multiple Viewsheds。

④单击 Observers 标签，在 Observers 栏中的 X 字段中输入 471950.88，Y 字段中输入 4421011.47，按回车键。

⑤单击 Apply，Viewshed 层产生并显示在视窗中。

⑥在 Viewshed 对话框中单击 Create，添加第二个观察点，在 Observers 栏中 X 字段中输入 472474.65，Y 字段中输入 4419343.08，按回车键。

⑦单击 Apply，Viewshed 层产生并显示在视窗中。

⑧单击 Function 标签，在 Function 中查看视域图例 legend。

⑨鼠标左键在视窗中将 Eye 移到观察点 1 上，将 Target 移到观察点 2 上，在这个过程中，Image Drape 视窗中的 3D 图像也随之变换。

（4）保存视域

①在 Viewshed 对话框中单击 Save Image，打开 Save Viewshed Image 对话框。

②在 Save Viewshed Image 对话框中定义保存文件：vs_tour.img。

③单击 OK，关闭 Save Viewshed Image 对话框，并保存文件。

（5）视域分析

①选择 File→View→View Raster Attributes，打开 Raster Attribute Editor 对话框。

②点击 Edit→Add Area Column，打开 Add Area Column 对话框，在 Add Area Column 对话框中的 Units 栏中选择 acres（如图 7-40）。

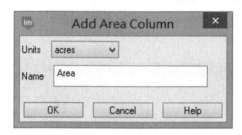

图 7-40   Add Area Column 对话框

③单击 OK，返回到 Raster Attribute Editor 对话框中。

④在 Raster Attribute Editor 对话框菜单条中单击 Edit→Column Properties，打开 Column Properties 对话框，在 Columns 栏中选择 Histogram，单击 5 次 Up 将其移到 Color 下，选择 Area 并将其移到 Histogram 和 Color 之间（如图 7-41）。

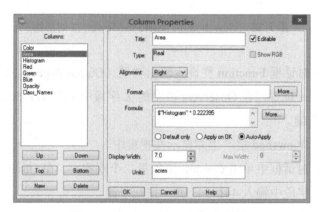

图 7-41   Column Properties 对话框

⑤单击 OK，返回到 Raster Attribute Editor 对话框中。

⑥在 Raster Attribute Editor 对话框菜单条中点击 File→Save。

⑦在 Viewer 中点击一块面积，则 Raster Attribute Editor 中相应出现其类别。

7.3　实用分析

7.3.1　变化检测

根据两个时期的遥感图像来计算其差异，系统根据用户所定义的阈值来标明重点变化区域，并输出两个分析结果图像，一是图像变化文件，二是主要变化区域文件。本节所用数据为 D/examples/atl_spotp_87.img 和 atl_spotp_92.img，在 ERDAS IMAGINE 2015 中执行变化检测的具体操作如下：

（1）选择 Raster→Change Detection Group→Zonal Change Detection Express→Image Difference，打开 Change Detection 对话框，设置参数如图 7-42 所示。

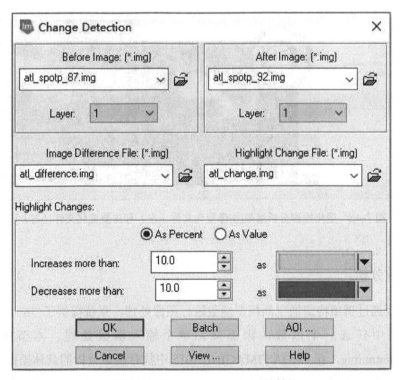

图 7-42　Change Detection 对话框

（2）确定变化前图像（Before Image）：atl_spotp_87.img。

（3）选择图像层（Layer）：1。

（4）确定变化后图像（After Image）：atl_spotp_92.img。

（5）选择图像层（Layer）：1。

（6）定义图像变化文件（Image Difference File）：atl_difference.img。

（7）定义主要变化文件（Highlight Change File）：atl_change.img。

（8）选择主要变化指标：

①增加数量与颜色：10.0 as Green；

②减少数量与颜色：10.0 as Red。

（9）单击 OK，关闭 Change Detection 对话框，执行变化检测，结果如图 7-43 所示。

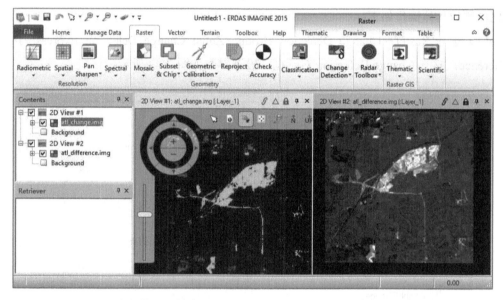

图 7-43　变化检测分析结果[图像变化文件（左）和主要变化文件（右）]

7.3.2　函数分析

函数分析通过调用特定的空间模型函数进行图像处理。系统提供了 36 个各类函数，每次处理从中任选一个函数，因而又称单个输入函数处理。本节所用数据为 D/examples/dmtm.img，在 ERDAS IMAGINE 2015 中执行函数分析的具体操作如下：

（1）选择 Raster→Scientific→Functions，打开 Single Input Functions 对话框，设置参数如图 7-44 所示。

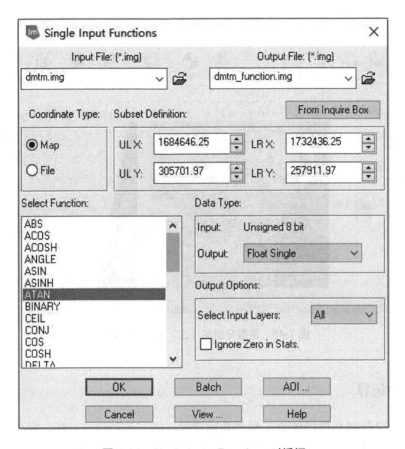

图 7-44　Single Input Functions 对话框

（2）确定输入文件（Input File）：dmtm.img。

（3）定义输出文件（Output File）：dmtm_function.img。

（4）文件坐标类型（Coordinate Type）：Map。

（5）处理范围确定（Subset Definition）：在 UL X/Y、LR X/Y 微调框中输入需要的数值（默认状态为整个图像范围，可以应用 Inquire Box 定义子区）。

（6）选择处理函数（Select Function）：ATAN（反正切函数）。

（7）确定输出数据类型（Data Type）：Float Single。

（8）选择图像数据层（Select Input Layers）：All。

（9）点击 OK，关闭 Single Input Functions 对话框，执行函数分析操作，结果如图 7-45 所示。

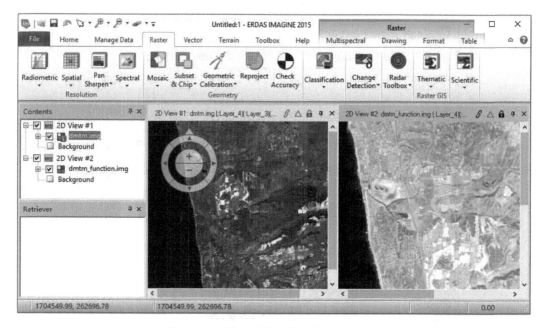

图 7-45　函数分析前（左）后（右）对比

7.3.3　代数运算

代数运算是按照系统提供的 6 种代数运算符（＋、一、×、÷、幂、模），对两幅图像进行简单的运算处理。图像的代数运算是图像增强的重要手段，如加法运算可以有效地减少图像的加性随机噪声；减法运算可以用于动态监测、运动目标检测与跟踪、图像背景消除及目标识别等；除法运算可去除地形坡度和方向引起的同物异谱现象。本节所用数据为 D/examples/lanier.img 和 lndem.img，在 ERDAS IMAGINE 2015 中执行代数运算的具体操作如下：

（1）选择 Raster→Scientific→Functions，打开 Two Input Operators 对话框，设置参数如图 7-46 所示。

（2）确定输入第一幅图像（Input File #1）：lanier.img。

（3）选择图像数据层（Layer）：All。

（4）确定输入第二幅图像（Input File #2）：lndem.img。

（5）选择图像数据层（Layer）：All。

（6）定义输出图像（Output File）：lanier_dem.img。

（7）选择代数运算类型（Operator）：＋。

（8）确定代数运算规则（Select Area By）：Union。

（9）确定输出数据类型（Output）：Float Single。

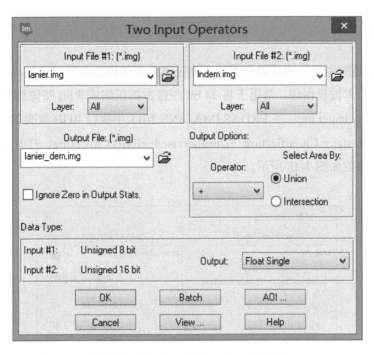

图 7-46 Two Input Operators 对话框

（10）单击 **OK**，关闭 Two Input Operators 对话框，执行代数运算操作，结果如图 7-47 所示。

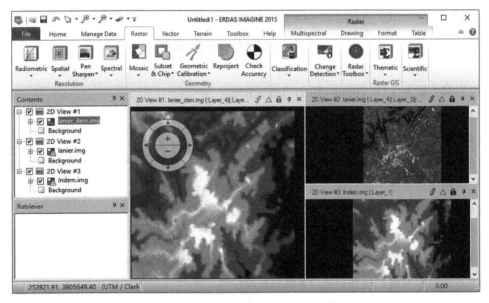

图 7-47 代数运算结果

7.3.4　RGB 聚类

RGB 聚类是应用简单的数据分类和压缩技术对图像进行非监督分类，或将 RGB 3 个波段图像压缩为单波段图像，常用于将 24 bit 图像数据压缩成 8 bit 图像数据。本节所用数据为 D/examples/ lanier.img，在 ERDAS IMAGINE 2015 中执行 RGB 聚类的具体操作如下：

（1）选择 Raster→Classification→Unsupervised→RGB Clustering，打开 RGB Clustering 对话框，设置参数如图 7-48 所示。

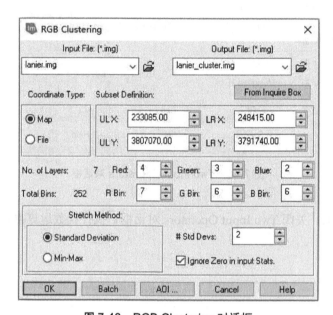

图 7-48　RGB Clustering 对话框

（2）确定输入文件（Input File）：lanier.img。

（3）定义输出文件（Output File）：lanier_cluster.img。

（4）文件坐标类型（Coordinate Type）：Map。

（5）处理范围确定（Subset Definition）：在 UL X/Y、LR X/Y 微调框中输入需要的数值（默认状态为整个图像范围，可以应用 Inquire Box 定义子区）。

（6）确定 RGB 三波段：Red：4/Green：3/Blue：2。

（7）确定 RGB 聚类数：R Bin：6/G Bin：6/B Bin：6。

（8）选择数据拉伸方法（Stretch Method）：Standard Deviation。

（9）确定标准偏差拉伸倍数（# Std Devs）：2。

（10）单击 OK，关闭 RGB Clustering 对话框，执行 RGB 聚类操作，结果如图 7-49 所示。

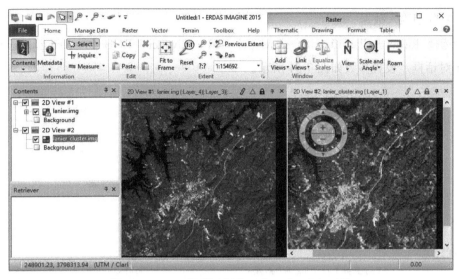

图 7-49　RGB 聚类分析前（左）后（右）对比

7.3.5　高级 RGB 聚类

　　高级 RGB 聚类与 7.3.4 节所述的 RGB 聚类不同之处在于高级 RGB 聚类首先依据 RGB 3 个输入波段绘制 3D 特征空间图，并应用 3D 格网将特征空间分割成若干类组（Cluster），然后，依据用户所定义的最小聚类阈值确定输出分类（如图 7-50）。本节所用数据为 D/examples/lanier.img，在 ERDAS IMAGINE 2015 中执行高级 RGB 聚类的具体操作如下：

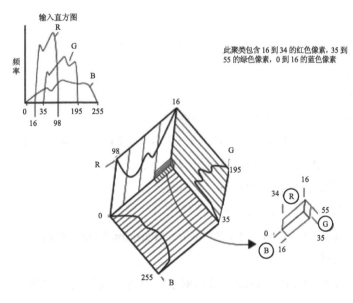

图 7-50　高级 RGB 聚类图

（1）分割输入数据

①选择 Raster→Classification→Unsupervised→Advanced RGB Clustering，打开 RGB Cluster 对话框，设置参数如图 7-51 所示。

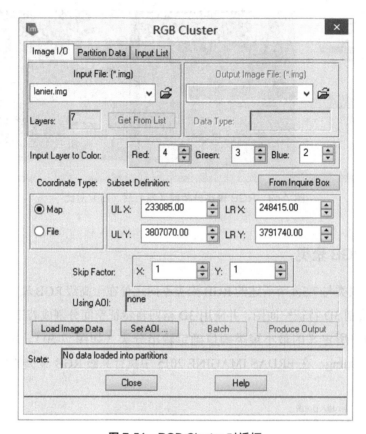

图 7-51　RGB Cluster 对话框

②确定输入文件（Input File）：lanier.img。

③文件坐标类型（Coordinate Type）：Map。

④处理范围确定（Subset Definition）：在 UL X/Y、LR X/Y 微调框中输入需要的数值（默认状态为整个图像范围，可以应用 Inquire Box 定义子区）。

⑤确定 RGB 三波段：Red：4/Green：3/Blue：2。

⑥确定统计参数（Skip Factor）：X：1/Y：1。

⑦单击 Load Image Data，打开 RGB Cluster（Partition Data）对话框。

（2）调整聚类参数

①在 RGB Cluster（Partition Data）对话框中，设置参数如图 7-52 所示。

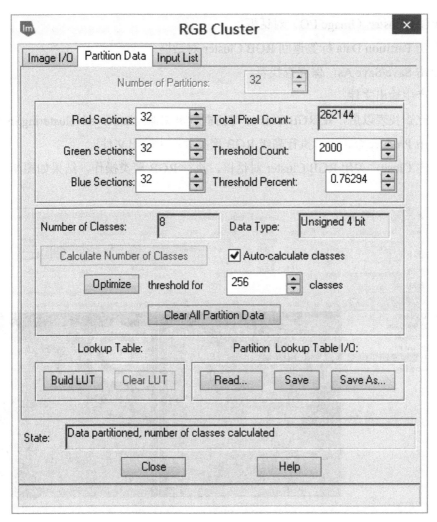

图 7-52 RGB Cluster（Partition Data）对话框

②确定聚类阈值（Threshold Count）：2000。

③阈值聚类百分比：（随聚类阈值变化）。

④自动计算分类数（Auto-calculate classes）。

⑤优化阈值与类别：Optimize threshold for 256 classes。

说明：在 RGB Cluster（Partition Data）对话框中，Red Section（32）、Green Section（32）、Blue Section（32）是由加载图像数据时的特征空间分割数所决定的，在确定聚类参数时不能随意改变，如果需要改变聚类参数，可以清除所有分割数据（Clear All Partition Data），而后再重新分割数据。

（3）建立查找表

①聚类参数设置好以后，在 RGB Cluster 对话框中点击 Build LUT，自动建立查找表，

并打开 RGB Cluster（Image I/O）对话框。

②单击 Partition Data 标签返回 RGB Cluster 对话框。

③单击 Save/Save As，保存查找表。

（4）产生输出文件

①建立查找表以后，在 RGB Cluster 对话框输出图像：lanier_advclustering.img。

②单击 Produce Output，执行高级 RGB 聚类并产生输出文件。

③单击 Close，关闭 RGB Cluster 对话框，执行 RGB 聚类操作，结果如图 7-53 所示。

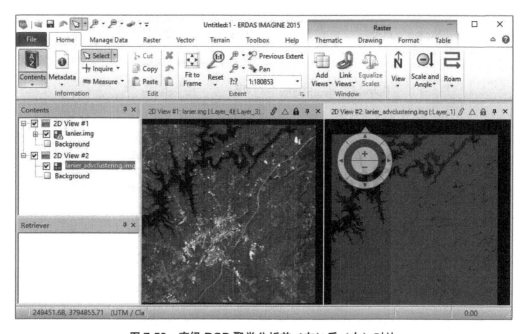

图 7-53　高级 RGB 聚类分析前（左）后（右）对比

7.3.6　信息量重调整

对输入图像像元的取值范围进行改变，如把 8 bit 的图像调整为 4 bit 的图像，使图像特征发生变化。本节所用数据为 D/examples/lanier.img，在 ERDAS IMAGINE 2015 中进行信息量重调整处理的具体操作如下：

（1）选择 Raster→Radiometric→Rescale，打开 Rescale 对话框，设置参数如图 7-54 所示。

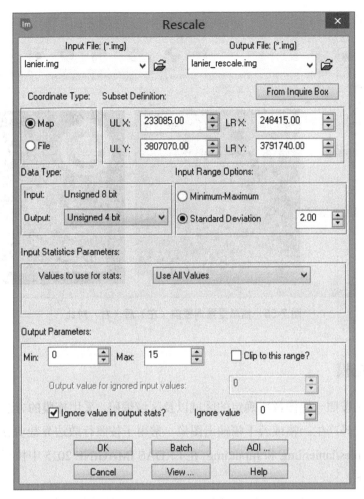

图 7-54　Rescale 对话框

（2）确定输入文件（Input File）：lanier.img。

（3）定义输出文件（Output File）：lanier_rescale.img。

（4）文件坐标类型（Coordinate Type）：Map。

（5）处理范围确定（Subset Definition）：在 UL X/Y、LR X/Y 微调框中输入需要的数值（默认状态为整个图像范围，可以应用 Inquire Box 定义子区）。

（6）输入数据范围选择（Input Range Options）：Standard Deviation：2.00。

（7）选择数据输出类型：Unsigned 4 bit。

（8）输出数据范围：Min：0/Max：15。

（9）输出统计中忽略零值（Ignore value）：0。

（10）单击 OK，关闭 Rescale 对话框，执行信息量重调整操作，结果如图 7-55 所示。

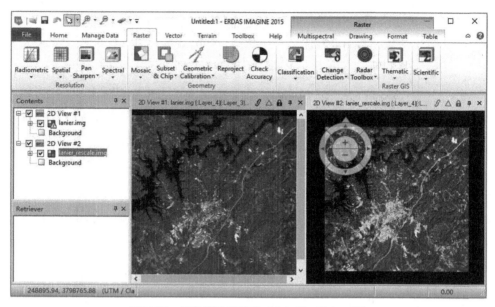

图 7-55　信息量重调整前（左）后（右）对比

7.3.7　图像掩膜

图像掩膜是按照一幅图像所确定的区域以及区域编码，采用掩膜的方法从相应的另一幅图像中进行选择产生一幅或若干幅输出图像，常用于按照行政边界裁剪图像。本节所用数据为 D/examples/lanier.img 和 Input.img，在 ERDAS IMAGINE 2015 中执行图像掩膜处理的具体操作如下：

（1）选择 Raster→Subset & Chip→Mask，打开 Mask 对话框，设置参数如图 7-56 所示。

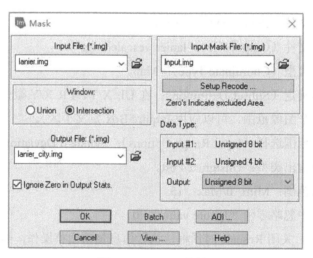

图 7-56　Mask 对话框

（2）确定输入文件（Input File）：lanier.img。

（3）输入掩膜文件（Input Mask File）：Input.img。

（4）定义输出文件（Output File）：lanier_city.img。

（5）设置掩膜文件编码：将 City of Gainesville 区域的新编码设置为 1，其他类别编码都设置为 0。

（6）设置处理窗口功能（Window）：Intersection。

（7）输出数据类型：Unsigned 8 bit。

（8）单击 OK，关闭 Mask 对话框，执行图像掩膜处理，结果如图 7-57 所示。

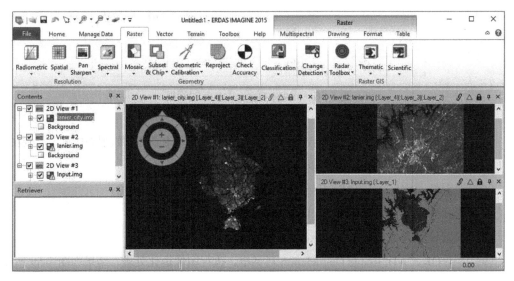

图 7-57　图像掩膜处理结果

7.3.8　图像退化

图像退化就是按照一定的整数比例因子降低输入图像的空间分辨率，其中 X、Y 方向上的比例因子可以不同，从而可以产生矩形输出像元。本节所用数据为 D/examples/lanier.img，在 ERDAS IMAGINE 2015 中执行图像退化的具体操作如下：

（1）选择 Raster→Spatial→Degrade，打开 Image Degradation 对话框，设置参数如图 7-58 所示。

（2）确定输入文件（Input File）：lanier.img。

（3）定义输出文件（Output File）：lanier_degrade.img。

（4）文件坐标类型（Coordinate Type）：Map。

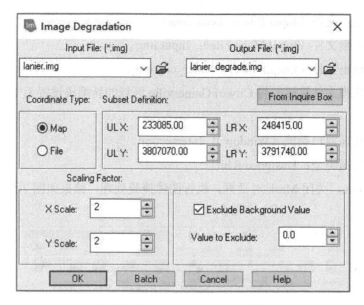

图 7-58　Image Degradation 对话框

（5）处理范围确定（Subset Definition）：在 UL X/Y、LR X/Y 微调框中输入需要的数值（默认状态为整个图像范围，可以应用 Inquire Box 定义子区）。

（6）设置像元比例因子（Scaling Factor）：X Scale：2/Y Scale：2。

（7）选择排除图像背景值：Exclude Background Value。

（8）设置排除数值（Value to Exclude）：0.0。

（9）单击 OK，关闭 Image Degradation 对话框，执行图像退化处理，结果如图 7-59 所示。

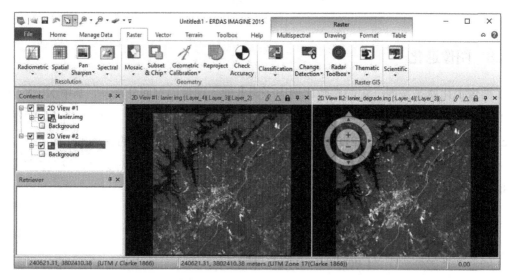

图 7-59　图像退化处理前（左）后（右）对比

7.3.9 取代坏线

将原始扫描图像中的缺失扫描线（行或列）用相邻像元灰度值按照一定的计算方法予以取代，达到去除坏线的目的。首先需要通过光标查询确定图像中坏线的位置。本节所用数据为 D/examples/badlines.img，在 ERDAS IMAGINE 2015 中执行取代坏线的具体操作如下：

（1）选择 Raster→Radiometric→Replace Bad Lines，打开 Replace Bad Lines 对话框，设置参数如图 7-60 所示。

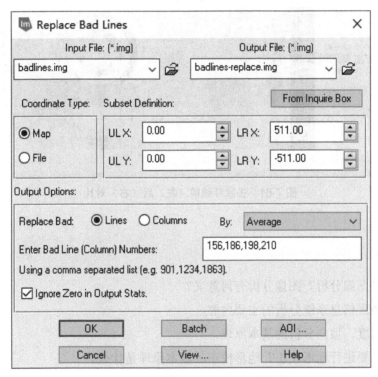

图 7-60　Replace Bad Lines 对话框

（2）确定输入文件（Input File）：badlines.img。

（3）定义输出文件（Output File）：badlines-replace.img。

（4）文件坐标类型（Coordinate Type）：Map。

（5）处理范围确定（Subset Definition）：在 UL X/Y、LR X/Y 微调框中输入需要的数值（默认状态为整个图像范围，可以应用 Inquire Box 定义子区）。

（6）确定取代坏线功能：Average（被上下相邻线的灰度平均值取代）。

（7）输入坏线的位置：156,186,198,210（多条坏线位置之间用逗号分隔，注意必须是半角逗号）。

（8）输出统计中忽略零值，选中 Ignore Zero in Output Stats 复选框。

（9）单击 OK，关闭 Replace Bad Lines 对话框，执行取代坏线处理，结果如图 7-61 所示。

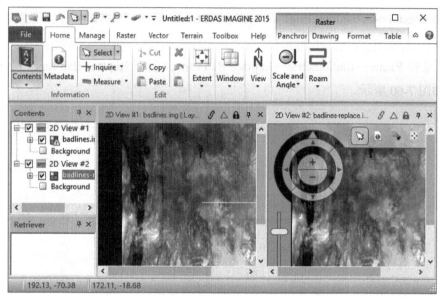

图 7-61　去除坏线前（左）后（右）对比

思考题：

1. 什么是图像分析？图像分析有何意义？

2. 简述地理信息系统分析的主要内容。

3. 简述坡度、坡向分析的基本原理。

4. 为什么要进行地形校正？地形校正的基本原理是什么？

5. 叠置分析的原理是什么？其与矩阵分析有什么区别？

6. 变化检测的原理是什么？

第 8 章　矢量处理功能

本章主要内容：

- 矢量图层的基本操作
- 创建矢量图层
- 注记的创建与编辑
- 编辑矢量图层
- Shapefile 文件操作

遥感图像为栅格数据模型，而 ERDAS IMAGINE 2015 的主要功能也是处理栅格数据。由于栅格数据与矢量数据各有优缺点，因此 ERDAS IMAGINE 将栅格数据和矢量数据集成在一个系统，同时也拥有矢量处理功能。矢量功能的加入可以使研究区域的数据库更加完整。ERDAS 矢量处理功能可以分成两个层次：内置矢量模块和扩展矢量模块。因为 ERDAS 的矢量工具是基于 ESRI 的数据模型开发的，所以 ArcGIS 的矢量图层 coverage、ESRI 的 Shape 文件和 SDE 矢量层可以不经转换而直接在 ERDAS 中使用，使用方式包括显示、查询、编辑（SDE 矢量层除外）。本章对矢量处理功能进行介绍，包括矢量图层的基本操作、矢量图层的创建、注记数据层的创建与编辑、矢量图层的编辑与管理等。

实验目的：

1. 掌握矢量数据生成和编辑的基本操作。
2. 掌握图层属性的特征查询方法。
3. 理解矢量数据模型和栅格数据模型各自的特点及其适用范围。

8.1　矢量图层的基本操作

8.1.1　改变矢量特性

一个矢量图层包括很多要素，如点、线、面、属性、外边框等（如图 8-1）。而矢量要素特征是指各要素的显示特征,改变矢量要素特征就是要改变要素的显示方式(包括符号、颜色等)。

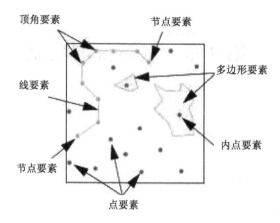

图 8-1　矢量要素

本节所采用的数据是 D/examples/zone88 polygon.shp,在 ERDAS IMAGINE 2015 中执行改变矢量特性的操作步骤如下:

(1)在视窗中打开 zone88 polygon.shp。

(2)在视窗菜单条中单击 Style。

(3)单击 Viewing Properties,打开 Properties 对话框(如图 8-2)。

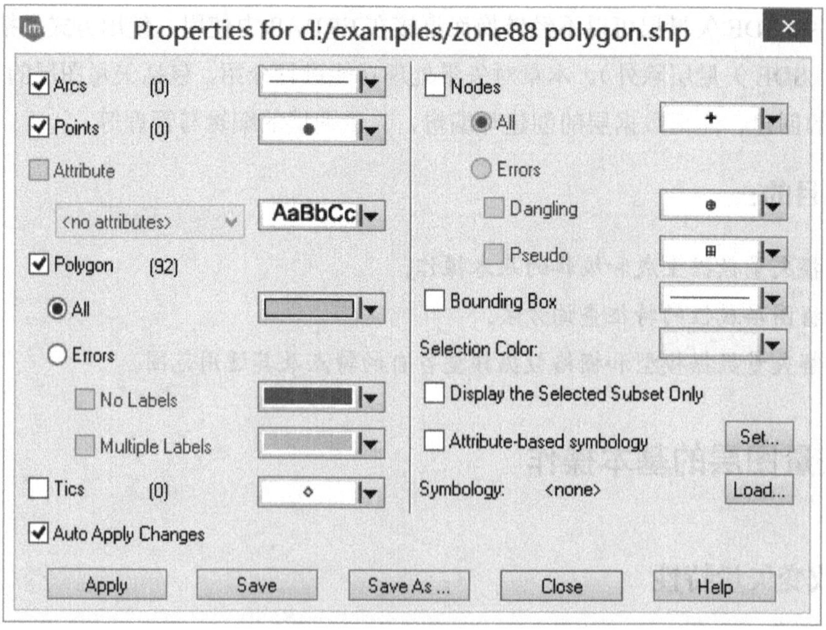

图 8-2　Properties 对话框

（4）在 Properties 对话框中根据需要分别设置各个要素的符号特征，可以将所有符号的显示设置保存为一个符号文件（*.evs），以便多次调用（通过 Set 实现，被调用的符号文件名将显示于 Symbology 右侧）。*.evs 文件分为基于属性值确定符号和非属性值确定符号两种。

说明：Bounding Box 是图层中最左、最右、最上、最下的 Tic 点形成的图层外接矩形。对于 Polygon 来讲，如果选择显示 Errors，则正确的多边形将不再显示，对 Node 来讲也是这样，不同的是，只有当前图层处于可编辑状态，Node 的 Errors 才可以被显示，否则只能选择显示所有 Node。

8.1.2　改变矢量符号

矢量 Properties 设置"是否显示某个要素"及"总体显示方式"，而 Symbology 设置 Label 点、弧段、多边形、属性文本 4 个要素的显示细节。本节所采用的数据是 D/examples/zone88 polygon.shp，在 ERDAS IMAGINE 2015 中执行改变矢量符号的操作步骤如下：

（1）在视窗中打开 zone88 polygon.shp。

（2）在视窗菜单条中点击 Style。

（3）单击 Viewing Properties→Set，打开 Symbology 对话框（如图 8-3）。

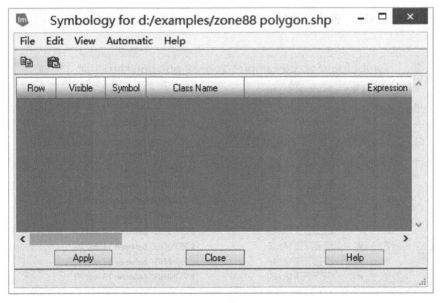

图 8-3　Symbology 对话框

（4）在 Symbology 对话框中，在 File 菜单下可以将设置好的矢量符号进行保存或者导入。在 Edit 菜单下则可以快速选择特定的行列，将其复制、粘贴并应用设置。在 View 菜单下选择不同种类的矢量符号显示，如点符号、面状符号、线状符号等。在 Automatic 菜单下对矢量要素的属性值自动分类。本例中，将使用 Automatic 菜单的自动分类功能来根据 ZONING 字段的值分类显示线状要素。

（5）在 View 菜单下选择 Point Symbology，对点状要素的符号化进行设置。

（6）单击 Automatic 菜单栏，选择 Equal Divisions，根据字段的值域范围进行等距划分，并弹出 Equal Divisions 对话框（如图 8-4）。

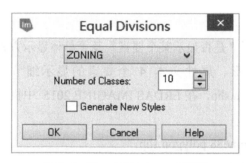

图 8-4 Equal Divisions 对话框

（7）在 Equal Divisions 对话框中，选择需要分类显示的字段名称为 ZONING，分类的个数设置为 10，单击 OK，弹出分类后的 Symbology 对话框（如图 8-5）。

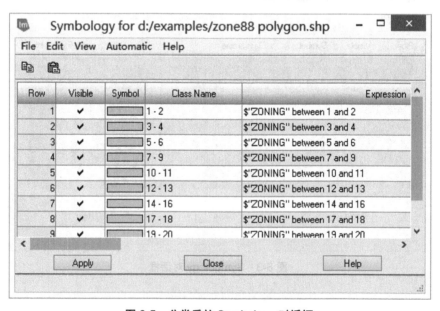

图 8-5 分类后的 Symbology 对话框

（8）在分类后的 Symbology 对话框中，Row 列显示行数，Visible 列表示对应类的可见性，Symbol 列表示对应类的显示符号，Class Name 默认为值域范围，Expression 列则是对该类分类依据的解释。

（9）右键单击 Symbol 列中需要更改的矢量符号，选择弹出快捷菜单中的新符号，或者选择最下方的 Other 选项，弹出 Fill Style Chooser 对话框（如图 8-6）。

（10）单击 Custom 选项，勾选 Use Pattern，在 Symbol 下单击 Other，弹出 Symbol Chooser 对话框（如图 8-7）。在 Symbol Chooser 对话框中，包含 19 个符号库中的符号，用户可以在左边下拉菜单中选取。另外，用户也可以在对话框的右侧选择颜色、大小等。

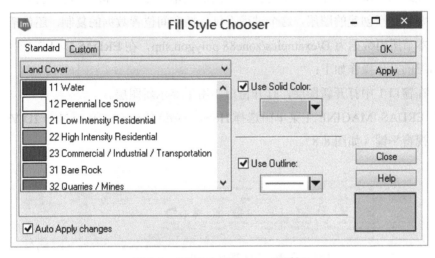

图 8-6　Fill Style Chooser 对话框

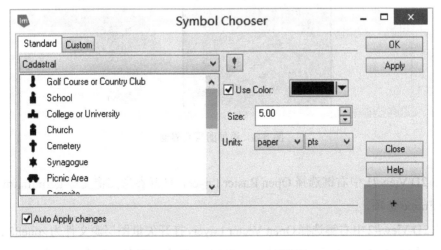

图 8-7　Symbol Chooser 对话框

（11）对其他类型的符号，如面状符号或线状符号也会有对应的线性选择对话框与填充对话框，以便进行各种设置。

8.2　创建矢量图层

本节主要介绍矢量图层的创建（Create New Vector Layers）和矢量图层的编辑（Edit Vector Layer）。首先介绍创建矢量图层的基本方法（Basic Method for Creating Vector Layer）以及编辑矢量图层的方法（Basic Method for Editing Vector Layer）。

下面通过例子讲述创建一个新的矢量图层的基本方法。具体思路是从已有矢量图层中复制一些要素到新创建的图层，这个过程不仅包括空间位置数据的复制，还包括属性数据的复制。本节所用数据为 D/examples/zone88 polygon.shp，在 ERDAS IMAGINE 2015 中创建矢量图层的具体操作如下：

（1）在窗口 1 中打开新图层，打开窗口 2 用于显示新图层。

①在 ERDAS IMAGINE 主菜单中选择 Home→Add Views→Create New 2D View 工具，使两个主视窗平铺（如图 8-8）。

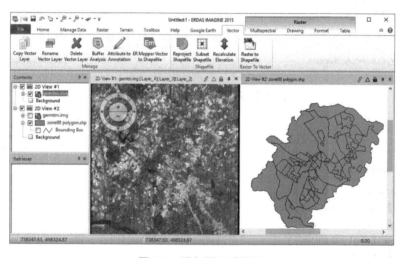

图 8-8　添加图层后界面

②在 2D View#1 中右键选择 Open Raster Layer，打开参考图像文件 germtm.img，并选择 Fit to Frame 选项。

③在 2D View#2 中右键选择 Open Vecter Layer，打开矢量图层源文件为 zone88 polygon. shp，取消选中 2D View#2 前的复选框；2D View#2 中打开参考图像文件为 germtm.img，并选择 Fit to Frame 选项。

（2）在窗口 2 中创建新图层，确定其目录、文件及精度。

在仅显示参考图像的窗口 2 的视窗中进行如下操作。

①选择 ERDAS IMAGINE 主菜单中的 File→New→Vector Layer 命令。

②打开 Create a New Vector Layer 对话框，将 Files of type 修改为 Arc Coverage 并确定新图层的存储路径及文件名（如图 8-9）。

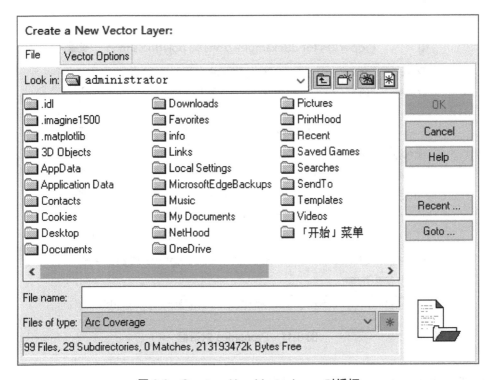

图 8-9　Create a New Vector Layer 对话框

③单击 OK，在弹出的 New Shapefile Layer Option 对话框（如图 8-10）中选择要创建的矢量类型（Select Shapefile Type）：Arc Shape/Point Shape/Polygon Shape/Multipoint Shape。

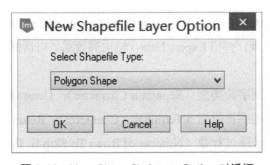

图 8-10　New Shapefile Layer Option 对话框

④单击 OK，即创建了一个空的新图层。下面将从源图层文件 zone88 polygon.shp 向其复制一些要素。

（3）在源图层文件中选取要素。在显示参考图像与源图层文件 zone88 polygon.shp 的窗口 1 中进行如下操作。

①单击 ERDAS IMAGINE 主菜单中的 Style→Viewing Properties 选项，打开 Properties 对话框（如图 8-11）。

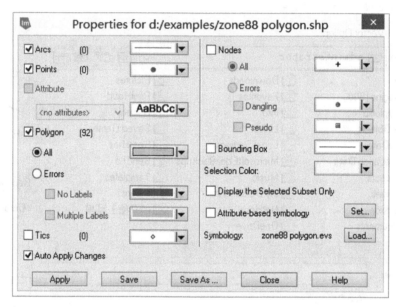

图 8-11 Properties 对话框

②选中 Points 复选框，以便在窗口中显示 Lable 点。

③单击 Apply，应用设置并关闭对话框。

④按住 Shift 键，在窗口 1 中选择几个 Lable 点，被选择的 Lable 点在窗口中以黄色显示。

（4）将选中要素的属性输出到文件，在显示参考图像与源图层文件的窗口 1 中进行如下操作。

①单击 ERDAS IMAGINE 主菜单中的 Table→Show Attributes 命令。右键单击属性表中的 ids 字段，选择 Export 选项，弹出 Export Data（输出列数据）对话框（如图 8-12），设置输出路径。

②设置输出文件分割字符类型（Separator Character）：Comma。

③设置输出文件结尾字符类型（Terminator Character）：Return＋LineFeed（DOS）。

④确定输出文件记录跳过行数（Number of Rows To Skip）：0。

⑤单击 OK，输出选择 Lable 点属性数据文件 ids.dat。

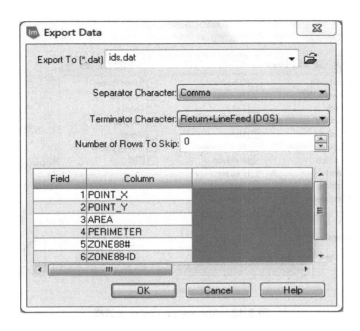

图 8-12 Export Data 对话框

8.3 注记的创建与编辑

注记数据层（Annotation Layer）是 ERDAS IMAGINE 软件继栅格数据层（Raster Layer）、矢量数据层（Vector Layer）、AOI 数据层（AOI Layer）之后的第 4 种数据类型，往往作为栅格数据层和矢量数据层的附加数据叠加在上面，用于标识和说明主要特征或重点区域。注记数据层是注记要素的集合，注记要素不仅包括说明文字，而且包括多种图形（矩形、椭圆、弧度、多边形、格网线、控制线）和地图符号，甚至还包括制图输出功能所支持的比例尺和图例。注记数据层可以显示在视窗中，也可以显示在制图输出窗口中。

8.3.1 创建注记文件

首先在视窗中打开一幅具有地理参考的图像，本节所采用的数据是 D/examples/lanier.img，在 ERDAS IMAGINE 2015 中执行创建注记文件的操作步骤如下：

（1）单击 ERDAS IMAGINE 主菜单中的 File→New→Annotation Layer 命令，打开 Annotation Layer 对话框（如图 8-13）。

（2）在 Annotation Layer 对话框中确定路径与文件名（*.ovr）。

（3）单击 OK，创建一个新的注记文件并打开，进入编辑状态。

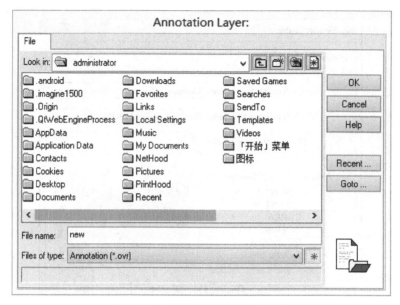

图 8-13   Annotation Layer 对话框

如果要打开一个已经存在的注记文件，则不需要首先打开图像或图形文件，可进行如下操作：

①单击 ERDAS IMAGINE 主菜单中的 File→Open→Annotation Layer 命令，打开 Select Layer To Add 对话框（如图 8-14）。

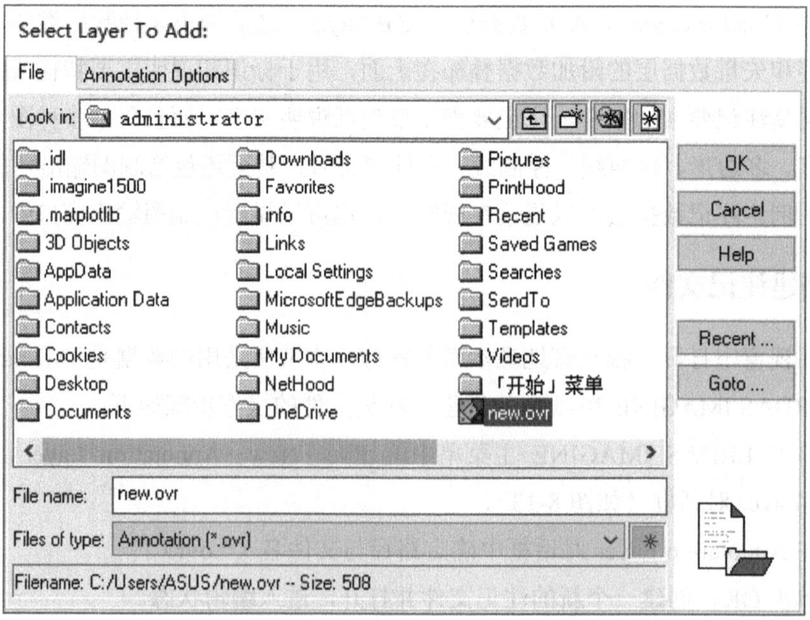

图 8-14   Select Layer To Add 对话框

②在 Select Layer To Add 对话框中选择路径与文件名（*.ovr）。

③单击 OK，打开一个注记文件，并进入编辑状态。

8.3.2　设置注记要素的类型

注记要素的类型可以在 ERDAS IMAGINE 主菜单的 Drawing 或者 Style 工具栏下设置（如图 8-15）。

图 8-15　Style 工具栏

其中，线状符号、面状要素的颜色、类型在 Style 栏下设置。

（1）Area Fill：填充区域的颜色。

（2）Line Color：线状符号的颜色。

（3）Line Style：线状符号的类型。

另外，文字注记的字体与颜色可以在 Text、Font 栏下设置，点状符号类型与颜色可以在 Symbol 栏下设置。

8.3.3　注记要素的放置

在各种注记要素中，点、线、面等图形要素的放置相对简单。下面以文字要素的放置为例，说明放置过程和变形编辑（Reshape）过程。

（1）单击 ERDAS IMAGINE 主菜单的 Drawing 或 Format 栏下的A图标（如图 8-16）。

图 8-16　主菜单编辑工具

（2）在注记文件视窗中单击定义位置并输入文字注记。

（3）按回车键完成放置，文字注记出现在指定的位置。

（4）单击选择刚刚放置的文字注记，使文字注记处于编辑状态。

（5）单击 ERDAS IMAGINE 主菜单中的 Drawing→Modify 栏下的 Line 或 Area→

Reshape 命令。

（6）视窗中的文字注记下面出现下划线（Polygon）。

（7）按住左键移动下划线的节点或端点，改变文字注记的走向。

（8）在下划线上单击中键增加下划线节点，改变文字注记形状。

（9）按住 Shift 键并单击中键删除下划线节点，改变文字注记形状。

在当前编辑文字之外的区域单击，退出编辑状态。

下面是对 Drawing 工具栏功能的介绍（见表 8-1 至表 8-3）。

表 8-1　编辑功能（Edit）

图标	命令	功能
	Cut	剪切
	Copy	复制
	Paste	粘贴
	Delete	删除
	Undo	撤销
	Paste from Selected Object	从选定的对象粘贴

表 8-2　插入几何模型（Insert Geometry）

图标	命令	功能
	Point	放置点要素
	Tic Mark	放置 Tic 标记
	Polyline	绘制折线
	Arc	绘制弧线
	Freehand Polyline	绘制自由弧线
	Rectangle	绘制矩形
	Polygon	绘制多边形
	Ellipse	绘制椭圆
	Concentric Ring	绘制同心圆
	Text	输入文本
	GeoPoint	放置映射坐标
	GeoPoint Label	编辑坐标标签
	Grow	插入多边形元素
	EasyTrace	打开智能矢量化对话框
	Lock	锁定

表 8-3 修改功能（Modify）

图标	命令	功能
	Enable Editing	启用编辑
	Select	选择
	Select by Box	按框选择
	Select by Ellipse	按椭圆选择
	Select by Polygon	按多边形选择
	Selector Properties	属性选择器
	Line	折线元素
	Area	多边形元素

8.3.4 添加方格网

地图中的坐标系统是地图数学基础的重要内容。地图中的地图网格是重要的地图图面要素，是地图坐标系统和投影信息的反映。地图的坐标系有地理坐标和投影坐标两种。简单地说，地理坐标是直接建立在球体上的地理坐标，用经度和纬度表达地理对象位置；投影坐标是建立在平面直角坐标系上，用（x，y）表达地理对象位置。

在 ERDAS IMAGINE 2015 中可以用注记工具方便地添加通用横轴墨卡托（Universal Transverse Mercator，UTM）投影（平面直角坐标系中的一种投影方式）格网和地理格网。

（1）单击 ERDAS IMAGINE 主菜单中的 Drawing→Insert Map Element→Map Grid→Grid Preferences，打开 Grid Preferences（网格参数设置）对话框（如图 8-17）。

（2）选择 UTM/MGRS Grid 选项卡，可以对 UTM 坐标网格进行设置。

（3）在 Line 选项组中可以对网格的线型进行设置。

（4）在 Length outside 中按照图画空间单位设置在地图轮廓外标注网格的距离。

（5）在 Spacing 中设置 UTM 格网的间隔距离；在 External Text 和 External text height 中设置地图图廓外标注文字的格式和大小。

（6）在 Internal Text 和 Internal text height 中设置地图图廓内标注文字的格式和大小。

（7）在 Horizontal 和 Vertical 中设置内部水平和垂直的标注数值。

（8）在 Horiz. Gap 和 Vert. Gap 中设置水平和垂直标注间隔。

（9）单击 Geographic Grid 选项卡可以打开地理坐标格网设置选项卡，在 Spacing 中以度、分、秒的单位设置格网间隔。

（10）单击 User Save 将对上述设置的参数进行保存，但不反映在当前的视窗中，只有下一次应用格网工具时才有所体现。

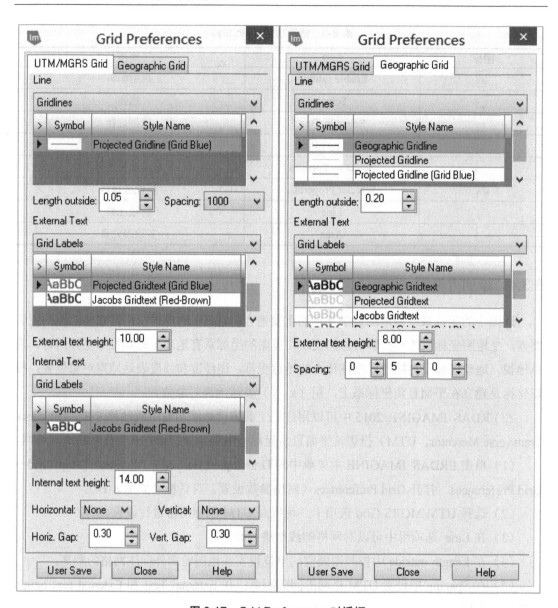

图 8-17　Grid Preferences 对话框

8.4　编辑矢量图层

8.4.1　重命名矢量图层

本节所用数据为 D/examples/zone88 polygon.shp，在 ERDAS IMAGINE 2015 中重命名矢量图层的具体操作如下：

单击 ERDAS IMAGINE 主菜单中的 Vector→Rename Vector Layer 命令，打开 Rename Vector Layer 对话框（如图 8-18）。

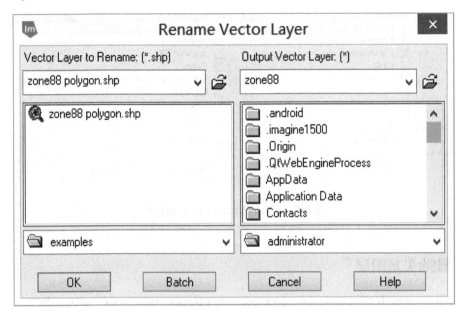

图 8-18　Rename Vector Layer 对话框

（1）确定需要重命名的矢量图层（Vector Layer to Rename）：zone88 polygon.shp。

（2）确定重命名以后的矢量图层（Output Vector Layer）的路径及名称。

（3）单击 OK，执行重命名矢量图层操作。

8.4.2　复制矢量图层

一个矢量图层不是一个文件，而是由多个文件共同组成的。因此，利用操作系统（Windows 或 UNIX）复制命令无法对矢量图层数据进行正确复制，而必须使用 ERDAS IMAGINE 提供的复制矢量图层（Copy Vector Layer）工具或者 ESRI 的相应软件工具。本节所用数据为 D/examples/zone88.shp，在 ERDAS IMAGINE 2015 中复制矢量图层的具体操作如下：

单击 ERDAS IMAGINE 主菜单中的 Vector→Copy Vector Layer，打开 Copy Vector Layer 对话框（如图 8-19）。

（1）确定将被复制的矢量图层（Vector Layer to Copy）为 zone88。

（2）确定复制创建的矢量图层（Output Vector Layer）的路径及名称。

（3）单击 OK，执行矢量数据复制操作。

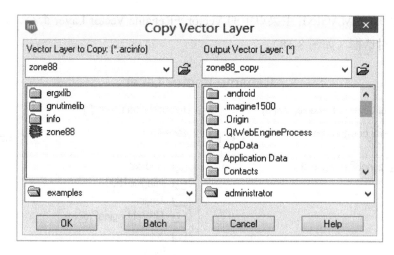

图 8-19　Copy Vector Layer 对话框

8.4.3　删除矢量图层

本节所用数据为 D/examples/zone88.shp，在 ERDAS IMAGINE 2015 中删除矢量图层的具体操作如下：

单击 ERDAS IMAGINE 主菜单中的 Vector→Delete Vector Layer，打开 Delete Vector Layer 对话框（如图 8-20）。

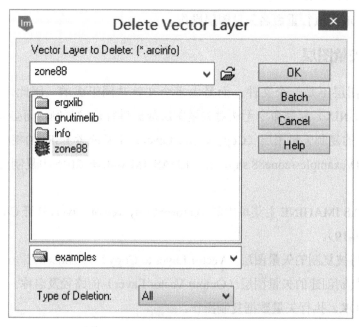

图 8-20　Delete Vector Layer 对话框

（1）确定将被删除的矢量图层（Vector Layer to Delete）为 zone88。

（2）确定需要删除的图层内容（Type of Deletion）为 All（指删除矢量图层的空间数据、属性和所有以图层名称为前缀的 INFO 文件）；ARC 指删除矢量图层的空间数据和属性表；INFO 指删除矢量图层所处工作空间 INFO 目录下的所有矢量图层名称为前缀的 INFO 文件，矢量图层的空间数据将被保留。

（3）单击 OK，执行矢量数据删除操作。

8.4.4　缓冲区分析

缓冲区分析是指以点、线、面实体为基础，自动建立其周围一定宽度范围内的缓冲区多边形图层，然后建立该图层与目标图层的叠加，进行分析从而得到所需结果。它是用来解决邻近度问题的空间分析工具之一。其中，邻近度描述了地理空间中两个地物距离相近的程度。缓冲区分析在交通、林业、资源管理、城市规划中有着广泛的应用，如湖泊和河流周围的保护区的定界、汽车服务区的选择、民宅区远离街道网络缓冲区的建立等。本节所用数据为 D/examples/river.shp，在 ERDAS IMAGINE 2015 中执行缓冲区分析的具体操作如下：

单击 ERDAS IMAGINE 主菜单中的 Vector→Buffer Analysis 命令，打开 Buffer Analysis 对话框（如图 8-21）。

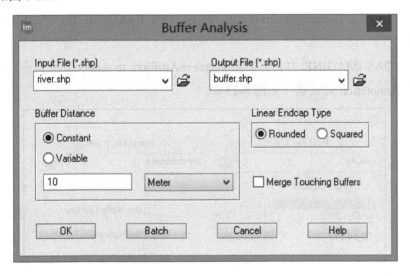

图 8-21　Buffer Analysis 对话框

（1）导入确定需要进行缓冲区分析的数据文件（Input File）：river.shp。

（2）确定执行缓冲区分析后输出文件（Output File）的保存路径，文件名为 buffer.shp。

（3）在 Buffer Distance 复选框中选定 Constant。

（4）在 Linear Endcap Type 复选框中选定 Rounded。

（5）单击 OK，执行缓冲区分析操作，分析结果如图 8-22 所示。

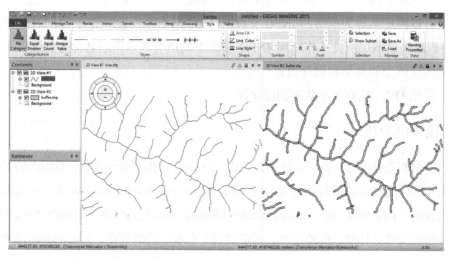

图 8-22　执行缓冲区分析前（左）后（右）对比

8.4.5　属性标注

本节所用数据为 D/examples/river.shp，在 ERDAS IMAGINE 2015 中进行属性标注的具体操作如下：

单击 ERDAS IMAGINE 主菜单中的 Vector→Attribute to Annotation 命令，打开 Vector Attribute To Annotation 对话框（如图 8-23）。

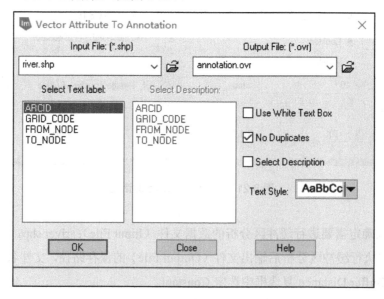

图 8-23　Vector Attribute To Annotation 对话框

（1）导入确定需要进行属性标注的数据文件（Input File）：river.shp。

（2）确定重命名以后的数据文件（Output File）的路径，文件名为 annotation.ovr。

（3）选择 No Duplicates。

（4）在 Select Text label 里选择要显示的属性。

（5）单击 OK，执行属性标注操作，结果如图 8-24 所示。

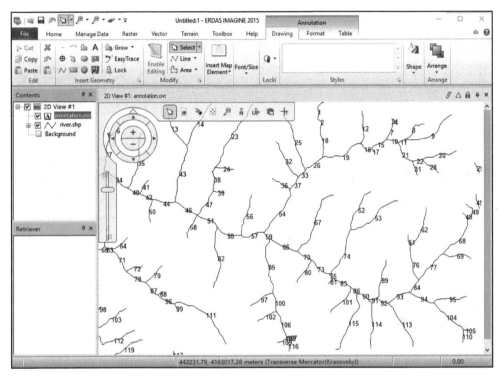

图 8-24　属性标注操作结果

8.4.6　区域裁剪功能

本节所用数据为 D/examples/river.shp，在 ERDAS IMAGINE 2015 中进行区域裁剪的操作方式如下：

（1）单击 ERDAS IMAGINE 主菜单中的 File→Open，选择 Vector Layer，打开数据文件 river.shp（如图 8-25）。

（2）单击鼠标右键，选择 Inquire box，弹出对话框（如图 8-26），选定需要裁剪的区域。

（3）单击 ERDAS IMAGINE 主菜单中的 Vector→Subset Shapefile 工具，打开 Shape File Subset 对话框（如图 8-27）。

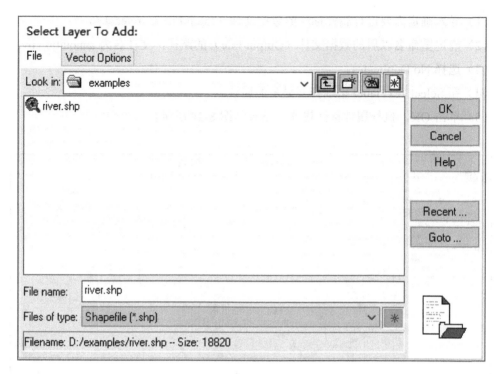

图 8-25　选择数据 river.shp

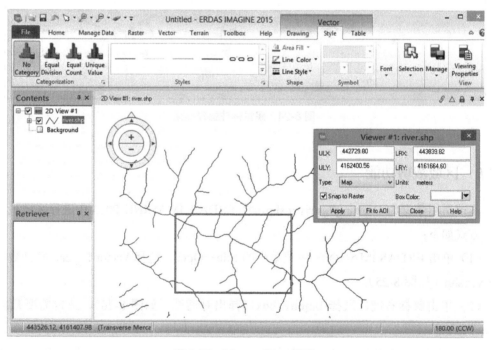

图 8-26　Viewer #1 对话框

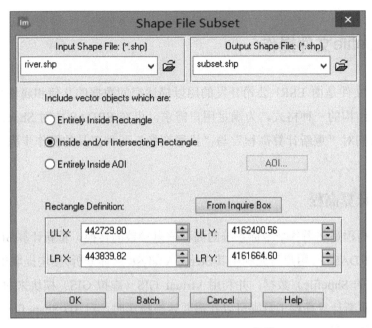

图 8-27 Shape File Subset 对话框

（4）确定需要进行区域裁剪的输入文件（Input Shape File）：river.shp。

（5）选择 Inside and/or Intersecting Rectangle。

（6）定义输出文件（Output Shape File）：subset.shp。

（7）单击 OK，执行区域裁剪工作，结果如图 8-28 所示。

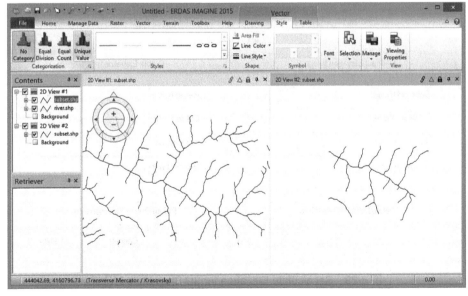

图 8-28 执行区域裁剪前（左）后（右）对比

8.5　Shapefile文件操作

Shapefile 文件是由 ESRI 公司开发的用以描述空间数据的几何和属性特征的非拓扑实体矢量数据结构的一种格式，为满足用户需求，可在 ERDAS 中对 Shapefile 文件进行处理。这里我们对"重新计算高程"与"投影变换"两种工具的操作步骤与界面进行简单讲解。

8.5.1　重新计算高程

重新计算高程是利用各个坐标系统的高程信息参数的转换，重新计算 3D Shapefile 数据的 Z 值。在 ERDAS 中，用户可先利用其 Stereo Analyst（立体分析）模块提取出 3D Shapefile（不同于 ESRI 的 Shpefile）数据，并利用 Virtual GIS（虚拟 GIS）模块来对 3D Shapefile 进行显示。而重新计算高程工具则可以在需要转换投影时，对 3D Shapefile 的高程信息进行转换。其操作过程如下：

（1）单击 ERDAS IMAGINE 主菜单中的 Vector→Recalculate Elevation 工具，打开 Recalculate Elevation for 3D Shapefiles 对话框（如图 8-29）。

（2）选择要重新计算高程的 Shapefile 文件，而且必须是 3D Shapefile 文件，否则无法执行操作。

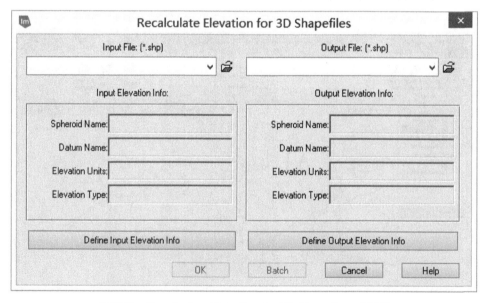

图 8-29　Recalculate Elevation for 3D Shapefiles 对话框

（3）由于 3D Shapefile 文件中不会存储垂直基准面与椭球体信息，用户还需要输入高程信息。此时，单击 Define Input Elevation Info，打开 Elevation Info Chooser 对话框（如图 8-30）。

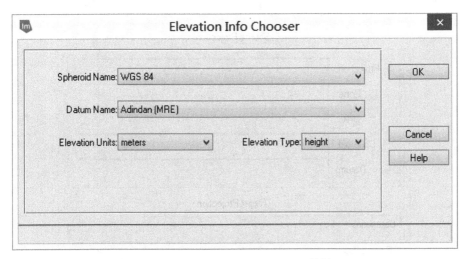

图 8-30　Elevation Info Chooser 对话框

（4）确定计算高程的椭球体名称（Spheroid Name）。

（5）确定高程基准面的名称（Datum Name）。

（6）确定高程值的单位（Elevation Units）。

（7）确定高程值的类型（Elevation Type）：其中 height 的正值表示在椭球面以上，负值表示在椭球面以下；而 depth 则相反，通常用于水下测量。

（8）设定输出高程文件时也需要设定高程信息。

8.5.2　投影变换操作

Shapefile 投影变换（Reproject Shapefile）就是将 Shapefile 重新投影到一个新的坐标系中。此功能被使用的频率非常高。将 Shapefile 与其他 Shapefile 或者栅格数据叠加时，如果投影系统不一致，两者便无法完全匹配。此时，便可使用投影变换的方式统一两者的投影系统。

在 ERDAS IMAGINE 2015 中进行投影变换的操作方式如下：

（1）单击 ERDAS IMAGINE 主菜单中的 Vector→Reproject Shapefile 工具，打开 Reproject Shapefile 对话框（如图 8-31）。

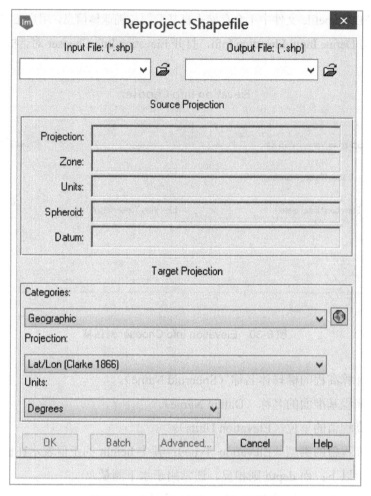

图 8-31　Reproject Shapefile 对话框

（2）确定需要变换投影坐标的输出文件（Input File）。

（3）选定之后，Source Projection 区域会显示 Input File 的投影信息，包括投影类型（Projection）、投影带（Zone）、投影坐标（Units）、投影椭球体（Spheroid）、投影基准面（Datum）。

（4）确定输出文件的投影系统，包括投影种类（Categories）、投影类型（Projection）和投影单位（Units）等。

（5）另外，也可以单击 按钮，打开 Projection Chooser 对话框（如图 8-32），其所需要设置的参数也不同。

（6）选择输出图像的单位（Units）。

（7）单击 OK，关闭 Projection Shapefile 对话框，执行投影转换操作。

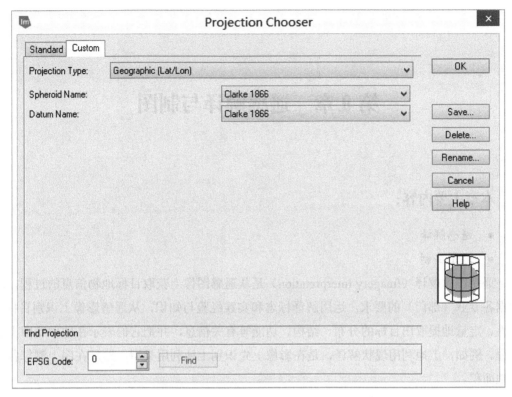

图 8-32　Projection Chooser 对话框

思考题：

1. ERDAS 矢量处理功能包括哪几部分？

2. 矢量图层的基本操作包括哪些？

3. 简述创建矢量图层的主要步骤。

4. 什么是注记数据层？简述创建注记文件的主要步骤。

5. 简述 Shapefile 投影变换操作步骤。

第 9 章　遥感解译与制图

本章主要内容：

● 遥感解译

● 地图编制

遥感图像解译（Imagery Interpretation）是从遥感图像上获取目标地物信息的过程，即根据各专业（部门）的要求，运用解译标志和实践经验与知识，从遥感影像上识别目标，定性、定量地提取出目标的分布、结构、功能等有关信息，并把它们表示在地理底图上的过程。例如，土地利用现状解译，是在影像上先识别土地利用类型，然后在图上测算各类土地面积。

遥感图像解译分为两种：第一种是目视解译，又称目视判读，它是指专业人员通过直接观察或借助辅助判读仪器在遥感图像上获取特定目标地物信息的过程。第二种是遥感图像计算机解译，又称遥感图像理解（Remote Sensing Imagery Understanding），它以计算机系统为支撑环境，利用模式识别技术与人工智能技术相结合，根据遥感图像中目标地物的各种图像特征（颜色、形状、纹理与空间位置），结合专家知识库中目标地物的解译经验和成像规律等知识进行分析和推理，实现对遥感图像的理解，完成对遥感图像的解译。

地图编制是指根据各种制图资料，以室内作业为主制作地图的过程。因编图资料、应用的设备和技术手段不同，可分为常规编图、遥感制图和数字制图。遥感解译与制图操作流程如图 9-1 所示。

实验目的：

1. 掌握遥感数字图像解译原理。

2. 掌握遥感数字图像解译的方法与步骤。

3. 熟练掌握地图编制的主要步骤。

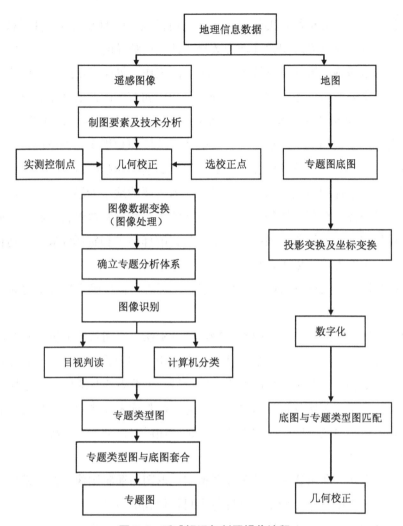

图 9-1　遥感解译与制图操作流程

9.1　遥感解译

9.1.1　目视解译

　　目视解译是信息社会中地学研究和遥感应用的一项基本技能。遥感技术可以实时地、准确地获取资源与环境信息，如重大自然灾害信息等，可以全方位、全天候地监测全球资源与环境的动态变化，为社会经济发展提供定性、定量与定位的信息服务。由于目视判读需要的设备少，简单方便，可以随时从遥感图像中获取许多专题信息，因此是地学工作者研究工作中必不可少的一项基本功。

遥感图像处理和计算机解译的结果，需要运用目视解译的方法进行抽样核实或检验。通过目视解译，可以核查遥感图像处理的效果或计算机解译的精度，查看它们是否符合地域分异规律，这是遥感图像计算机解译的一项基础工作。忽视目视解译在遥感图像处理和计算机解译中的重要作用，不了解计算机处理过程中的有关图像的地学意义或物理意义，单纯强调计算机解译或遥感图像理解，有可能成为一种高水平的"计算机游戏"。计算机技术的日益发展，会更加迫切要求运用目视解译的经验和知识指导遥感图像计算机解译，从这点来看，目视解译是遥感图像计算机解译发展的基础和起始点。

遥感图像目视解译的目的是从遥感图像中获取需要的地学专题信息，它需要解决的问题是判读出遥感图像中有哪些地物，它们分布在哪里，并对其数量特征给予粗略的估计。

遥感影像目视解译方法是指根据遥感影像目视解译标志和解译经验，识别目标地物的办法与技巧。常用的方法有以下几种：

（1）直接判读法。根据遥感影像目视判读直接标志，直接确定目标地物属性与范围的一种方法。

（2）对比分析法。此方法包括同类地物对比分析法、空间对比分析法和时相动态对比法。同类地物对比分析法是在同一景遥感影像上，由已知地物推出未知目标地物的方法。空间对比分析法是根据待判读区域的特点，选择另一个熟悉的与遥感图像区域特征类似的影像，将两个影像相互对比分析，由已知影像为依据判读未知影像的一种方法。时相动态对比法，是利用同一地区不同时间成像的遥感影像加以对比分析，了解同一目标地物动态变化的一种解译方法。

（3）信息复合法。利用透明专题图或者透明地形图与遥感图像重合，根据专题图或者地形图提供的多种辅助信息，识别遥感图像上目标地物的方法。

（4）综合推理法。综合考虑遥感图像多种解译特征，结合生活常识，分析、推断某种目标地物的方法。

（5）地理相关分析法。根据地理环境中各种地理要素之间的相互依存、相互制约的关系，借助专业知识，分析推断某种地理要素性质、类型、状况与分布的方法。

遥感图像目视解译步骤如下：

（1）目视解译准备工作阶段

明确解译任务与要求；收集与分析有关资料；选择合适波段与恰当时相的遥感影像。

相关资料包括：收集近期各类型卫星遥感图像，详查原始相片与土地利用现状图、新增建设土地报批资料、耕地后备资源调查资料、土地开发整理补充调查和潜力调查资料等。

（2）建立解译标志

根据图像特征，即形状、大小、阴影、色调、颜色、纹理、图案、位置和布局建立起图像和地物之间的对应关系。

（3）室内预解译

根据解译标志并运用直接解译法、相关分析方法和地理相关分析法等对图像进行解译，勾绘类型界线，标注地物类别，形成预解译图。

（4）野外实地调查

在室内预解译的图中不可避免地存在错误或者难以确定的类型，就需要野外实地调查与验证，包括勘察地面路线、采集样品（如岩石标本、植被样方、土壤剖面、水质分析等），着重解决未知区域的解译成果是否正确。

（5）内外业综合解译

根据野外实习调查结果，修正预解译图中的错误，确定未知类型，强化预解译图，形成正式的解译原图。

（6）解译成果的类型转绘与制图

将解译原图上的类型界线转绘到地理底图上，根据需要，可以对各种类型着色，进行调整装饰，形成正式的专题地图。

9.1.2　计算机解译

遥感图像计算机解译的依据是遥感图像像素的相似度。一般常使用距离和相关系数来衡量相似度。采用距离衡量相似度时，距离越小，相似度越大；采用相关系数衡量相似度时，相关系数越大，相似度越大。

遥感图像计算机分类方法主要有两种：

（1）监督分类：选择具有代表性的典型实验区或训练区，用训练区中已知地面各类地物样本的光谱特性来"训练"计算机，获得识别各类地物的判别函数或模式，并以此对未知地区的像元进行分类处理，分别归入已知的类别中。

（2）非监督分类：在没有先验类别（训练场地）作为样本的条件下，即事先不知道类别特征，主要根据像元间相似度的大小进行归类合并（即相似度大的像元归为一类）的方法。

遥感图像的计算机解译的基本过程如下：

（1）根据图像分类目的，选取特定区域的遥感数字图像，需考虑图像的空间分辨率、光谱分辨率、成像时间、图像质量等。

（2）根据研究区域，收集与分析地面参考信息与有关数据。

（3）根据分类要求和图像数据的特征，选择合适的图像分类方法和算法。

（4）制定分类系统，确定分类类别。

（5）找出代表这些类别的统计特征。

（6）为了测定总体特征，在监督分类中可选择具有代表性的训练场地进行采样，测定其特征。在非监督分类中，可用聚类等方法对特征相似的像素进行归类，测定其特征。

（7）对遥感图像中各像素进行分类。

（8）分类精度检查。

（9）对判别分析的结果进行统计检验。

9.2 地图编制

9.2.1 地图编制概论

ERDAS IMAGINE 的地图编制模块可用于制作质量高的影像图、专题地图或演示图，这种地图可以包含单个或多个栅格图像层、GIS 专题图层、矢量图形层和注记层。同时，地图编辑器允许用户自动生成图名、图例、比例尺、格网线、标尺点、图廓线、符号及其他制图要素，用户可以选择 1600 万种以上的颜色、多种线划类型和 60 种以上的字体。

ERDAS IMAGINE 地图编制过程一般包括 6 个步骤：

（1）根据工作需要和制图区域的地理特点，进行地图图面的整体设计，设计内容包括图幅大小尺寸、图面布置方式、地图比例尺、图名及图例说明等。

（2）需要准备地图编制输出的数据层，即在视窗中打开有关的图像或图形文件。

（3）启动地图编制模块，正式开始制作专题地图。

（4）在此基础之上确定地图的内图框，同时确定输出地图所包含的实际区域范围，生成基本的输出图面内容。

（5）在主要图面内容周围，放置图廓线、格网线、坐标注记、图名、图例、比例尺以及指北针等图廓外要素。

（6）设置打印机，打印输出地图。

9.2.2 创建制图模板

本节所用数据为 D/examples/basin.shp，在 ERDAS IMAGINE 2015 中创建制图模板的操作步骤如下：

（1）视窗菜单条中选择 File→Open→Vector Layer，加载 basin.shp。

（2）选择 Home→Add Views→Create New Map View，创建一个空的地图模板（如图 9-2）。

（3）选择视窗右侧的空白地图模板，单击菜单栏中的 Layout→Map Frame，再次选择视图窗口右侧的空白地图模板，出现 Map Frame Date Source 对话框（如图 9-3），单击 Viewer 进行插图。

（4）在出现如图 9-4 指示器之后，选择视窗左侧的图像，在视窗左侧任意位置点击左键，表示对该图像进行专题制图，出现 Map Frame 对话框，设置参数如图 9-5 所示。

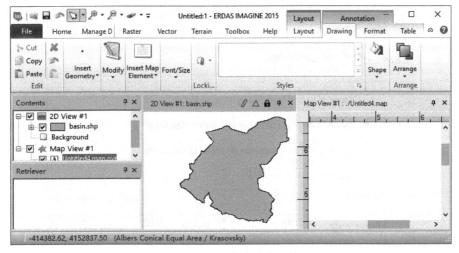

图 9-2　创建一个空的地图模板

图 9-3　Map Frame Data Source 对话框

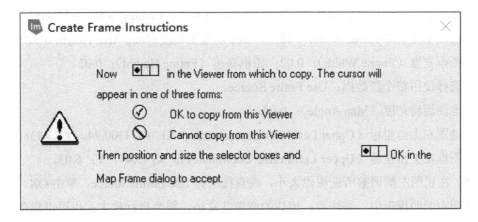

图 9-4　Create Frame Instructions 指示器

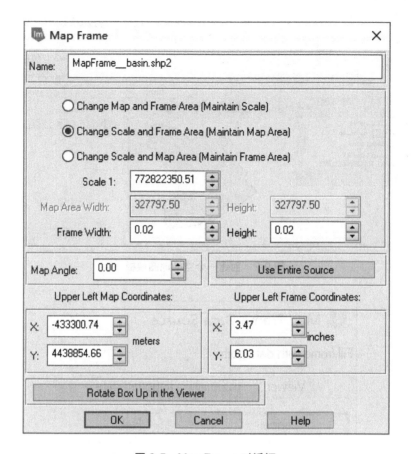

图 9-5 Map Frame 对话框

①选择改变比例尺与制图范围，保持图框范围不变：Change Scale and Frame Area。

②绘图宽度（Map Area Width）：327797.50；制绘图高度（Map Area Height）：327797.50。

③图框宽度（Frame Width）：0.02；图框高度（Frame Height）：0.02。

④选择使用整个源数据：Use Entire Source。

⑤地图旋转角度（Map Angle）：0.00。

⑥地图左上角坐标（Upper Left Map Coordinates）：X：−433300.74，Y：4438854.66。

⑦图框左上角坐标（Upper Left Frame Coordinates）：X：3.47，Y：6.03。

（5）在视图左侧调整所选图像大小，或直接选择 Use Entire Source，单击 OK，图像即可加载到右侧的模板中。需注意：加载的图像非常小，需要自行放大；也可以将图框的宽度和高度设置为 10 以达到效果，无须放大（如图 9-6）。

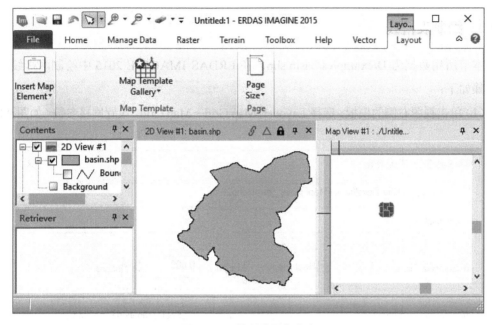

图 9-6 调整所选图像大小

（6）单击视图右侧的地图视窗中加载的图像，可通过调整虚线框大小来调整图像大小（如图 9-7）。

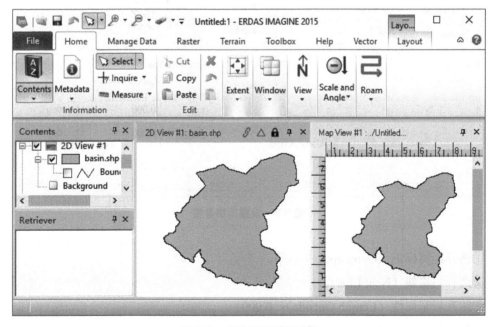

图 9-7 创建地图模板示意

9.2.3 绘制表格线

本节所用数据为 D/examples/basin.shp，在 ERDAS IMAGINE 2015 中绘制网格线的操作步骤如下：

（1）单击视图右侧的模板，选择 Layout→Map Grid→Map Grid，设置网格参数（如图 9-8）。

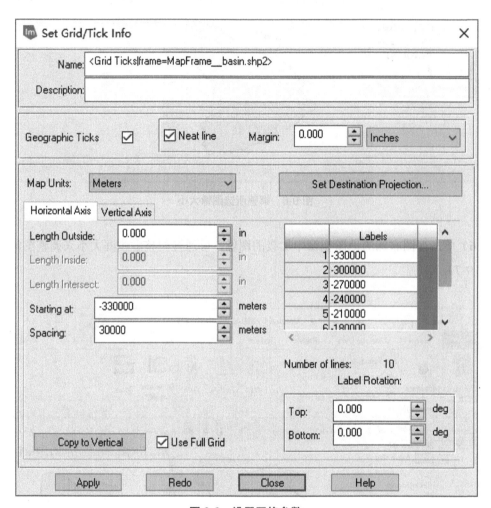

图 9-8　设置网格参数

①选择距离标记（Geographic Ticks）。

②选择网格线（Neat Line）。

③距离标记属性（Length Outside）：0.000。

④起点坐标（Starting at）：−330000。

⑤间隔（Spacing）：30000。

⑥距离短线的数量（Number of lines）：10。

⑦选择使用完整格网线：Use Full Grid。

（2）选中模板中的图像，单击 Apply 选项，绘制网格线，结果如图 9-9 所示。需要注意的是，带有地理参考的图像才能绘制正确的地图网格线。

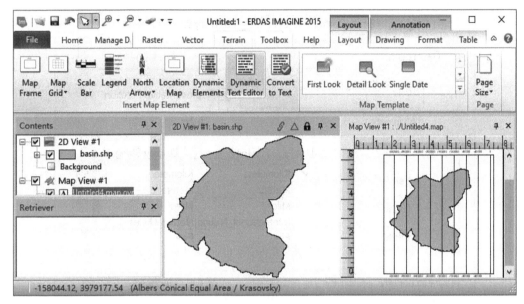

图 9-9　网格线绘制结果

9.2.4　绘制比例尺、图例和指北针等制图要素

本节所用数据为 D/examples/basin.shp，在 ERDAS 2015 中绘制比例尺、图例和指北针的操作步骤如下：

（1）绘制比例尺

①选择 Layout→Scale Bar，点击右侧的模板，出现 Scale Bar Instructions 提示框（如图 9-10）。

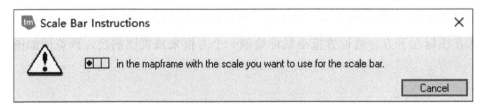

图 9-10　Scale Bar Instructions 提示框

②单击视图右侧的地图任意位置，出现 Scale Bar Properties 对话框并定义参数（如图 9-11）。

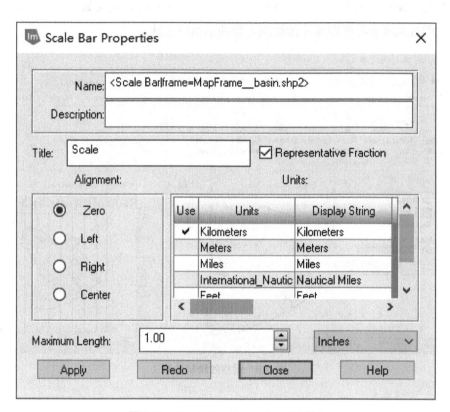

图 9-11　Scale Bar Properties 对话框

a. 定义比例尺标题（Title）：Scale。

b. 确定比例尺排列方式（Alignment）：Zero。

c. 确定比例单位（Units）：Kilometers。

d. 定义比例尺长度（Maximum Length）：1.00。

e. 应用上述参数绘制比例尺，保留对话框状态：Apply。

f. 选择 Representative Fraction。

如果不满意，可以重新设置上述参数，然后单击 Redo，更新比例尺。

③在图标左下方合适位置拖动鼠标绘制一个方框来放置比例尺，预览图如图 9-12 所示。

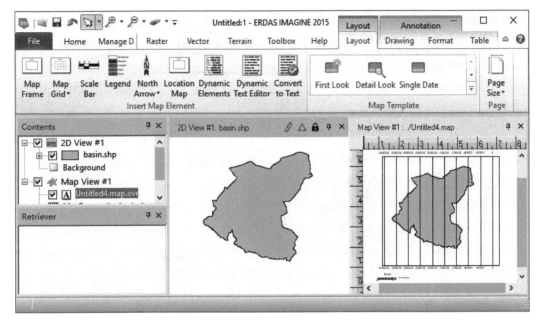

图 9-12 比例尺绘制预览图

（2）绘制图例

①选择 Layout→Legend，单击视图右侧的地图任意位置，打开 Legend Instructions 指示器（如图 9-13）。

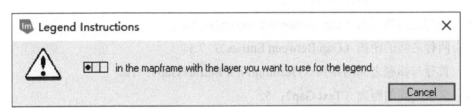

图 9-13 Legend Instructions 指示器

②单击视图右侧的地图任意位置，出现 Legend Properties 对话框并定义参数（如图 9-14）。

a. 基本参数（Basic Properties）。

● 图例表达内容（Legend Layout）：basin。

b. 标题参数（Title Properties）。

● 标题的内容（Title）：Legend。

● 选择标题有下划线（Underline Title）。

● 标题与下划线的距离（Title/Underline Gap）：2。

● 标题与图例框的距离（Title/Legend Gap）：12。

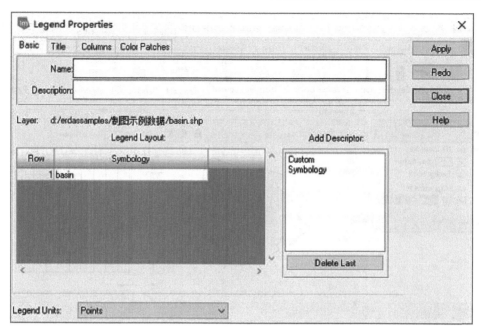

图 9-14　Legend Properties 对话框

- 标题排列方式（Title Alignment）：Cemtered。
- 图例尺寸单位（Legend Unit）：Points。

c. 竖列参数（Columns Properties）。

- 每列多少行（Entries per Column）：15。
- 两列之间的距离（Gap Between Column）：20。
- 两行之间的距离（Gap Between Entries）：7.5。
- 首行与标题之间的距离（Heading/First Entries Gap）：12。
- 文字之间的距离（Text Gap）：5。

d. 色标参数（Color Patches）。

- 选择将色标放在文字左边（Place Patch Left of Text）。
- 色标宽度（Patch Width）：30。
- 色标高度（Patch Height）：10。
- 色标与文字之间的距离（Patch/Text Gap）：10。
- 色标与文字的排列方式（Patch/Text Alignment）：Centered。
- 图例单位（Legend Units）：Points。

③单击 Apply，将图例放置在图框右下方合适位置，预览图如图 9-15 所示。

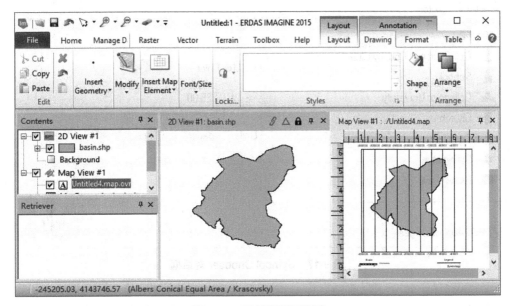

图 9-15　图例绘制预览图

（3）绘制指北针

①选择 Layout→North Arrow→Default North Arrow Style，在弹出的 North Arrow
Properties 对话框（如图 9-16）中，单击下拉箭头按钮，选择其提供的样式或选择"Other"，
在弹出的对话框中（如图 9-17），设置指北针样式、颜色、大小和单位，自定义样式。

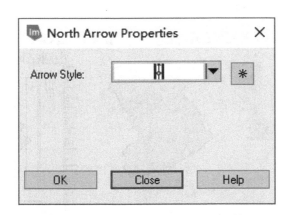

图 9-16　North Arrow Properties 对话框

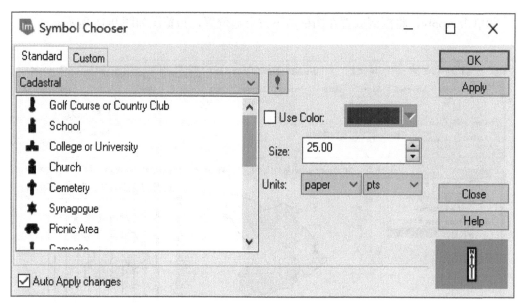

图 9-17　Symbol Chooser 对话框

②定义完指北针属性后，选择 Layout→North Arrow→North Arrow，在指定的位置插入指北针图标，预览图如图 9-18 所示。

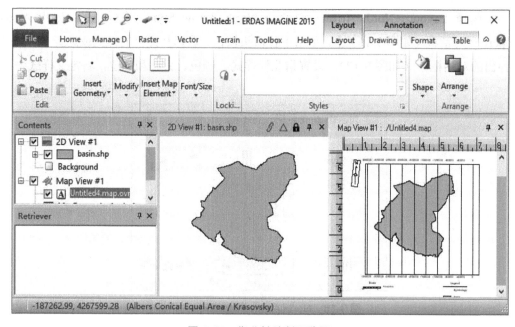

图 9-18　指北针绘制预览图

③双击刚才放置的指北针符号,弹出 Symbol Properties 对话框(如图 9-19),可以更改指北针的要素特征。

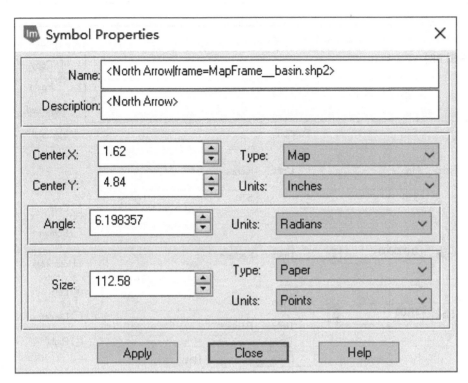

图 9-19 Symbol Properties 对话框

9.2.5 添加地图名称和注释

本节所用数据为 D/examples/basin.shp,在 ERDAS IMAGINE 2015 中添加地图名称和注释的操作步骤如下:

(1)选择 Drawing→A 图标,在图框上方的合适位置单击鼠标,输入标题"制图示例"。

(2)单击选中标题,可在 Drawing 面板下面的 Font/Size 中修改大小和字体等。也可双击文本,弹出 Text Properties 对话框(如图 9-20),改变其属性,包括大小和对齐方式等。调整好字体,预览图如图 9-21 所示。

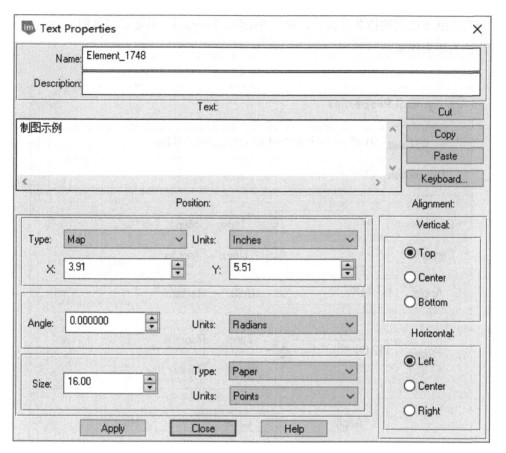

图 9-20 Text Properties 对话框

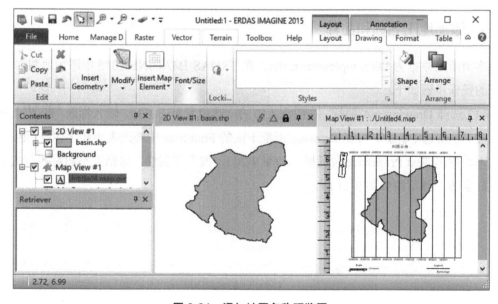

图 9-21 添加地图名称预览图

9.2.6　保存专题制图文件

单击 ERDAS 左上角的 File→Save As→Map Composition As，即可将地图保存为 Map 文件格式（如图 9-22）。

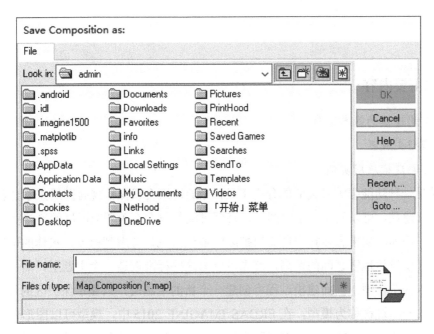

图 9-22　保存专题制图文件

9.2.7　输出打印

ERDAS IMAGINE 支持多种打印输出设备，包括静电测图仪、彩色打印设备以及 PostScript 打印设备。具体操作如下：

（1）选择 ERDAS IMAGINE 菜单栏下的 File→Print 工具，弹出打印设置对话框。

（2）选择打印机，设置打印界面，单击 OK 即可打印。

思考题：

1. 什么是遥感解译？简述遥感解译的主要目的。

2. 什么是目视解译？简述目视解译的主要方法和步骤。

3. 什么是计算机解译？简述计算机解译的主要方法和步骤。

4. 简述地图编制的主要步骤。

第 10 章　空间建模

本章主要内容:

● 空间建模的基本概念
● 模型生成器
● 空间建模应用实例

　　建模是一种功能强大且灵活的分析工具,是通过组合或操作现有图层来创建新图层的过程。通过建模,可以创建一小组图层,甚至可能是包含有关研究区域的许多类型信息的单个图层。例如,如果想要找到鸟类保护区的最佳区域,考虑到植被、水体的可用性、气候以及与高度发达地区之间的距离,首先可以为这些标准创造一个主题层,然后,每一层都将被输入一个模型中,而建模过程将创建一个新的主题层,只显示保护区的最佳区域。定义标准的一组过程称为模型,在 ERDAS IMAGINE 2015 中,模型可以图形化地创建,类似于步骤的流程图,或者可以使用脚本语言创建。尽管这两种类型的模型看起来不同,但它们本质上是相同的输入文件,指定了函数和/或操作符,并且定义了输出。运行模型,一个新的输出层将会被创建。模型既可以利用之前定义的分析函数,也可以创建新的函数。在 ERDAS IMAGINE 2015 软件中,空间建模使用模型生成器(Model Maker)来创建图形模型,使用空间建模语言(Spatial Modeler Language,SML)来创建程序模型。

实验目的:

1. 了解空间建模的基本概念。
2. 熟悉 ERDAS IMAGINE 2015 软件空间建模工具的使用。
3. 掌握空间建模的基本操作过程。

10.1　空间建模的基本概念

　　模型是对现实世界中的实体或现象的抽象或简化,是对实体或想象中最重要的构成及其相互关系的表述。空间建模工具是一个面向目标的可视化模型语言环境,用户可以在这个语言环境中应用直观的图形语言在一个页面上绘制流程图，并定义输入数据、操作环境、运算规则和输出数据，从而生成一个空间模型。

10.1.1　ERDAS IMAGINE 2015 空间建模工具组成

ERDAS IMAGINE 2015 空间建模工具由 3 部分组成：空间建模语言（Spatial Modeler Language，SML）、模型生成器（Model Maker）和空间模型库（Model Librarian）。

10.1.1.1　空间建模语言（SML）

SML 是一种脚本语言，专为 GIS 建模和图像处理应用程序而设计。SML 允许在模型生成器（Spatial Modeler 组件中的图形用户界面）之外定义简单或复杂的处理操作，可以使用 SML 编辑使用创建的模型。但是，无法从 Model Maker 访问使用 SML 创建或编辑的模型。

10.1.1.2　模型生成器（Model Maker）

模型生成器是空间建模语言核心的图形界面，可通过面板工具来产生空间图形模型，图形模型可以运行、编辑、保存在模型库中，或者转换成 SML 程序模型。模型生成器可以操作栅格数据、矢量数据、矩阵、表格及分级数据。图形模型只能在模型生成器中编辑。

10.1.1.3　空间模型库（Model Librarian）

空间模型库由空间模型组成，包括程序模型（*.mdl）和图形模型（*.gmd），前者是应用空间建模语言编写的，后者是用模型生成器建立的图像解译模块中的一个图形模型。然而，集成在空间模型菜单中的 Model Librarian 菜单命令，只能对空间程序模型进行浏览、编辑和删除等操作。

10.1.2　图形模型

图形模型使用户能够使用定义输入、函数和输出的工具面板来绘制模型。这种类型的建模与绘制流程图非常相似，因为用户确定了执行操作所需步骤的逻辑流程。通过在 ERDAS 设定的图形建模程序中提供的广泛功能和操作符，用户可以在创建不占用额外磁盘空间的中间文件的情况下，在非常少的步骤中分析多层数据。建模是使用一个图形化的编辑器来执行的，它消除了学习编程语言的需要。复杂模型可以很容易地开发，然后在另一个数据集中快速编辑和重新运行。模型生成器创建的图形模型本质上是一个流程图，它定义了：

（1）输入图像、矢量、矩阵、表和标量。

（2）在输入数据上执行的计算、函数或操作。

（3）输出图像、矩阵、表和标量。

在模型生成器中创建的图形模型都具有相同的基本结构：输入、功能、输出。输入、功能和输出的数量可能有所不同，但总体形式保持不变。在执行模型之前，所有组件必须相互连接（如图10-1）。图10-1左边的模型是最基本的形式，右边的模型则较为复杂，但是它保留了相同的输入/功能/输出流。

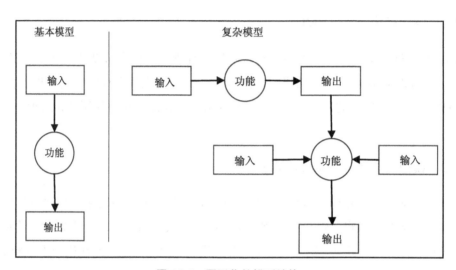

图 10-1　图形化的模型结构

10.1.3　程序模型

程序模型是一种脚本语言，由模型制造商在内部使用，以执行在创建的图形模型中指定的操作。SML 还可以用于直接写入创建的模型。它包括模型创建中可用的所有功能、条件的分支和循环以及使用复杂数据类型的能力。用模型生成器创建的图形模型可以输出到脚本文件（仅文本），然后，这些脚本可以使用 SML 语法编辑文本编辑器，并在库中重新运行或保存。程序模型也可以在文本编辑器中从头开始编写。它们存储在 ASCII.mdl 文件中。

一个程序模型主要由一个或多个语句组成。每个语句基本都属于以下类别之一：

（1）声明：定义了在模型中被操纵的对象。

（2）赋值：给对象赋值。

（3）显示和视图：使用户能够查看和解释模型的结果。

（4）设置：定义模型的范围，或者建立建模者使用的默认值。

（5）宏定义：定义与宏名称相关联的替代文本。

（6）退出：终止模型的执行。

SML 还包括流控制结构，可以在模型和语句块结构中使用条件分支和循环，从而使一组语句作为一个组执行。例如，TM 图像缨帽变换的程序模型和图形模型如图 10-2 所示。

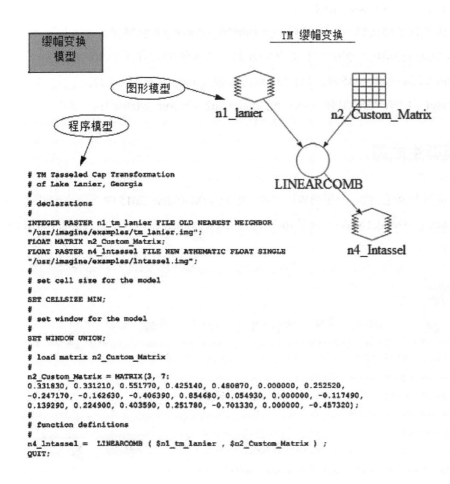

图 10-2　缨帽变换的图形模型和程序模型

在图 10-2 的程序模型中，语句代表的具体模块如下所示：

（1）声明示例：

INTEGER RASTER n1_tm_lanier FILE OLD NEAREST NEIGHBOR

"/usr/imagine/examples/tm_lanier.img";

FLOAT MATRIX n2_Custom_Matrix；

FLOAT RASTER n4_lntassel FILE NEW ATHEMATIC FLOAT SINGLE

"/usr/imagine/examples/lntassel.img";

（2）设置示例：

SET CELLSIZE MIN；

SET WINDOW UNION；

（3）赋值示例：

n2_Custom_Matrix = MATRIX（3,7：

0.331830,0.331210,0.551770,0.425140,0.480870,0.000000,0.252520,

-0.247170,-0.162630,-0.406390,0.854680,0.054930,0.000000,-0.117490,

0.139290,0.224900,0.403590,0.251780,-0.701330,0.000000,-0.457320）；

n4_lntassel = LINEARCOMB（$n1_tm_lanier,$n2_Custom_Matrix）；

10.2　模型生成器

模型生成器是 SML 核心的图形界面，在 ERDAS IMAGINE 2015 中，用户可通过工具箱中的 Model Maker→Model Maker（如图 10-3），打开 New_Model 窗口以及工具面板（如图 10-4）。

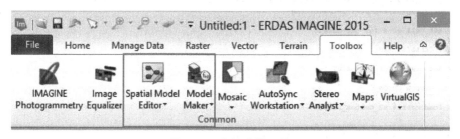

图 10-3　空间建模工具

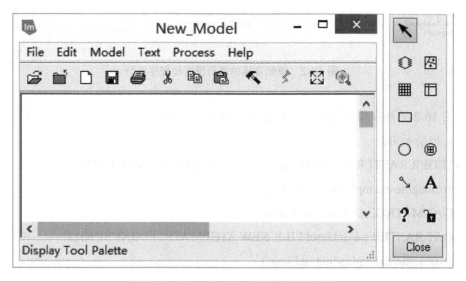

图 10-4　New_Model 对话框和工具面板

New_Model 窗口中包含 12 个常用图形模型编辑工具图标，其功能见表 10-1。

表 10-1　图形模型编辑工具

图形	命令	功能
	Open File	打开文件
	Close the Model	关闭模型窗口
	Create a New Model Window	创建新的模型窗口
	Save the Model	保存模型
	Print the Model	打印模型
	Cut the Selected Objects	删除选择的对象
	Copy the Selected Objects to the Paste Buffer	复制对象至粘贴板
	Copy the Selected Objects into Model	复制对象至模型窗口
	Display Tool Palette	展示工具面板
	Execute the Model	运行图形模型
	Fit the Entire Model to the Window	模型充满图形窗口
	Zoom In	放大两倍显示

模型生成器工具面板中各按钮的具体功能见表 10-2。

表 10-2　模型生成器工具面板功能简介

图形	命令	功能
	Select Object	选择和定义图形按钮
	Place a Raster Object	栅格对象图形按钮
	Place a Vector Object	矢量对象图形按钮
	Place a Matrix Object	矩阵对象图形按钮
	Place a Table Object	表格对象图形按钮
	Place a Scalar Object	等级参数对象图形按钮
	Place a Function	函数操作对象图形按钮
	Place a Criteria Function	条件参数函数图形按钮
	Correct Functions	连接对象图形与函数操作
	Annotative Text	向图形模型界面添加注释
	On-line Help	联机帮助
	Keep Tool	工具锁按钮

除此之外，用户还可通过工具箱中的 Model Maker→Model Librarian 选项，打开 Model Librarian 对话框，选择加载已有的模型（如图 10-5）。

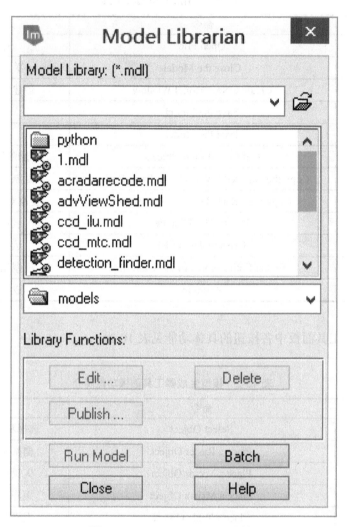

图 10-5　Model Librarian 对话框

10.3　空间建模应用实例

图形模型建立的基本流程是明确问题、分解问题、组建模型、检验模型结构、应用分析结果。本节以 SPOT 影像空间增强为例，模型设计的基本思路是选择 ERDAS IMAGINE 2015 软件的空间分析工具，选择其中的卷积运算函数，利用 ERDAS IMAGINE 2015 软件自带的求和矩阵，对 SPOT 影像进行空间增强操作，实现 SPOT 影像地区边缘和线性地物信息的增强。本节所用数据为 D/examples/atl_spotp_87.img，在 ERDAS IMAGINE 2015 中进行图形建模的具体操作如下：

（1）单击 Toolbox→Model Maker→Model Maker，打开 New_Model 窗口，在工具面板中点击需要的对象图标，放置在图形窗口中。本例需要添加两个 Raster 图标 ⬡、一个 Matrix 矩阵图标 ▦ 和一个 Function 图标 ○，并选择 Connect 图标 ↖ 绘制连接线，形成图形模型的基本框架（如图 10-6），图标位置可自行拖动。

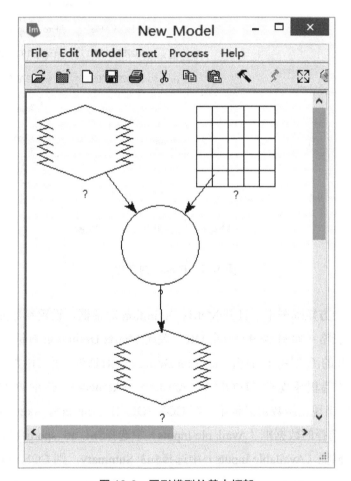

图 10-6　图形模型的基本框架

（2）双击左上方的栅格图形，打开 Raster 对话框，确定输入图像：atl_spotp_87.img（如图 10-7）。单击 OK，关闭 Raster 对话框，返回 New_Model 窗口。

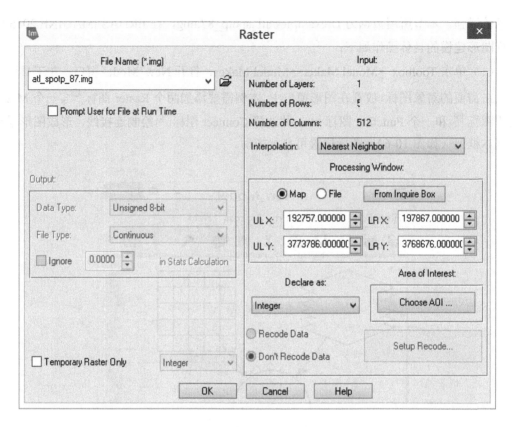

图 10-7　Raster 对话框

（3）双击右上方矩阵图形，打开 Matrix Definition 对话框，设置参数如图 10-8 所示，打开卷积核矩阵表格（如图 10-9）点击 OK，关闭 Matrix Definition 对话框。

（4）双击中部的函数图形，打开 Function Definition 对话框。确定函数类型（Functions）为 Analysis；双击卷积函数 CONVOLVE（<raster>，<kernel>），CONVOLVE（<raster>，<kernel>）语句即出现在函数定义框中。在 CONVOLVE（<raster>，<kernel>）语句中单击<raster>，在可供选择的数据框（Available Inputs）中选择$n1_atl_spotp_87，单击<kernel>，在可供选择的数据框（Available Inputs）中选择$n3_Summary，则 CONVOLVE（<raster>，<kernel>）语句中<raster>和<kernel>的参数分别被定义为$n1_atl_spotp_87 和$n3_Summary（如图 10-10）。如果选择的函数没有有效的数据输入，则在数据输入窗口会显示<none defined>字样（如图 10-11）。

Matrix Definition
Select:
Built_In
Custom_Matrix
Read
Output
Built In:
Kernel:
Summary
Size:
5x5
Normalize Matrix During Execution
OK
Cancel
Help

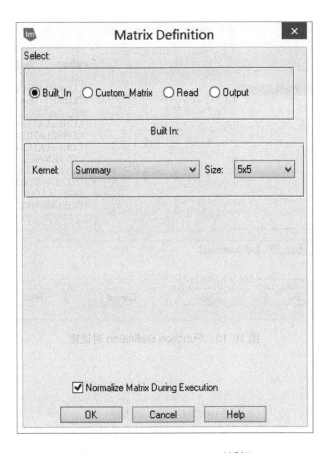

图 10-8　Matrix Definition 对话框

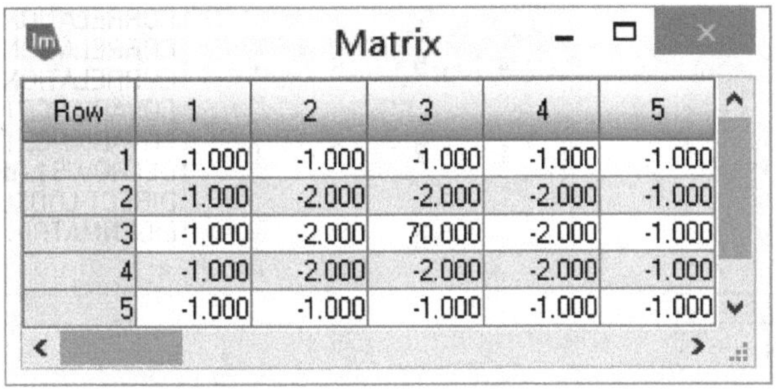

Matrix
Row 1 2 3 4 5
1 -1.000 -1.000 -1.000 -1.000 -1.000
2 -1.000 -2.000 -2.000 -2.000 -1.000
3 -1.000 -2.000 70.000 -2.000 -1.000
4 -1.000 -2.000 -2.000 -2.000 -1.000
5 -1.000 -1.000 -1.000 -1.000 -1.000

图 10-9　卷积核矩阵

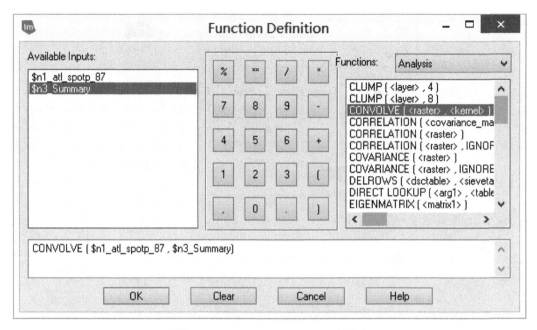

图 10-10   Function Definition 对话框

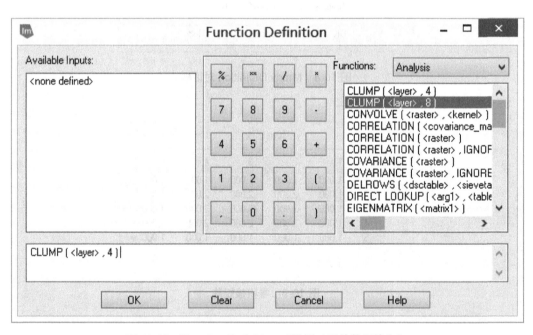

图 10-11   Function Definition 对话框（无效数据输入）

（5）双击最下面的栅格图形，打开 Raster 对话框（如图 10-12）。定义输出图像为 convolve.img；定义输出类型（Data Type）为 Unsigned 8-bit；输出文件类型（File Type）为 Continuous；输出统计忽略零值。

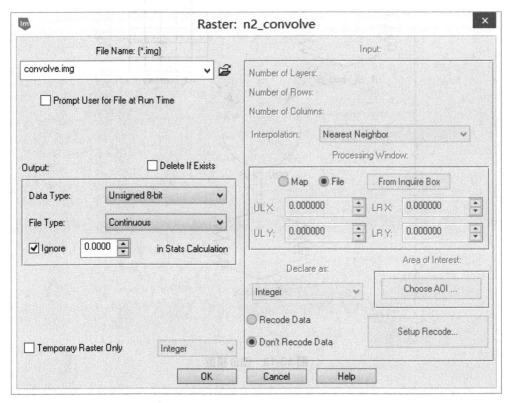

图 10-12　Raster 对话框

（6）单击 OK，关闭 Raster 对话框，返回 New_Model 窗口，此时，图形模型如图 10-13 所示。

（7）在图形模型中加入注释，不仅有助于用户了解模型的结构和功能、理解模型及其对应的处理过程，而且有助于对项目的组织、建立多个模型相互之间的关系。可以对每个模型加上标题，对其中的函数进行注释。具体过程如下：

①单击 Text 图标 **A**，点击添加注释的位置，弹出 Text String 对话框，在 Text String 对话框中输入标题字符 "Enhance Spots Image"（如图 10-14）。点击模型生成器的空白处，Text String 对话框中的 OK 可选，单击 OK，关闭对话框，标题字符出现在 New_Model 对话框中。

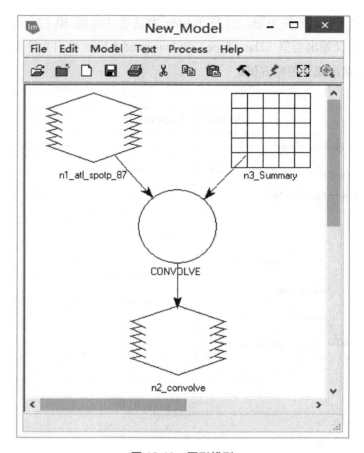

图 10-13　图形模型

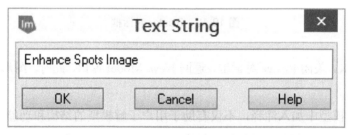

图 10-14　Text String 对话框

②可通过 Text 下的选项来调整注释的字体、大小和类型。

③重复上述步骤，依次标注输入图像"Input Image"，卷积核"Convolve Kernel"，输出图像"Output Image"。

④双击函数图形，打开 Function Definition 对话框，复制函数表达式，在 Text String 对话框中粘贴，得到注释后的图形模型（如图 10-15）。

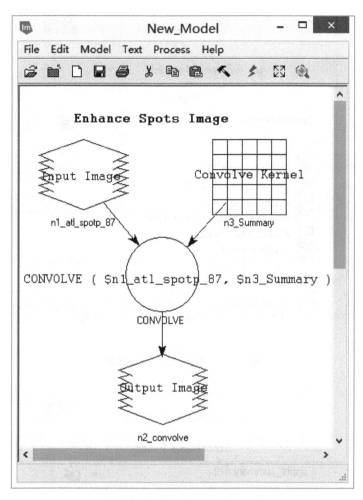

图 10-15　注释后的图形模型

（8）单击 File→Save，打开 Save Model 对话框，输入输出模型名称（如图 10-16），点击 OK，关闭 Save Model 对话框，保存图形模型。

（9）单击 Process→Run 命令或图标 ⚡ 运行模型。

（10）单击 Process →Generate Script，打开 Generate Script 对话框，保存文本程序文件。设置文本名称（Script Name）为 spots_summary.mdl（如图 10-17），单击 OK，关闭 Generate Script 对话框，生成程序模型。

（11）单击 Model Maker→Model Librarian，打开 Model Librarian 对话框，加载保存的 spots_summary.mdl 程序模型，单击 Edit，打开 spots_summary.mdl 程序模型（如图 10-18）。用户可在 Model Librarian 对话框中直接运行程序模型，可以将程序模型的运行交给批处理程序，可以删除程序模型，也可以编辑程序模型。

（12）单击 File→Save，保存修改程序；单击 File→Close，退出编辑状态。

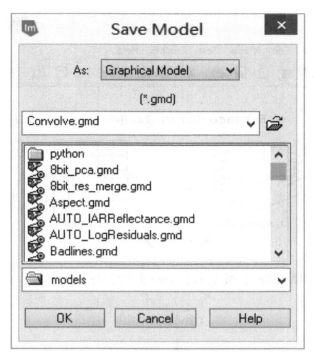

图 10-16　Save Model 对话框

图 10-17　Generate Script 对话框

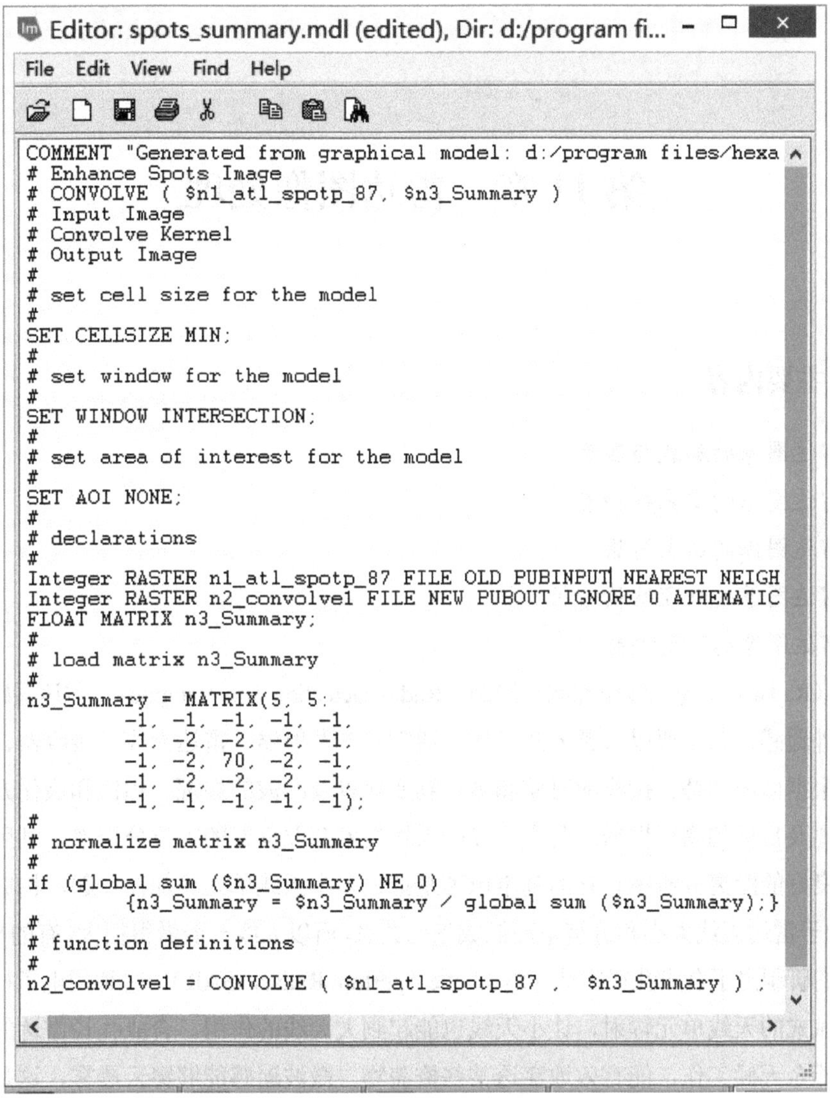

```
Im  Editor: spots_summary.mdl (edited), Dir: d:/program fi...  –  ☐  ×
 File  Edit  View  Find  Help

 ☞  ☐  ☐  ☐  ✂    ☐  ☐  ☐

COMMENT "Generated from graphical model: d:/program files/hexa ^
# Enhance Spots Image
# CONVOLVE ( $n1_atl_spotp_87, $n3_Summary )
# Input Image
# Convolve Kernel
# Output Image
#
# set cell size for the model
SET CELLSIZE MIN;
#
# set window for the model
#
SET WINDOW INTERSECTION;
#
# set area of interest for the model
#
SET AOI NONE;
#
# declarations
#
Integer RASTER n1_atl_spotp_87 FILE OLD PUBINPUT NEAREST NEIGH
Integer RASTER n2_convolve1 FILE NEW PUBOUT IGNORE 0 ATHEMATIC
FLOAT MATRIX n3_Summary;
#
# load matrix n3_Summary
#
n3_Summary = MATRIX(5, 5:
        -1, -1, -1, -1, -1,
        -1, -2, -2, -2, -1,
        -1, -2, 70, -2, -1,
        -1, -2, -2, -2, -1,
        -1, -1, -1, -1, -1);
#
# normalize matrix n3_Summary
#
if (global sum ($n3_Summary) NE 0)
        {n3_Summary = $n3_Summary / global sum ($n3_Summary);}
#
# function definitions
#
n2_convolve1 = CONVOLVE ( $n1_atl_spotp_87 ,  $n3_Summary ) ;  v
 <  ☐                                                       >
```

图 10-18　spots_summary.mdl 程序文本

思考题：

1. 空间建模的目的是什么？
2. 什么是空间建模语言？
3. 什么是图形模型？
4. 什么是程序模型？
5. 图形模型和程序模型的区别是什么？

第11章　雷达图像处理

本章主要内容：

● 雷达图像的加载与显示

● 雷达图像的重采样功能

● 雷达图像的斑点消除

● 雷达图像的纹理结构分析

● 雷达图像的亮度调整

雷达（Radar）意为无线电探测与测距（Radio Detection and Ranging）。雷达遥感不同于可见光和红外遥感，它主要以有源方式工作，通常包含发射器、雷达天线、接收器、记录器等部分，它根据微波传播、接收的时差和多普勒变化以及回波的振幅、相位和极化方式来探测目标的距离及目标的物理性质。利用合成的天线技术获取良好的方位分辨率，利用脉冲压缩技术获取良好的距离分辨率。它的基本原理是把很多小天线单元叠加在一起，构成一个长长的天线。由于雷达天线大小和分辨率高低成正比关系，所以天线一般做得很大，有的长达 10 m。于是，人们研制出了合成孔径雷达（Synthetic Aperture Radar，SAR），它利用电子扫描的方式来代替机械式的天线单元辐射，让小天线也能起到大天线的作用。合成孔径雷达的特点是分辨率高，能全天候工作，能有效地穿透某些掩盖物。微波遥感能够穿云透雾，这是因为合成孔径雷达使用的是 13～30 cm 的微波波段，由于微波比可见光和红外辐射穿透能力更强，所以通常用来探测云雾笼罩着的目标，以及深埋于地下或积雪下的物体。用合成孔径雷达探测不含水分的土壤时，可穿透 30 m 的地层探测到深埋在地下的物体。ERDAS IMAGINE 2015 提供了比较完整的雷达图像处理模块，包括亮度对比（Brightness Contrast）、正交重采样（Ortho Resampling）、雷达斑点噪声抑制（Radar Speckle Suppression）、纹理分析（Texture Analysis）等。

实验目的：

1. 了解雷达图像处理的基本原理。

2. 熟悉 ERDAS IMAGINE 2015 软件雷达图像处理工具的使用。

3. 掌握雷达图像处理的基本过程。

11.1　雷达图像的加载与显示

11.1.1　加载雷达图像

首先加载雷达图像，本节所用数据为 D:/examples/DeathValley_Radarsat.img，在 ERDAS IMAGINE 2015 中执行雷达数据加载的具体操作步骤如下：

（1）在视窗菜单条中选择 File→Open→Raster Layer，加载 DeathValley_Radarsat.img。

（2）在加载的雷达图像上右键单击，选中 Fit to Frame 复选框。

（3）单击 OK，打开图像（如图 11-1）。

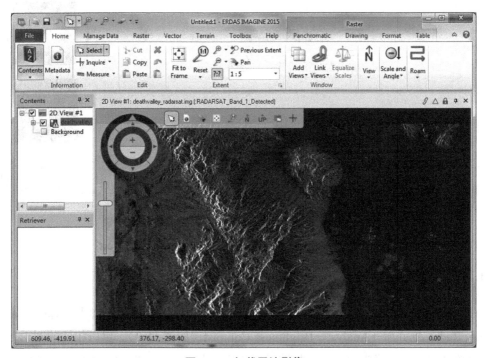

图 11-1　加载雷达影像

11.1.2　查阅图像基本信息

在 ERDAS IMAGINE 2015 中执行图像基本信息查询的具体操作如下：选择 Raster→Radar→Radar Analyst→Tools→Geometric Tools→OrthoRadar Classic，打开 SAR Model Properties 对话框。在 SAR Model Properties 对话框中，可以查看该雷达图像的投影信息（Projection）、合成孔径雷达模型（SAR Model）和星历表（Ephemeris）等基础信息（如图 11-2）。

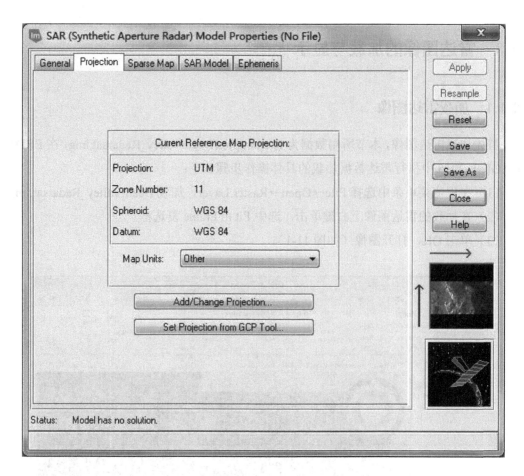

图 11-2　SAR Model Properties 对话框

11.1.3　对比度调整

在 ERDAS IMAGINE 2015 中执行图像对比度调整的具体操作如下：选择 Raster→
Radar→Radar Analyst→Analyst→Brightness Contrast（如图 11-3）。黑白相间的圆形图标是
对比度的调整窗口，箭头向上为增加图像对比度，向下为减少图像对比度。黄色圆形是亮
度的调整窗口，箭头向上为增加图像亮度，向下为降低图像亮度。

图 11-3　图像的对比度和亮度调整对话框

11.2　雷达图像的重采样功能

对雷达图像进行配准或校正、投影等几何变换后，像元中心位置通常会发生变化，其在输入栅格中的位置不一定是整数的行列号，因此需要根据输出栅格上每个像元在输入栅格中的位置，对输入栅格按一定规则进行重采样，进行栅格值的重新计算，建立新的栅格矩阵。此外，重采样方法同样会应用在不同分辨率的栅格影像数据之间的运算，需要将栅格大小统一到一个指定的分辨率上，也需要对栅格进行重采样。本节所用数据为 D/examples/deathvalley_30m_dem.img，在 ERDAS IMAGINE 2015 中执行雷达图像重采样的具体操作如下：

（1）选择 Raster→Radar→Radar Analyst→Tools→Geometric Tools，打开 Ortho Resampling 对话框，设置参数如图 11-4 所示。

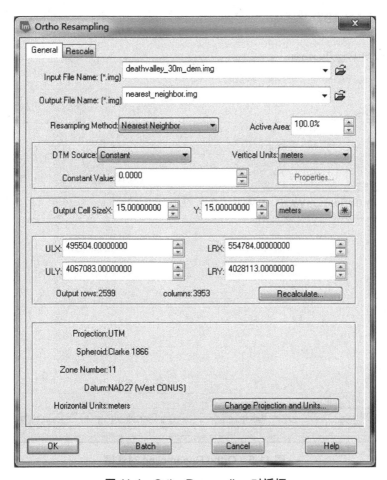

图 11-4　Ortho Resampling 对话框

（2）确定输入文件（Input File Name）：deathvalley_30m_dem.img。

（3）确定输出文件（Output File Name）：nearest_neighbor.img。

（4）确定重采样类型（Resampling Method）：Nearest Neighbor。

（5）确定 DTM 源类型（DTM Source）：Constant。

（6）确定输出像元大小（Output Cell Size）：X 为 15 m，Y 为 15 m。

（7）选择 Rescale 界面（如图 11-5），确定零值为忽略值（Output Ignore Value）：0.00000。

（8）单击 OK，完成后单击 Close，关闭进度条。

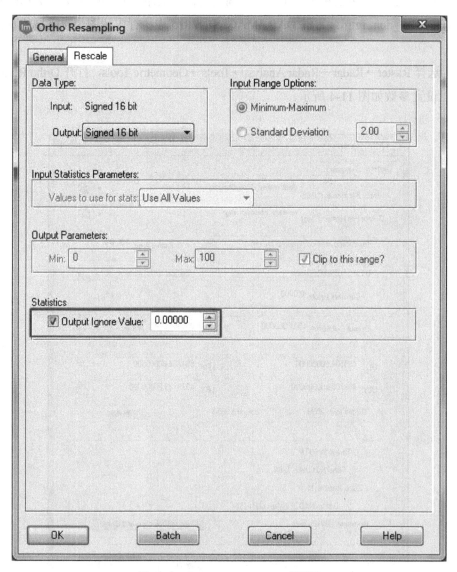

图 11-5　Ortho Resampling 对话框

11.3　雷达图像的斑点消除

在雷达成像时，由于传感器接收到的回波信号是各目标地物后向散射信号被增强或减弱，在图像中形成过亮或过暗的像素点，影响图像的质量，这些不正常的像素点就是斑点噪声。所有斑点噪声消除之前进行雷达图像的处理都会带入斑点噪声的副作用，从而降低图像质量，因此必须在处理之前进行斑点噪声消除，减小其影响，但需要注意的是，处理斑点噪声的过程本身也会使图像质量发生变化。考虑到不同的传感器输出图像不同以及应用要素的差异，ERDAS 提供了多种斑点噪声抑制滤波器：均值滤波（Mean）、中值滤波（Median）、Lee-Sigma 滤波、Local Region 滤波、Lee 滤波、Frost 滤波和 Gamma-MAP 滤波。本节所用数据为 D/examples/loplakebed.img，在 ERDAS IMAGINE 2015 中执行雷达数据的斑点噪声消除的步骤如下（本例使用 Lee-Sigma 滤波器，需要输入图像变异系数）。

11.3.1　求取图像变异系数

（1）在 ERDAS 主窗口，选择 Rastar→Radar Toolbox→Utilities→Radar Speckle Suppression，打开 Radar Speckle Suppression 对话框（如图 11-6）。

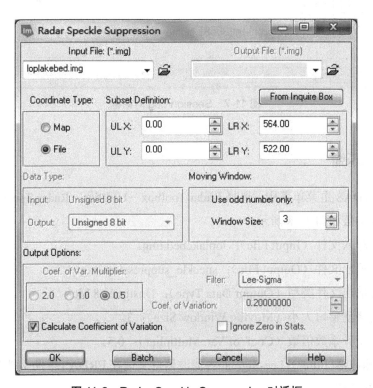

图 11-6　Radar Speckle Suppression 对话框

（2）选择处理图像文件（Input File）：loplakebed.img。

（3）选中 Calculate Coefficient of Variation 复选框，计算雷达图像的变异系数，此处的变异系数是由雷达场景衍生的，有些滤波器需要输入此参数。

（4）设置计算窗口大小（Window Size）为 3。

（5）单击 OK，开始计算变异系数。

（6）变异系数计算完成后，单击 OK 将其关闭。

（7）在 ERDAS 主菜单条中，选择 File→Session→Session Log 对话框，从对话框中可以得到变异系数，其值为 0.274552（如图 11-7）。

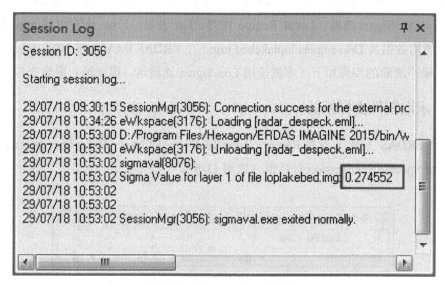

图 11-7　Session Log 对话框

11.3.2　斑点压缩

（1）在 ERDAS 主菜单条中，选择 Radar Toolbox→Utilities→Radar Speckle Suppression 对话框，设置参数如图 11-8 所示。

（2）确定输入文件（Input File）：loplakebed.img。

（3）确定输出文件（Output File）：speckle_suppression.img。

（4）确定输出文件类型（Output Data Type）：Unsigned 8 bit。

（5）确定移动窗口大小（Moving Window Size）：3。

（6）确定变异系数倍数（Coef. of Var. Multiplier）：0.5。

（7）确定滤波器（Filter）：Lee-Sigma（各滤波器意义请在 ERDAS 帮助文档 Radar Imagery Enhancement 内查看）。

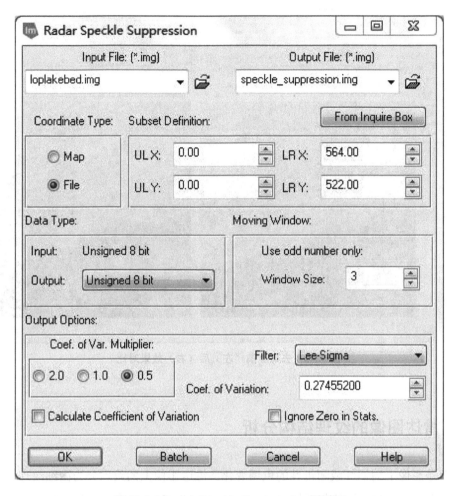

图 11-8　Radar Speckle Suppression 对话框

（8）变异系数使用前面的计算结果：0.274552。

（9）单击 OK，执行斑点噪声抑制处理。

（10）对比斑点噪声抑制前后的结果。

①单击 Viewer 图标，打开两个视图窗体。

②在 ERDAS 主菜单中，选择 File→New→2D View。

③左侧 2D View#1 窗口加载处理前图像 loplakebed.img，右侧 2D View#2 窗口加载噪声抑制后的影像 speckle_suppression.img，去斑点前后效果如图 11-9 所示。

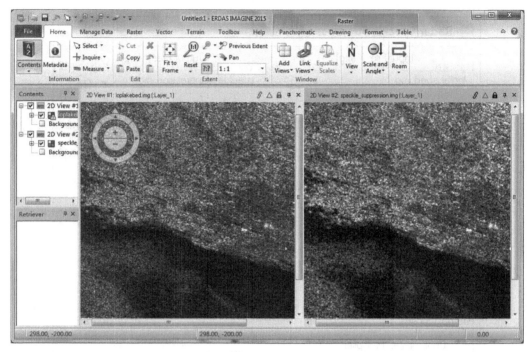

图 11-9　去斑点前（左）后（右）效果对比

11.4　雷达图像的纹理结构分析

纹理是影像上周期性或随机性的色调变化。雷达影像上的纹理分为微细纹理、中等纹理和大纹理，雷达图像纹理分析相对可见光/红外（VIS/IR）图像的纹理分析具有更好的适用性，雷达纹理分析对地质判别、植被分类等很有用。纹理分析是应用数学模型的特定大小的移动窗口进行纹理特征的计算。本节所用数据为 D/examples/flevolandradar.img，在 ERDAS IMAGINE 2015 中执行纹理结构分析的具体操作如下：

（1）在 ERDAS 主菜单条中，选择 Radar Toolbox→Utilities→Texture Analysis 对话框，设置参数如图 11-10 所示。

（2）确定输入文件（Input File）：flevolandradar.img。

（3）确定输出文件（Output File）：texture_analysis.img。

（4）确定输出类型（Output Data Type）：Float Single。

（5）确定移动窗口（Moving Window Size）：5。

（6）设置分析算子（Operators）：Skewness。

（7）单击 OK，执行处理。

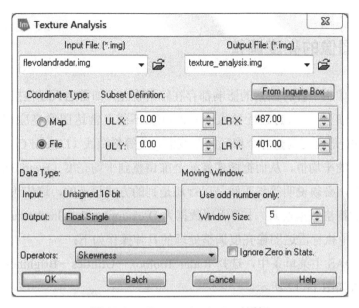

图 11-10　Texture Analysis 对话框

（8）对比纹理处理前后的结果。

①单击 Viewer 图标，打开两个视图窗体。

②在 ERDAS 主菜单中，选择 File→New→2D View。

③左侧 2D View#1 窗口加载处理前图像 flevolandradar.img，右侧 2D View#2 窗口加载纹理分析后的影像 texture_analysis.img（如图 11-11）。

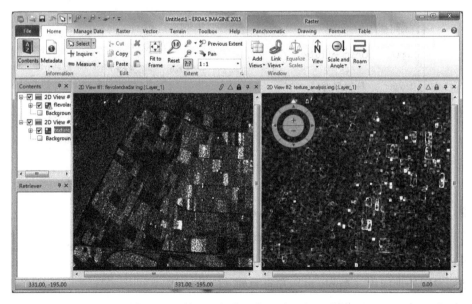

图 11-11　纹理分析前（左）后（右）对比

11.5 雷达图像的亮度调整

原始雷达图像由于各种因素的影响都存在辐射误差，如雷达天线在接收和传送图像时有缺陷，或由于距离目标的远近导致信号的强弱不同。雷达图像亮度调整（Brightness Adjustment）功能是通过调整每个像元的灰度值，使等斜距线（Line of Constant Range）上的像元都取该线的平均值，从而把图像像元全部调整到平均亮度（Even Brightness）水平。因此，在处理前，必须说明等斜距线是以行还是列的方式记录的，这依赖于传感器的飞行路径及其输出的栅格数据格式。本节所用数据为 D/examples/flevolandradar.img，在 ERDAS IMAGINE 2015 中执行雷达图像亮度调整处理的具体操作如下：

（1）在 ERDAS 主菜单条中，选择 Radar Toolbox→Utilities→Brightness Adjustment 对话框，设置参数如图 11-12 所示。

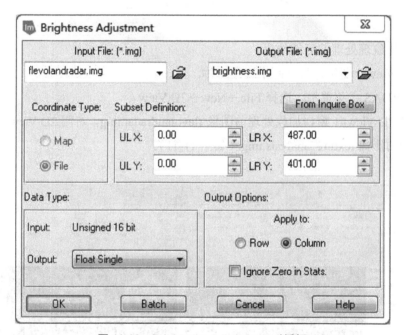

图 11-12　Brightness Adjustment 对话框

（2）确定输入文件（Input File）：flevolandradar.img。

（3）确定输出文件（Output File）：brightness.img。

（4）设置输出数据类型（Output Data Type）：Float Single。

（5）设置处理应用（Apply to）方向为列（Column）。

（6）单击 OK，执行操作。

（7）对比亮度调整前后的结果：

①在 ERDAS 主菜单中，选择 File→New→2D View。

②左侧 2D View#1 窗口加载处理前图像 flevolandradar.img，右侧 2D View#2 窗口加载亮度调整后的影像 brightness.img（如图 11-13）。

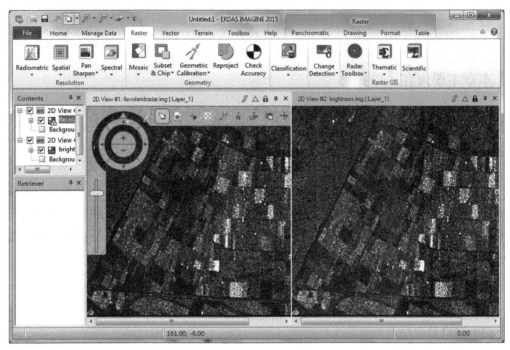

图 11-13　亮度调整前（左）和调整后（右）效果对比

思考题：

1. 微波遥感有何特点？

2. 什么是 SAR？其发展优势主要体现在哪些领域？

3. SAR 与常规遥感图像的异同点有哪些？

4. SAR 在遥感工作中的应用有哪些？

第 12 章　立体分析

本章主要内容：

- 功能介绍
- 建立 DSM 表面
- 三维信息测量

立体分析（Stereo Analyst）是 ERDAS 软件中的一个模块，能够直接从影像获取地理要素的三维地理信息，可用于在没有数字高程模型的情况下，实现不同影像三维信息的精确采集、解译、可视化，还可以将二维信息转换为三维信息。立体分析的主要功能概括如下：

（1）高效、简便地获取可靠的、真实的地理三维信息。

（2）道路、建筑物、地籍等信息省时的、自动的获取工具。

（3）自动获取空间相关的属性数据。

（4）使用高分辨率影像，编辑和更新二维和三维信息。

（5）能接收多种相机获取数据并从中采集三维信息，如航空的、录像的、数字的和业余方式的相机。

（6）测量三维信息，包括三维点位、距离、坡度、面积、角度、方位。

（7）采集 X、Y、Z 点群和特征线，用于生成不规则三角网（Triangular Irregular Network，TIN）。

（8）从表面立体测量源创建数字表面模型（Digital Surface Model，DSM）。

（9）直接输出和使用 ESRI 的三维 Shape 文件用于 ERDAS IMAGINE 和 ESRI Arc 产品。

实验目的：

1. 了解 DSM 建立的原理。

2. 熟练建立 DSM 表面和三维信息测量的技术方法。

3. 结合实际掌握应用该技术解决空间分析问题的能力。

12.1　功能介绍

打开 Toolbox 选项，选择 Stereo Analysis，打开 Stereo Analyst for ERDAS IMAGINE 对话框（如图 12-1）。

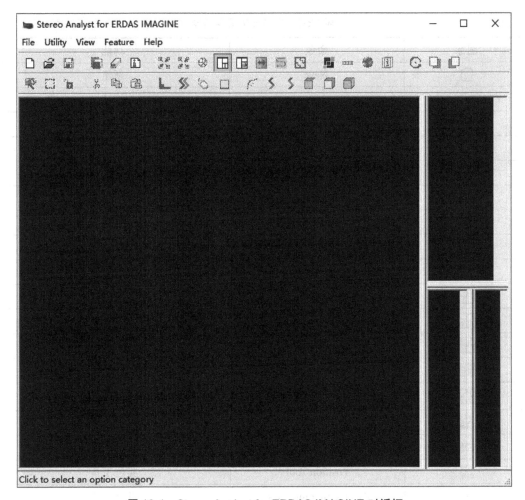

图 12-1　Stereo Analyst for ERDAS IMAGINE 对话框

立体分析的菜单条主要由文件（File）、实用工具（Utility）、视图（View）、要素（Feature）、栅格（Raster）、帮助（Help）组成（如图 12-2），立体分析工具列表见表 12-1，立体分析的要素工具列表见表 12-2。

图 12-2　立体分析菜单条

表 12-1　立体分析工具列表

图标	命令	功能
	New	新建
	Open	打开
	Save	保存
	Choose Stereopair	选择立体像对
	Clear the Stereo View	擦除立体视图
	Image Metadata	影像信息
	Fit Scene	全屏
	Revert to Original	还原
	Zoom 1：1	1：1 视图
	Cursor Tracking	光标跟踪
	3D Feature View	三维要素视图
	Invert Stereo	反立体
	Update Scene	更新
	Fixed Cursor Mode	固定光标模式
	Create Stereo Model	创建立体模型
	3D Measure Tool	三维测量工具
	Position Tool	定位工具
	Geometric Properties	几何属性
	Rotate	旋转
	Left Buffer	左缓冲
	Right Buffer	右缓冲

表 12-2　立体分析的要素工具列表

图标	命令	功能
	Select	选择
	Box Feature	拉框选择
	Lock/Unlock	加锁/解锁
	Cut	剪切
	Copy	复制
	Paste	粘贴
	Orthogonal	绘制直角要素
	Parallel	绘制平行要素
	Streaming	流模式要素
	Polygon Close	封闭多变性
	Reshape	整形要素
	Polyline Extend	折线延长
	Remove Segments	部分删除
	Add Element	增加元素
	Select Element	选择元素
	3D Extend	三维扩展

12.2　建立DSM表面

数字表面模型（Digital Surface Model，DSM）是指包含了地表建筑物、桥梁和树木等高度的地面高程模型。DSM 可以最真实地表达地面起伏情况，可广泛应用于各行各业。如在森林地区，DSM 可用于检测森林的生长情况；在城区，DSM 可以用于检查城市的发展情况，特别是众所周知的巡航导弹，它不仅需要数字地面模型，而且更需要的是数字表面模型，这样才有可能使巡航导弹在低空飞行过程中，逢山让山、逢森林让森林。与 DSM 相比，DEM 只包含了地形的高程信息，并未包含其他地表信息，DSM 是在 DEM 的基础上，进一步涵盖了除地面以外的其他地表信息的高程。在一些对建筑物高度有需求的领域，DSM 得到了很高的重视。

12.2.1 概述

本节介绍使用传感器信息生成 DSM 的流程。立体分析功能可以从影像上准确地采集对象在真实世界中的三维信息，使用传感器模型信息创建数字表面模型的过程无须借助手工调整影像。立体分析模块使用传感器信息自动旋转、升降、缩放两张重叠的影像生成清晰的数字表面模型以便于立体观测。并且立体分析能自动地将三维光标切于地形表面。这样就不必频繁地调整浮动光标的高度。

12.2.2 环境设置

本节的操作是在彩色立体模式下创建的。如果想达到相同的效果，需要进行环境设置，设置步骤如下：

（1）选择 Utility 图标下的 Stereo Analyst Options，或者右键单击 Stereo Analyst for ERDAS IMAGINE 对话框（如图 12-3）。

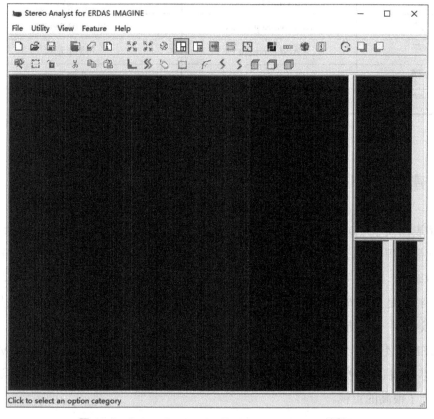

图 12-3　Stereo Analyst for ERDAS IMAGINE 对话框

（2）在 Option Categories 里选择 Stereo Mode，在右侧的 Stereo Mode 中选择 Color Anaglyph Stereo 命令，设置立体模式为彩色立体模式（如图 12-4）。

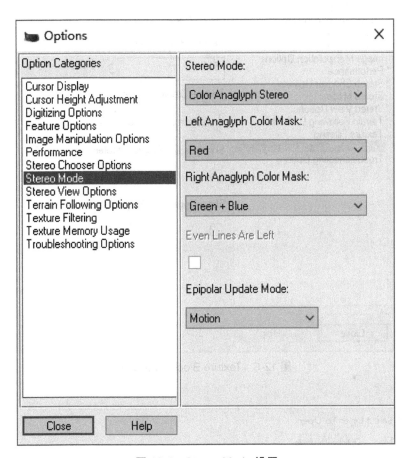

图 12-4　Stereo Mode 设置

（3）在 Option Categories 里选择 Texture Memory Usage，在右侧的 Texture Block Size 中选择 128×128，将 Texture Memory Cache Size 设置为 512（如图 12-5）。

（4）单击 Close，关闭 Options 对话框，完成环境设置。

12.2.3　加载立体分析数据

本节所用数据为 D/examples/Tutor2/la_left.img 和 la_right.img，在 ERDAS IMAGINE 2015 中执行立体分析的具体操作步骤如下：

（1）打开左航片，选择 File→Open→Open an Image in Mono，选择 la_left.img（如图 12-6），单击 OK，加载图片如图 12-7 所示，在立体分析模块打开文件夹时可以选择创建金字塔，创建金字塔可以加快在主视图中显示影像的速度。

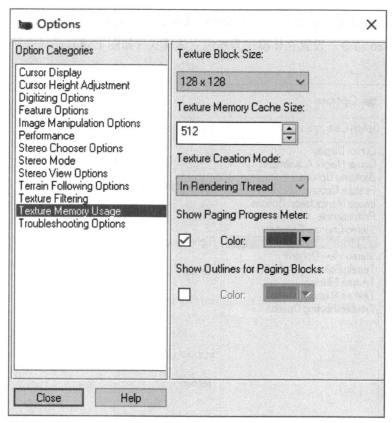

图 12-5 Texture Block Size 设置

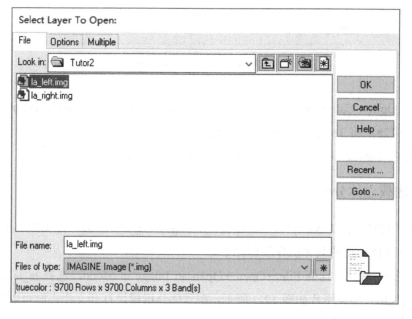

图 12-6 打开左航片

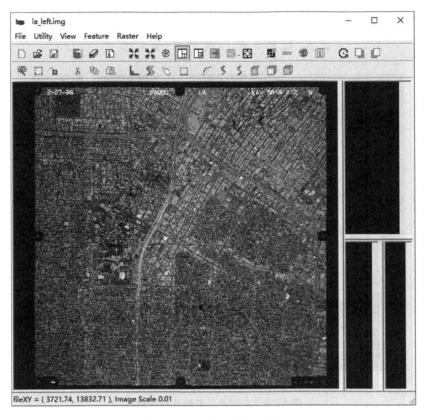

图 12-7 打开左航片的效果

（2）添加第二张影像建立立体像对，从数字立体镜空间的文件菜单中选择 Open，选择 Add a Second Image for Stereo 命令，选择影像 la_right.img。

（3）在 Select Layer To Open 对话框里单击 OK 按钮，影像就显示在数字立体镜空间（如图 12-8）。

（4）打开创建立体模型对话框，从数字立体镜空间的工具条上单击创建立体模型图标 ，也可以通过选择 Utility 图标的 Create Stereo Model Tool 命令来打开创建立体模型对话框（如图 12-9）。

（5）点击文件名输入框，键入名称 la_create，然后在键盘上按回车键，自动添加扩展名.blk。

（6）在块文件对话框中单击 OK 按钮，接受块文件的名称（如图 12-10）。

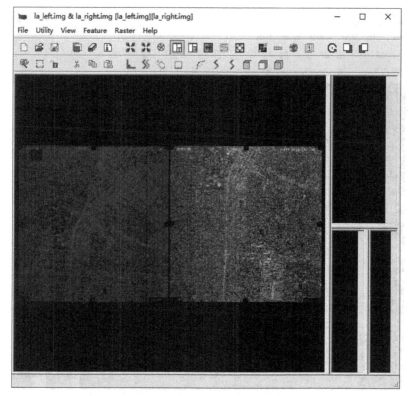

图 12-8　左航片、右航片显示效果

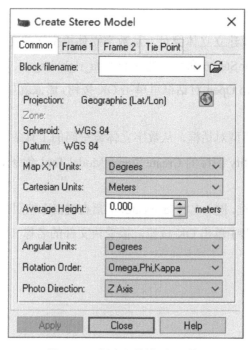

图 12-9　创建立体模型对话框

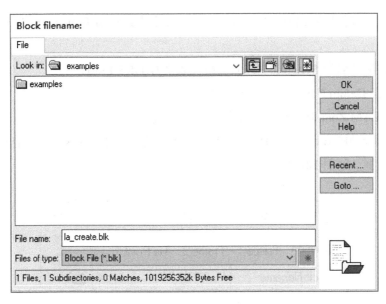

图 12-10　打开块文件对话框

（7）在创建立体模型对话框中，单击投影图标⊕，打开投影选择器对话框（如图 12-11）。

图 12-11　投影选择器对话框

（8）在投影选择器对话框的定制 Custom 选项卡中，单击 Projection Type 下拉列表选择 UTM。

（9）单击椭球名称 Spheroid Name 下拉列表选择 GRS 1980。

（10）单击 Datum Name 下拉列表选择 NAD83。

（11）在 UTM Zone 域中使用上下箭头或直接键入数值 11。

（12）确保 NORTH or SOUTH 窗口显示 North。完成后单击 OK，将信息传递给创建立体镜模型对话框（如图 12-12）。

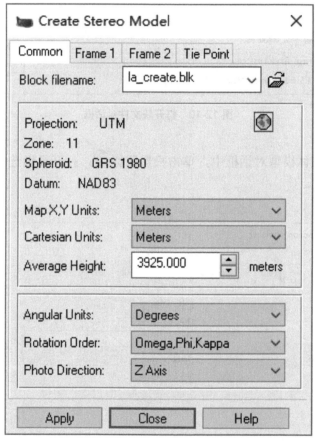

图 12-12　创建立体模型对话框

（13）确保地图单位（Map X, Y Units）设置为米（Meters）。

（14）确保笛卡尔坐标单位（Cartesian Units）设置为米（Meters）。

（15）输入平均高程（Average Height）为 3925 m，在键盘上按回车键。平均高程也被称为平均飞行高度，是指在拍摄组成数字表面模型的影像时飞行器离开地面的平均高度。

（16）确保角度单位（Angular Units）设置为度（Degrees）。

（17）确保旋转顺序（Rotation Order）设置为 Omega,Phi,Kappa，传感器的角度或姿态要素（Omega，Phi，Kappa）描述了地面坐标系统（X，Y，Z）和影像坐标系统时间的关系。在定义这 3 个姿态要素时采用了不同的约定。

（18）确保摄影方向（Photo Direction）为 Z 轴。完成后创建立体模型对话框的 Common 选项卡。

（19）定义采集在块文件中使用的第一张影像相机的参数，输入相片 1 的信息，单击创建立体模型对话框的 Frame1 选项卡。

（20）确保内定向类型（Interior Affine Type）设置为 Image to Film。内定向类型定义了用于显示描述影像和框标坐标系统关系的 6 个系数的约定。影像坐标系统用像素来定义，框标坐标系统的单位是毫米或微米。该选项包括 Image to Film 和 Film to Image。Image to Film 选项描述了从像素到毫米、微米等长度单位的 6 个仿射变换系数。Film to Image 选项描述了从毫米、微米等长度单位到像素的 6 个仿射变换系数。用户选择的结果定义了 6 个系数值如何被输入创建立体模型对话框。

（21）确保相机单位设置为毫米。相机单位关系到相机主焦距主点坐标等相机定标值的单位。

（22）在焦距字段，输入 154.047。相机的主（焦）距由定标报告提供。

（23）在主点 x 坐标 Principle Point xo 输入 0.002。表示主点在 x 方向的偏移量，一般由随影像一起的定标报告提供。

（24）在主点 y 坐标 Principle Point yo 输入–0.004。表示主点在 y 方向的偏移量，一般由随影像一起的定标报告提供，为影像 la_left.img 添加内外方位元素信息，参数如图 12-13 所示。

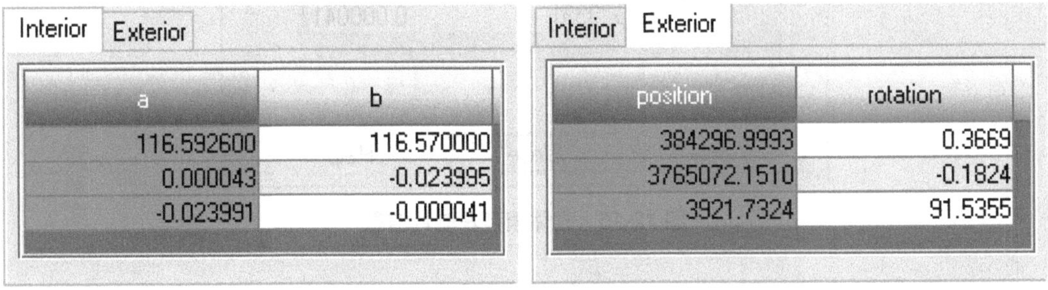
Interior
Exterior
a
b
116.592600
116.570000
0.000043
-0.023995
-0.023991
-0.000041
Interior
Exterior
position
rotation
384296.9993
0.3669
3765072.1510
-0.1824
3921.7324
91.5355

图 12-13　Frame1 内方位、外方位选项卡

（25）输入相片 2 的信息，点击创建立体模型的 Frame 2 选项卡，在内方位元素 Interior 选项卡里输入 la_right.img 的 6 个内定向系数，参数如图 12-14 所示。

（26）完成后创建立体模型对话框（如图 12-15）。

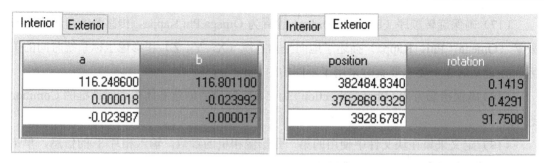

图 12-14　Frame 2 内方位、外方位选项卡

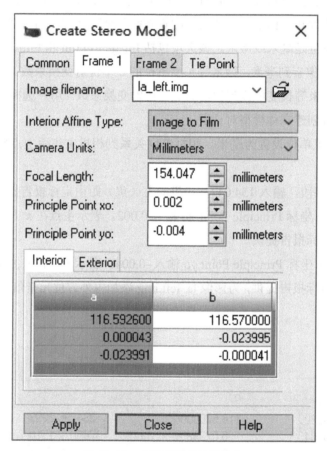

图 12-15　立体模型左航片信息

（27）打开块文件，在数字立体镜空间的工具条上单击图标 ▣ 。

（28）在 Select Layer To Open 对话框中单击 Files of type 下拉列表选择 IMAGINE OrthoBASE Block File（*.blk）。

（29）选择 la_create.blk 文件，单击 OK 按钮。创建好的块文件 la_create.blk 就显示在数字立体镜空间（如图 12-16）。

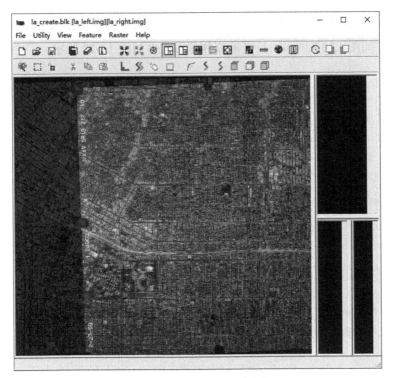

图 12-16　在数字立体镜空间

12.3　三维信息测量

本节介绍 ERDAS IMAGINE 立体分析模块中的三维信息测量方法。使用三维测量工具能够有效地解译航空摄影和定量分析地理信息，如在三维空间里描绘和测量森林的面积边界。通过三维测量工具可以获取以下信息：

（1）点的三维坐标；

（2）线的长度、坡度和方位；

（3）线的两端点之间的高差；

（4）多边形的面积；

（5）三点间的角度；

（6）一个多边形内的平均高程；

（7）一个多线内的平均高程。

本节所用数据为 D:/examples/Tutor3/western_accuracy.blk，在 ERDAS IMAGINE 2015 中执行三维信息测量的具体步骤如下：

（1）打开块文件：从空的数字立体镜空间的工具条上单击打开图标，打开 Select Layer To

Open 对话框,这里选择想要在数字立体镜空间中打开的文件类型,选择文件 western_accuracy. blk,打开文件如图 12-17 所示,打开的立体像对文件如图 12-18 所示。

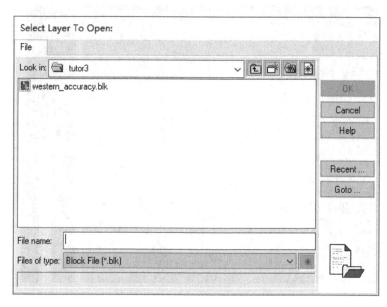

图 12-17　选择立体像对文件

图 12-18　立体像对

（2）单击打开图标 （如图 12-19），打开立体像对选择器。

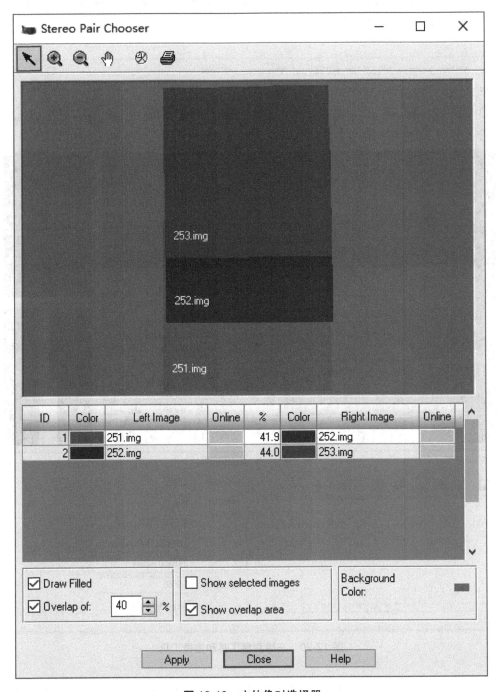

图 12-19 立体像对选择器

（3）进行三维测量，打开三维测量工具和定位工具，当数字立体镜空间中显示了立体像对 252.img 和 253.img 后，单击工具栏上图标 和 ，三维测量工具和定位工具即出现在数字立体镜空间的底部（如图 12-20）。

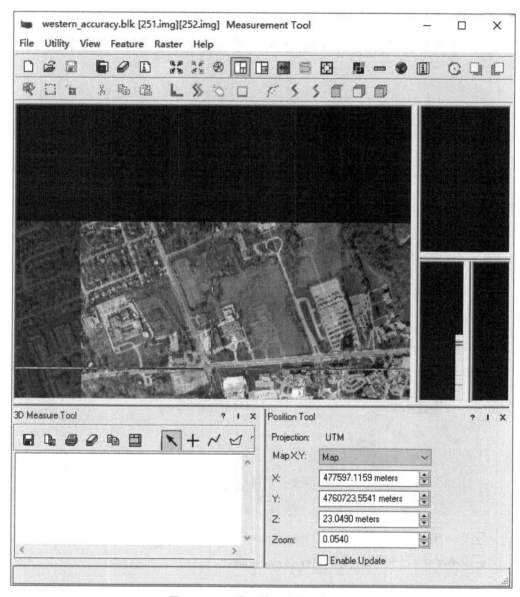

图 12-20　三维测量工具和定位工具

（4）输入三维坐标定位到人行道起点，在定位工具里的 X、Y、Z 区域分别键入477759.5000、4761556.3600、251.9900，此时系统自动引导到输入的点，结果如图 12-21所示。

图 12-21　坐标定位

（5）在三维测量工具里选择折线测量工具 ∧ 进行测量，测量结果会在三维测量工具 3D Measure Tool 中显示。

（6）采集折线要素，输入三维坐标定位到采集折线的位置，单击 1∶1 放大图标 ⊗，在定位工具里，在 X 域键入 477696.18，在 Y 域键入 4761404.26，在 Z 域键入 248.38。

（7）数字化折线，立体分析依据输入的坐标到达指定位置。道路如图 12-22 所示，与之前数字化人行道一样，可以看到，当向北移动时有较大的坡度。

（8）点击三维测量工具中的折线工具，定位三维浮动光标于道路的拐角处（如图 12-22 所示的圆的中心），沿着道路向南数字化至道路的下一个拐角处（如图 12-23）。

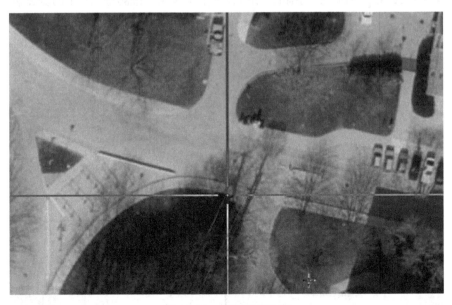

图 12-22　折线起点位置

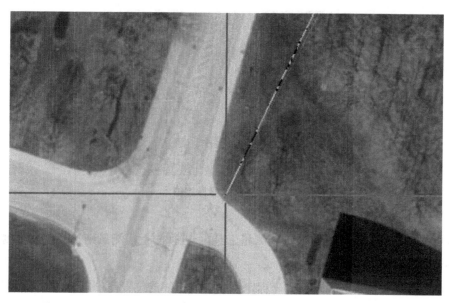

图 12-23 折线结束位置

（9）数字化完道路，双击结束折线并评价结果。

（10）数字化多边形，定位到数字化位置（如图 12-24）。单击 1∶1 放大图标 ⊗，在定位工具里，在 X 域键入 477677.91，在 Y 域键入 4761070.12，在 Z 域键入 242.98。

（11）调整 X 视差得到一张清晰的三维立体视图，单击三维测量工具中的多边形工具 ◁。

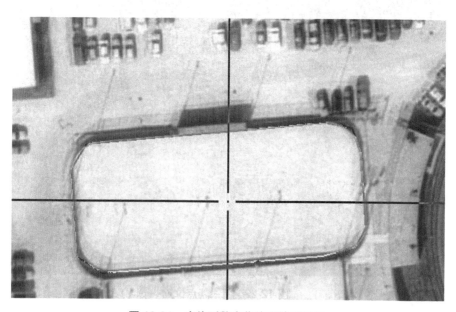

图 12-24 定位到数字化位置结果显示

（12）定位三维浮动光标于冰池的角点。调整三维浮动光标使其切于冰池边缘的顶部，点击鼠标采集第一个定点，沿着冰池的边缘继续数字化，需要时调整三维浮动光标，完成后双击鼠标左键封闭多边形。

（13）完成结果后的评价如图 12-25 所示。

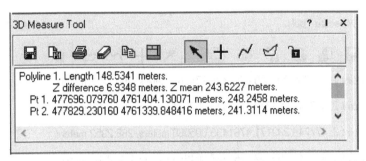

图 12-25　测量结果

（14）采集三维点要素，输入三维坐标，单击 1∶1 放大图标 [⊗]，在定位工具里，在 X 域键入 477745.03；在 Y 域键入 4761435.21；在 Z 域键入 268.25。立体分析依据输入的坐标到达指定位置（如图 12-26）。

图 12-26　点要素的位置

（15）单击三维测量工具中的点工具 ✚，单击开锁图标 🔓 让它变成锁图标到 🔒，定位三维浮动光标于装有家用设备的房屋顶部的角点。

（16）单击数字化第一个角点，继续数字化房屋顶部的角点，移到其他的屋顶，调整 X 视差和光标高程。单击数字化屋顶的角点。继续移动到房屋的其他部分，数字化角点，直到数字化完屋顶的所有角点。

（17）数字化完屋顶角点后，三维测量工具的文本框就会报告测量的信息（如图 12-27）。

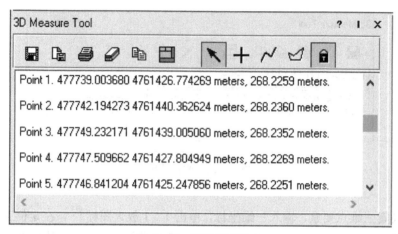

图 12-27　测量结果信息

（18）保存测量信息，在三维测量工具中单击保存图标 ⊞，打开 Enter text file to save 对话框（如图 12-28）。

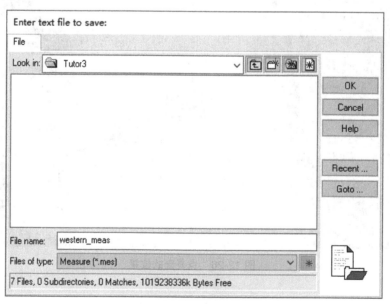

图 12-28　保存测量结果

（19）设置输出文件为 western_meas，单击 OK 按钮。

（20）单击 Clear View 图标 ，清空数字立体镜空间。

思考题：

1. 立体分析的功能有哪些？

2. 进行立体分析之前为什么要预先进行环境设置？

3. 使用三维测量工具可以获取哪些信息？

4. 自动生成数字表面功能操作步骤有哪些？

参考文献

[1] Conrac Corporation. Raster Graphics Handbook[M]. New York:Van Nostrand Reinhold,1980.

[2] ERDAS LLC. ERDAS IMAGINE 8.6 Tour Guides[M]. Atlanta,Georgia,USA,2002.

[3] ERDAS LLC. ERDAS Field Guide [M]. Sixth Edition. Atlanta,Georgia,USA,2002.

[4] ERDAS LLC. ERDAS IMAGINE On-Line Manuals（Version 8.6）[M]. Atlanta,Georgia,USA,2002.

[5] ERDAS Inc.，ERDAS IMAGINE HELP[EB/OL]. https：//hexagongeospatial.fluidtopics.net/book#！book；uri=5d68eldb557af5bab494d96c7f8ela9d；breadcrumb=c297921dfc898eee477c1293b20d377d [2019-03-10].

[6] INTERGRAPH，ERDAS 2013 实习教程[EB/OL]. ERDAS Field GuideTM. October 2013. https：//download.csdn.net/detail/ksschao/7306713[2014-05-06].

[7] John A Richards（J. A. 理查兹）. 遥感数字图像分析导论[M]. 张钧萍，谷延峰，陈时雨，译. 5 版. 北京：电子工业出版社，2015.

[8] SW Myint，P Gober，A Brazel，et al. Per-pixel vs. object-based classification of urban land cover extraction using high spatial resolution imagery[J]. Remote Sensing of Environment，2011，115（5）：1145-1161.

[9] 党安荣，贾海峰，陈晓峰，等.ERDAS IMAGINE 遥感图像处理教程[M]. 北京：清华大学出版社，2010.

[10] 邓磊，孙晨. ERDAS 图像处理基础实验教程[M]. 北京：测绘出版社，2014.

[11] 冯学智，肖鹏峰，赵书河，等. 遥感数字图像处理与应用[M]. 北京：商务印书馆，2011.

[12] 赫晓慧，贺添，郭恒亮，等.ERDAS 遥感影像处理基础实验教程[M]. 郑州：黄河水利出版社，2014.

[13] 刘丹丹，张玉娟. 遥感数字图像处理[M]. 哈尔滨：哈尔滨工业大学出版社，2016.

[14] 汤国安，张友顺，刘咏梅，等. 遥感数字图像处理[M]. 北京：科学出版社，2004.

[15] 韦玉春，汤国安，汪闵，等. 遥感数字图像处理教程[M]. 2 版. 北京：科学出版社，2017.

[16] 韦玉春. 遥感数字图像处理实验教程[M]. 北京：科学出版社，2018.

[17] 吴静. 遥感数字图像处理[M]. 北京：中国林业出版社，2018.

[18] 杨树文，董玉森，罗小波，等. 遥感数字图像处理与分析——ENVI 5.x 实验教程[M]. 北京：电子工业出版社，2015.

[19] 杨昕，汤国安，邓凤东，等.ERDAS 遥感数字图像处理实验教程[M]. 北京：科学出版社，2009.

[20] 詹云军，袁彦斌，黄解兵，等.ERDAS 遥感图像处理与分析[M]. 北京：电子工业出版社，2016.

[21] 朱文泉，林文鹏. 遥感数字图像处理——原理与方法[M]. 北京：高等教育出版社，2015.

[22] 朱文泉，林文鹏. 遥感数字图像处理——实践与操作[M]. 北京：高等教育出版社，2016.